熔模精密铸造实践

RONGMU JINGMI ZHUZAO SHIJIAN

车顺强　景宗梁　编著

化学工业出版社

·北京·

熔模精密铸造是一种少切削、无切削的铸造工艺，是铸造行业中的一项优异的工艺技术。

本书紧密结合当前铸造技术的发展和应用情况，深入浅出地介绍了熔模精密铸造过程中涉及的原辅材料计算方法、熔炼浇注工艺，给出了提高精铸件质量的新工艺、新材料、操作细则和专项技术。

本书既有原理的叙述、工艺参数的给出，也有工厂的应用实例，可供铸造领域的技术人员、管理人员以及企业技术工人在实践中参考。

图书在版编目（CIP）数据

熔模精密铸造实践/车顺强，景宗梁编著．—北京：化学工业出版社，2015.7（2022.2 重印）

ISBN 978-7-122-24148-1

Ⅰ.①熔…　Ⅱ.①车…②景…　Ⅲ.①熔模铸造　Ⅳ.①TG249.5

中国版本图书馆 CIP 数据核字（2015）第 115183 号

责任编辑：刘丽宏

责任校对：王素芹　　　　装帧设计：刘丽华

出版发行：化学工业出版社（北京市东城区青年湖南街 13 号　邮政编码 100011）

印　　装：涿州市般润文化传播有限公司

787mm×1092mm　1/16　印张 11½　字数 303 千字　2022 年 2 月北京第 1 版第 4 次印刷

购书咨询：010-64518888　　　　售后服务：010-64518899

网　　址：http://www.cip.com.cn

凡购买本书，如有缺损质量问题，本社销售中心负责调换。

定　　价：68.00 元

序

熔模精密铸造是一种能生产精密铸件的近净形工艺，在我国有着悠久历史，是我国人民为世界铸造业做出的重大贡献之一。特别是20世纪90年代以后，我国铸造工程技术人员充分吸收国外熔模铸造的新技术、新工艺，使熔模铸造在工业生产领域的应用日益广泛。

本书的作者长期从事熔模铸造生产一线工作，积累了丰富的工艺经验和技术实例。本书以国内多家铸造企业精铸件实际铸造工艺为研究素材，归纳总结出各类精铸件的典型工艺，提出了工艺设计原则和设计方法，列举了典型精铸件工艺设计的成功案例。书中从基本工艺出发，对操作中的细节给出详尽解读，有原理的叙述，有工艺参数的给出，有在工厂应用的实例，给出了提高精铸件质量的新工艺、新材料、操作细则和专项技术。

书中许多内容，曾在全国铸造专业期刊上公开发表。对今天许多工厂把工艺技术和绝招秘而不宣起来而言，本书是非常宝贵的；是值得推介给广大读者的。

本书技术内容实践性强，涉及面宽，在一定程度上反映了我国精铸件工艺设计和现场质量控制水平。书中所介绍的典型工艺和设计原则并非被认定为标准工艺，它只是在铸造生产中相对先进的工艺，其对精铸件的生产无疑具有良好的参考价值。

全书内容翔实，注重实践环节兼有理论分析，可供高校院所材料成型专业师生和生产企业工程技术人员、生产车间操作者参考。

希望该书对读者有所启发，有所提高，为提升铸件质量发挥积极作用。

西安理工大学　教授　魏兵

前言

熔模铸造技术发源于西亚和古代中国，繁荣于现代的欧美，现今又在我国得到迅速的发展，并形成了专门的产业。现在无论在欧美，还是在中国都非常重视熔模铸造技术的应用和开发，生产的熔模精密铸造件已向结构复杂化、精密化、大型化和整体化方向发展，生产过程也向机械化、自动化的方向发展，已能铸出直径大于1.5m和重达900kg以上的超大合金钢铸件，铸出的铝合金件尺寸已达850mm×500mm×500mm，壁厚不到2mm。航空、航天、燃气轮机、涡轮增压器等高温合金、钛合金、铝合金的高质量要求的精密铸件生产已经离不开熔模铸造技术。

北美和欧洲以航空航天铸件为支撑，拥有占全球25%的精铸厂，占全球总产值的63%，铸件的附加值很高。

我国熔模精密铸造通过半个世纪的发展，取得可喜的、长足的进步。据最新行业统计资料显示，采用第一类硅溶胶黏结剂工艺方法，生产航空、航天、燃气轮机、涡轮增压器等高温合金、钛合金、铝合金的高端精铸件的生产厂点70个，产值32亿元；采用第一类精铸工艺方法，生产出口商用精铸件为主的不锈钢、低合金钢的各类机械和日用五金的商用精密铸件，生产厂630个，产量23万吨，产值164亿元。采用第二类水玻璃黏结剂精铸工艺方法，生产各类机械和阀门的碳钢和低合金钢形状复杂的中小型毛坯铸件，生产厂1700个，产量126万吨，产值164亿元。

由此可见，高附加值的高质量精铸件，主要集中在航空、航天和船艇制造业领域，其中以航空发动机的涡轮叶片及热端部件和燃气轮机的压气机、燃烧室及涡轮为主。目前，中国熔模精密铸造水准与日俱进，体现在采用CAD计算机辅助设计，压型制造采用CAM计算机数值控制，三坐标、加工中心已经得到广泛应用，真空熔炼炉、光谱仪、力学性能检测、荧光检测、X射线检测已经十分普遍，CAE计算机静态和动态结构分析、铸件充型凝固过程数值模拟发展已进入工程实用阶段，铸造生产正在由凭经验走向科学理论指导，激光快速成型技术迅速发展，50t高压注蜡机、50kg三室等轴晶真空炉、陶芯压制成型机、高压脱芯釜等先进设备不断涌现，相信我国从精铸大国到精铸强国的进程会日益加快。

本书是笔者在《熔模铸造论文集》的基础上进行系统整理编写而成，目的是将熔模精密铸造的实践和体会介绍给同行，使之更好地为精铸生产服务。

本书编写得到朱锦伦、温耀信先生的大力支持，谨表示衷心的感谢。魏兵教授为本书撰写序，谨致以深切的谢意。

由于本人水平所限，书中难免有疏漏之处，热忱希望读者提出宝贵意见。

编著者

CONTENTS 目录

第1章

熔模铸造工艺

1.1 熔模铸造发展概况

1.1.1 发展历史

熔模铸造又称熔模精密铸造、失蜡铸造，是一种近净形的液态金属成型工艺，应用该工艺获得的每个铸件都是经多种工序、多种材料、多种技术共同协作综合的结果。熔模铸造是在可熔（溶）性模的表面重复浸涂上数层耐火浆料，经过逐层撒砂、干燥和硬化后，用蒸汽或热水等加热方法将其中的熔模去除而制成整体型壳，然后进行高温焙烧、浇注而获得铸件的一种铸造方法。由于用这种方法所得到铸件的尺寸精确、棱角清晰、表面光滑、接近于零件的最终形状，因此是一种近净形铸造工艺方法，故又称为精密铸造。

世界失蜡铸造技术远在4000多年前就已经出现，最早应用失蜡法的是西亚（苏美尔人）、古代中国、埃及和印度。

我国的失蜡铸造技术，最早应用于春秋早、中期，用来铸造生产各种青铜器皿、钟鼎及艺术品，其造型复杂华丽、纹饰细致精巧，铭文美观清晰，充分显示出当时我国的失蜡铸造技术及冶炼工艺就已有了高度发展。

我国古代的失蜡铸造艺术珍品十分丰富，如隋代开皇四年，董钦造鎏金铜佛坛，坛高41cm，座长24.7cm，宽24cm，整座佛坛为青铜鎏金。明代永乐，大威德金刚亥母鎏金佛像，高41.5cm，铜鎏金。

1.1.2 现代熔模铸造

现代熔模铸造工艺在20世纪开始形成，最初是牙科医生用熔模制造方法浇注金银假牙齿、制作珠宝首饰。

第二次世界大战期间，用熔模铸造工艺生产出喷气涡轮发动机叶片、涡轮增压器等形状复杂、尺寸精确、表面质量很高且不易加工的铸件。此后，熔模铸造以其工艺及技术上的优势进入航空、国防及机械制造工业领域。

进入21世纪以来，世界各地的熔模铸件的质量、产量、产值都有较大增长和提高。当前熔模精密铸造业正向精密、复杂、大型、部件整铸的方向发展，这样也就更能充分发挥熔模铸造所具有的技术优势和竞争力。从近10多年世界各国的熔模铸造业的发展和增长趋势及国际市场对熔模铸件的质量和需求量不断提升的情况看，今后若干年的发展速度仍将较快。

我国的熔模铸造在20世纪50年代从苏联引进水玻璃黏结剂制壳工艺，开始应用于工业生产，经过数十年的努力，二十年来，新型优质黏结剂、新技术、新工艺、新设备、新材料的应用，使我国的熔模铸造有了较优迅速的发展，应用范围不断扩大。目前熔模铸造工艺已在航空、航天、机械制造、汽车、船舶、医疗、体育、电子、石油、化工、核能、兵器等几乎所有工业部门中得到广泛应用。近年来，在制壳机械化及自动化方面也有一定的进展，悬链式连续制壳和干燥线及机械手自动沾浆、撒砂制壳生产线，已开始投入实际生产应用。

近十年来，我国的熔模铸造在继承古代传统工艺的基础上，应用现代的工艺技术，复制出精美的古仿物及艺术品，使精铸工艺技术重现光辉，展示出广阔的前景。

1.2 熔模铸造的工艺过程

(1) 压型设计　根据零件的铸造工艺设计图要求，设计压型。

(2) 制造压型　根据压型设计图纸要求，加工钢材压型或铝合金压型或其他材料压型。

(3) 制造熔模　用液压射蜡机或气动压蜡机，将糊膏状或液状蜡料注入压型，制成熔(蜡)模。

(4) 焊接组装模组　把蜡模焊接或粘接到预制好的蜡棒(或浇注系统)上，组合成模组。

(5) 消脂　将模组浸入专用脱脂液中，使蜡模表面的油脂、脱模剂除去，以增加蜡模的涂挂性。

(6) 制造型壳　在模组表面浸涂上耐火涂料(浆料)，并撒上一层砂(锆砂、刚玉砂、硅砂等)，再将已撒上砂粒的模组经过干燥硬化(硅溶胶型壳)，在硬化剂中使涂层硬化(水玻璃型壳)或经氨气干燥硬化(硅酸乙酯型壳)，然后取出在空气中干燥，这样重复数次，在模组表面结成一定厚度的型壳。

(7) 熔失熔模　将已制成的型壳，放入蒸汽或热水中加热，将蜡模全部熔化，得到内部有空腔的型壳。

(8) 型壳焙烧　将型壳放入加热炉中进行高温焙烧，以烧去型壳中的残余蜡料、各种挥发物以及水分，以增加型壳的透气性和提高型壳的高温强度。

(9) 液体金属浇注　将已熔化的化学成分合格的高温金属液浇注到已焙烧充分的热型壳中。

(10) 脱壳与清理　用手工或震动脱壳机脱壳、清砂、切割浇冒口后的铸件，再经其他的清理和后处理工序。

(11) 检验　铸件最后须经检验合格，才可入库。

1.3 熔模铸造工艺的特点

熔模铸造工艺具有以下优点。

(1) 熔模铸件的尺寸精度高，表面粗糙度小　由于熔模铸造采用尺寸精确、表面光滑的可熔性模，而获得了无分型面的整体型壳，且避免了砂型铸造中的起模、下芯、合型等工序带来的尺寸误差，熔模铸件的棱角清晰、尺寸精度可达到 CT4～6 级，表面粗糙度可达 R_a0.8～1.25μm。所以，熔模铸造所生产的铸件已较接近于零件最终形状，可以减少铸件的加工工作量，并节省金属材料的消耗。

(2) 适用于铸造结构形状复杂、精密的铸件　熔模铸造可铸造出结构形状复杂、精密，并难于用其他方法生产加工的铸件，如各类涡轮、叶轮、空心叶片、定向凝固叶片、单晶叶片等，也可以铸造壁厚为 0.5mm，铸孔最小为 1mm 的小铸件，质量小至 1g，最大至 1000kg，外形尺寸可达 2000mm 以上的铸件，还可以将原来由许多零件组合的部件，进行整体铸造。

(3) 合金材料不受限制　各种合金材料，例如碳钢、合金钢、不锈钢、高温合金、铜合金、铝合金、镁合金、钛合金、贵金属、铸铁等均可以应用熔模铸造方法生产铸件，特别是对于难以切削加工的合金材料，更适合于熔模铸造工艺。

（4）大、小批量生产均可适用　熔模铸造工艺由于普遍采用金属压型来制造熔模，故适用于大批量生产，但应用价格低廉的石膏压型、易熔合金压型或硅橡胶压型（常用于艺术品及首饰铸造）来制模，则也可以适用于小批量生产或试生产。

（5）熔模铸造工艺具有以下局限性。

① 熔模铸造过程复杂、工序多，影响铸件质量的工艺因素多，所以，必须严格控制各种原材料及工艺操作，才能稳定生产。

② 最适用于生产中、小铸件，能铸出最大孔径3～5mm，最大通孔径5～10mm，最大不通孔径5mm，最小铸槽≥2.5，最小槽深≤5mm。

③ 生产周期较长。

④ 铸件的冷却速度较慢，易引起铸件晶粒粗大，碳钢件还容易产生表面脱碳层。

1.4 熔模制造对模料的要求

（1）熔点　模料的熔点及凝固温度区间应适中，熔点一般在50～80℃范围为宜，模料的凝固温度一般选择在5～10℃，以便配制模料、制模及脱蜡工艺的进行。

（2）热稳定性　热稳定性是指当温度升高时，模料抗软化变形的能力。蜡基模料的热稳定性常以软点来表示，它是以标准悬臂试样加热保温2h的变形量（挠度）达2mm时的温度作为软化点，模料软化点一般应比制模车间的温度高10℃以上为宜。

（3）收缩率　为了保证熔模达到应有的尺寸精度，要求模料的收缩率小，一般应小于1%，优质模料的线收收缩率可达0.5%以下，收缩率小则膨胀系数小，也有利于防止型壳在脱蜡时胀裂。

（4）强度　模料在常温下应有足够的强度，以保证在制模、制壳等生产过程中熔模不会发生破碎、断裂，通常用于小型铸件时，模料的抗拉强度应大于1.4MPa（14kgf/cm^2），用于大型铸件应不低于2.5MPa。若模料测定抗弯强度，应大于2.0MPa，最好为5.0～8.0MPa。

（5）硬度　模料表面应有一定的硬度，以防生产过程中被碰伤或摩擦损伤，模料硬度通常以针入度表示（针入度：1度=1/10mm），优质模料的表面硬度可达到4～6度，当然，模料硬度太高，修整性差，易发脆。

（6）流动性　模料应具有良好的流动性，以利于充满压型的型腔、获得棱角清晰、尺寸准确、表面平滑光洁的熔模，也便于模料在脱蜡时从型壳中流出来。

（7）涂挂性　模料应很好地为耐火材料所润湿，并形成均匀的覆盖层，模料的涂挂性可用测定熔模与黏结剂间的润湿角来衡量。

（8）灰分　模料灼烧后的残留物称为灰分，型壳焙烧后，残留在型腔中的模料残灰尽量少，一般应低于0.05%（质量比），以免影响铸件表面质量。

（9）焊接性　熔模组合大多采用焊接法，所以模料应具有良好的焊接性能，以免模组在运输和制壳过程中从焊接处发生断裂。

1.5 模料

1.5.1 蜡基模料

蜡基模料实际上就是石蜡-硬脂酸模料，常用的配方是石蜡50%＋硬脂酸50%，配料要求石蜡（C_nH_{2n+2}）应选用熔点≥58℃，精炼或半精炼白石蜡。硬脂酸（$C_{17}H_{35}COOH$）应选用一级（三压）硬脂酸（块状）。

石蜡是模料的基本成分，加入硬脂酸的作用是由于硬脂酸分子是极性的，它对涂料的润湿性好，能改善模料的涂挂性，并有利于模料热稳定性提高，液态的石蜡与硬脂酸互溶性良好，此种模料的熔点较低，制备方便，制模、脱蜡容易，蜡料回收率高，复用性好。若改变石蜡与硬脂酸的配比，会对模料的性能产生影响，当提高石蜡10%的含量时，可使模料的强度增加，当提高石蜡含量超过80%时，模料表面易起泡、熔模的表面质量差，并使模料的涂挂性和流动性下降。若提高硬脂酸含量10%时，模料的涂挂性、流动性和热稳定性均会有所提高，当硬脂酸含量超过80%时，模料的强度很低，韧性也很差，故不能采用。

石蜡-硬脂酸模料的强度和热稳定性不高（软化点为31℃），而且在使用过程中，硬脂酸易与活泼的金属发生置换反应，也易与碱或者碱性氧化物起中和反应，生成不溶于水的皂化物（硬脂酸盐），使模料变质，而且黏性的皂化物残留在型腔表面，会影响铸件的表面质量。由于皂化反应会消耗模料中的部分硬脂酸，故在模料回用时补加新的硬脂酸，有利于稳定模料的性能。

石蜡-硬脂酸模料的性能除与模料的配比有关外，还受石蜡熔点的影响，如果采用60℃以上石蜡替代58℃石蜡，则模料的强度和热稳定性均有明显提高，且收缩率减小，因而模料的性能得以改善。

石蜡-硬脂酸模料虽有制备方便、制模脱模容易、复用性好等优点，但也有热稳定性不高、易变形，尤其是在生产过程中易皂化变质的缺点，这种模料须经回用处理才能重新使用，回用处理中的残留酸液易污染环境，所以，近年来推出多种无硬脂酸的蜡基模料。

1.5.2 石蜡-低分子聚乙烯模料

石蜡-低分子聚乙烯模料的组成为95%石蜡+5%低分子聚乙烯，这种模料熔点为66℃，软化点约为34℃，低分子聚乙烯的分子量约为2000～5000，它与石蜡的互溶性很好，用低分子聚乙烯代替硬脂酸配制的蜡基模料，具有强强高、韧性好、熔模表面光滑、化学性能稳定、使用后不会皂化、模料回收方便等优点，这种模料的黏度较大，制模时要适当提高糊状模料的温度和注蜡压力。

蜡基无硬脂酸模料中，加入了聚乙烯、EVA、褐煤蜡、地蜡、松香等材料，低密度聚乙烯在石蜡中溶解度不高，一般不超过10%，但聚乙烯的分子量越小，在蜡料中的溶解度越大，所以，分子量在2000～5000的低分子聚乙烯和EVA就比低密度聚乙烯易溶解，而且聚乙烯的分子与石蜡相似，加入蜡基模料中可起到结晶核心作用，可使石蜡的晶体细化，提高模料的力学性能，所以石蜡基模料中加入低分子聚乙烯，模料的强度有所提高，耐热性也有改善，但加入量过多，性能改善不大，却会使收缩率增大，加入EVA也有相似作用。生产应用实践表明，聚乙烯长期使用会呈现老化特性而使模料性能变坏。加入褐煤蜡可提高模料的热稳定性，但同时模料的熔点及压注温度也会有所升高。

聚乙烯这类聚合物中，除存在晶态结构外，还存在非晶态（无定形）结构，也就是说它具有两相同时存在，即同时存在结晶区和非结晶区（无定形区）的特殊结构，而在聚乙烯球晶中的晶片之间，有高分子链联结着，每一个高分子可以贯穿几个晶区和非晶区，由于这种联接链的存在，所以聚乙烯的强度要比蜡质材料高得多。

除聚乙烯、乙烯-醋酸乙烯共聚树脂（EVA）之外，聚苯乙烯也可加入蜡料中，聚苯乙烯熔点高，对温度变化不敏感，热变形量比蜡料低，强度和硬度均较大，收缩率小，透明度高，加入模料中提高强度和软化温度，但因模料黏度大、脱模性差等原因应用不多。

1.5.3 树脂基模料

树脂基模料（俗称中温蜡）的基体是树脂，树脂分为天然树脂和人造树脂，树脂基模料的优点是强度高和热稳定性高、收缩率小，主要用于生产质量要求高的熔模铸件产品。

树脂基模料的原材料：松香、聚合松香、松香脂、顺丁烯酐松香脂。常用树脂基模料的成分和性能见表 1-1。

表 1-1 常用树脂基模料的成分和性能

序号	组成(质量分数)/%								性能			
	松香	聚合松香	改进松香	石蜡	地蜡	褐煤蜡	虫白蜡	聚乙烯或EVA	熔点滴点/℃	热变形量①/m	线收缩率/%	抗弯强度/MPa
1	81		1.6		14.3			3.1	95	8.5	0.58	3.6
2	75				5		15	5	94	1.75	0.95	10.0
3	60				5		30	5	90	1.07	0.88	6.0
4	30		27		5		35	3			0.78	6.1
5		17	40	30		10		3EVA	81	0.55	0.76	5.4
6		30	25	30	5		5	5EVA	80	1.07	0.55	6.4

① 热变形量：$\Delta H_{40\text{-}2}$/mm。

为适应精密、复杂的熔模铸件对模料质量及性能的要求，国内外发展了系列商品模料（也是一种树脂基模料），由专业模料厂研制生产、提供性能稳定的系列模料，如美国的 CL163 系列模料（美国 ACCU-END Co. 生产）、MASTER 系列（美国 Kindtcollins Co. 生产）、CA-STYLEND 系列（英国 Yates Co. 生产）、BLASON OLEFINES 系列、日本的 K-512 系列模料等。

商品系列模料按用途和特点可分为：模样（模型）蜡、浇道蜡、粘接蜡、修补蜡、浸封蜡、水溶蜡、样件蜡等。

1.5.4 填料模料

填料模料或称填充模料，在模料中加入充填材料就成为填料模料。无论是固体、液体或气体均可能用作充填材料，在模料中加入填料的作用主要是为减少收缩，防止熔模表面变形、表面凹陷，并提高熔模表面质量和尺寸精度。

在实际生产中，用得最多的是以固体粉末作填料模料，固体粉末填料主要有：聚乙烯、聚苯乙烯、聚乙烯醇、聚氯乙烯、合成树脂、多聚乙烯乙二醇、橡胶、尿素粉、炭黑等。

通常的蜡基和树脂基模料，都不能是模料原材料在熔化后组成的固溶体，而固体填料的特点是在工作温度时填料本身不会熔化，而在模料中成为分散均匀的固态细小质点，它能吸收模料在凝固时放出的潜能，并起骨料作用，从而提高模料的冷却作用，减少收缩，增加模料热稳定性和强度，防止蜡模变形和表面凹陷外，还可明显改善液态模料的注蜡工艺性能，固体填料加入量为 10%～40%。

对填料的要求：熔点较高，在模料的工作温度时不会熔化，对液态模料的亲和性好，易被润湿，但不会发生化学反应，填料粒度大小适宜，密度适中，焙烧后残留灰分少。

液体填料模料大多以水为填料，配制成水乳液填料模料。

水乳液填料模料的配制工艺实例：模料的组成为 30%褐煤蜡，26%褐煤蜡树脂，20%石蜡和 24%水。先将固体模料加热熔化，再加入液体乳化剂少量，搅拌均匀，然后加入 90℃热水进行高速搅拌，即制得蜡-水乳化液，就成为液体填料模料。使用水乳化剂填料模料，用压力较高的注蜡机制成的熔模表面光滑、表面粗糙度小、无凹陷，主要用于生产尺寸精度要求高的熔模。

1.6 制壳耐火材料

（1）制壳耐火材料的要求　耐火材料是制造熔模型壳的基本材料，型壳的主要性能，如高温强度、高温抗变形性、热震稳定性、热化学稳定性、热膨胀性、透气性、脱壳性等，均受耐火材料基本特性的影响。此外，型壳和铸件的表面质量还受耐火材料粒度和纯度的影响。因此，为获得质量高的型壳宜选择性能良好、质量稳定、资源丰富、价格适中的耐火材料。

（2）制壳耐火材料的种类　用于熔模铸造的耐火材料种类很多，按用途可分为四种。

① 型壳面层用耐火材料，有锆英石、电熔刚玉、熔融石英、硅砂（石英）等。

② 型壳加固层（背层）的耐火材料，有铝硅系耐火材料、高岭土熟料、莫来石、煤矸石、匣钵砂、硅砂。

③ 用于陶瓷型芯材料的有：熔融石英（石英玻璃）、电熔刚玉、锆英石。

④ 用于炉衬材料的有：硅砂、铝矾土、镁砂、电熔镁砂、硅砂。

（3）制壳耐火材料的化学成分及粒度

① 熔模铸造用硅砂的化学成分　见表 1-2 和表 1-3。

表 1-2　硅砂成分

级别	SiO_2(质量分数)/%	有害杂质含量(质量分数)/%			耐火度/℃	外　观
		K_2O+Na_2O	$CaO+MgO$	Fe_2O_3		
98	98	≤1.0	≤1.0	≤0.1	>1700	洁白
97	97	≤1.5	≤1.5	≤0.2	>1650	少数有锈斑
96	96	≤2.0	≤2.0	≤0.3	>1650	少数有锈斑

表 1-3　硅砂粒度

分组代号	主要粒度组成部分/mm		
	前　筛	主　筛	后　筛
85	0.700	0.850	0.600
60	0.850	0.600	0.425
30	0.425	0.300	0.212
21	0.300	0.212	0.150

② 熔模铸造用电熔刚玉化学成分见表 1-4。

表 1-4　刚玉砂成分

成分	Al_2O_3	Na_2O	Fe_2O_3	SiO_2	灼烧
质量分数/%	≥98.5	≤0.6	≤0.1	≤0.2	≤0.3

熔模铸造用电熔刚玉粉粒度，见表 1-5。常用耐火材料性能见表 1-6。

表 1-5　刚玉砂粒度

粒度/μm	<5	5～20	20～40	40～80	>80
含量(质量分数)/%	<8	≥26	≥47	<18	<1

表 1-6　常用耐火材料的物理、化学性能

名　称	化学性质	熔点/℃	耐火度/℃	密度/(g/cm³)	莫氏硬度	线膨胀系数/(1/℃) 20～1000℃	热导率λ /(W/m·K)	
							400℃	1200℃
硅砂 SiO_2	酸性	1713	1680	2.65	7			
熔融石英 SiO_2	酸性	1713		2.2	7	$(0.51\sim0.63)\times10^{-6}$	1.591	
电熔刚玉 Al_2O_3	两性	2050	2000	4.0	9	8.6×10^{-6}	12.561	5.276
莫来石 $Al_2O_3\cdot SiO_2$	两性	1810		3.16	6～7	5.4×10^{-6}	1.214	1.549
硅线石 $Al_2O_3\cdot SiO_2$	弱酸性	1845		3.25	6～7	5×10^{-6}		
耐火黏土 $Al_2O_3\cdot SiO_2$	酸性		1670～1710	2.6	1～2			
铝矾土熟料 $Al_2O_3\cdot SiO_2$		1800		3.1～3.5	～5			
锆砂 $ZrO_2\cdot SiO_2$	弱酸性	1960		4.5	7～8	4.6×10^{-6}		2.091
铝酸钴 $CoAl_2O_3$				4.3	7	9.2×10^{-6}		
尖晶石 $MgO\cdot Al_2O_3$		2135		3.6	8	7.6×10^{-6}		
氧化镁 MgO	碱性	2800		3.57	6	13.5×10^{-6}	5.443	2.931
氧化钙 (烧结)CaO	碱性	2600		3.32		13×10^{-6}		7.118

③ 熔模铸造用锆石化学成分见表 1-7。锆英石粒度见表 1-8。

表 1-7　锆石成分及分级

成分 / 级别	ZrO_2	杂质含量(质量分数)/%		
		TiO_2	Fe_2O_3	P_2O_5
1 级	≥65	≤1.0	≤0.30	≤0.30
2 级	63	≤2.0	≤0.70	≤0.50
3 级	60	≤3.0	≤1.00	≤0.80

表 1-8　熔模铸造用锆英石粒度

名　称	筛　号	上　筛	主　筛	下　筛
牌号	260	200	260	320
	320	260	320	底盘
筛上余量留量(质量分数)/%		≤1.0	>70	—

④ 熔模铸造用高岭石化学成分见表 1-9。

表 1-9　高岭石化学成分

化学成分(质量分数)/%							
Al_2O_3	SiO_2	CaO	MgO	Na_2O	K_2O	TiO_2	Fe_2O_3
45	52	0.41	0.12	0.14	0.12	0.78	0.61

(4) 粒度标准 熔模铸造用的耐火材料的砂和粉的粒度，是通过标准筛网的筛孔尺寸，以1in (25.4mm) 面积的筛网内的筛孔数表示，因而称之为“目数”。在进行环境检测中，表示颗粒大小用μm，下表是目数和μm的对照表，见表1-10。

表 1-10 粒度单位的对照表

目数	粒度/μm	目数	粒度/μm	目数	粒度/μm
5	3900	140	104	1600	10
10	2000	170	89	1800	8
16	1190	200	74	2000	6.5
20	840	230	61	2500	5.5
25	710	270	53	3000	5
30	590	325	44	3500	4.5
35	500	400	38	4000	3.4
40	420	460	30	5000	2.7
45	350	540	26	6000	2.5
50	297	650	21	7000	1.25
60	250	800	19		
80	178	900	15		
100	150	1100	13		
120	124	1300	11		

1.7 熔模铸造用黏结剂

1.7.1 水玻璃黏结剂

水玻璃又称泡花碱，是一种碱金属的硅酸盐，固体熔合物呈玻璃状，溶于水后成水玻璃溶液。

水玻璃制造方法：用纯碱（工业碳酸钠）与硅砂均匀混合，加热熔融，温度控制在1350～1400℃，反应生成物为硅酸钠，反应式为：

$$Na_2CO_3 + mSiO_2 \rightarrow Na_2O \cdot mSiO_2 + CO_2\uparrow$$

熔模铸造用高模数水玻璃的技术指标见表1-11。

表 1-11 水玻璃技术指标

级别 项目	液-3		
	优等品	1等品	合格品
铁(Fe)/%(≤)	0.02	0.05	
水不溶物/%(≤)	0.20	0.40	0.50
密度(20℃)/(g/cm³)	1.368～1.394		
氧化钠 Na_2O%(≥)	8.2		
二氧化硅 SiO_2%(≥)	26.0		
模数 M	3.1～3.4		

1.7.2 硅溶胶黏结剂

硅溶胶是二氧化硅的溶胶，由无定形的二氧化硅的微小颗粒分散在水中而形成的稳定胶体溶液。

硅溶胶的制备方法：有水玻璃酸中和法、电渗析法、离子交换法、溶解法。

熔模铸造用硅溶胶的技术要求见表 1-12。

表 1-12 硅溶胶技术要求

牌号	化学成分(质量分数)/%		物理性能				其他	
	SiO_2	Na_2O	密度/(g/cm³)	pH 值	运动黏度/(mm²/s)	胶粒直径/nm	外观	稳定期
GRJ-30	29～31	≤0.5	1.20～1.22	9～10	≤8	9～20	乳白或淡青色	≥1 年

用硅溶胶制壳采用自然干燥，必须控制温度、湿度、风量风速和干燥时间。

1.7.3 硅酸乙酯黏结剂

熔模铸造常用硅酸乙酯是用乙酯和不同聚合物的混合物，经过水解缩聚而析出，以硅醚键相联系的聚硅氧空间网状结构的二氧化硅。硅酸乙酯化学成分见表 1-13。

表 1-13 硅酸乙酯中 SiO_2 与 C_2H_5O 的关系（质量分数） 单位：%

SiO_2	C_2H_5O
30.0	85.1

用硅酸乙酯制壳要用氨气硬化，自然干燥时，同时必须要控制温度、湿度和干燥时间。

1.8 熔模铸造用硬化剂

（1）氯化铵硬化剂　工业氯化铵含 NH_4Cl 99%，密度为 1.53g/cm³，氯化铵硬化液浓度控制在 22%～25%（质量分数）。

（2）氯化铝硬化剂　结晶氯化铝（$AlCl_3 \cdot 6H_2O$）又称六水氯化铝，白色或淡黄色晶体，密度为 2.4g/cm³，吸湿性强，在空气中易潮解，水解液呈较强酸性。

结晶氯化铝硬化液的工艺控制：浓度 33%～37%，密度 1.18～1.20g/cm³，pH 值 2～3。

（3）氯化镁硬化剂　氯化镁的分子式 $MgCl_2 \cdot 6H_2O$，易溶于水，固体氯化镁密度为 1.56g/cm³，在空气中易潮解。

氯化镁硬化液的工艺控制：浓度 28%～34%，密度 1.24～1.34g/cm³，pH 值 5.5～6.5。

（4）混合硬化剂　氯化铵和结晶氯化铝混合硬化剂十种配方见表 1-14。

表 1-14 氯化铵和结晶氯化铝混合硬化剂（质量分数） 单位：%

浓度 序号 / 硬化剂	1	2	3	4	5	6	7	8	9	10
结晶氯化铝	31	27.9	24.8	21.7	18.6	15.5	12.4	9.3	6.2	3.1
氯化铵	0	2.1	4.2	6.3	8.4	10.5	12.6	14.7	16.8	18.9

氯化铵和氯化镁混合硬化剂配方见表 1-15。

表 1-15 氯化铵和氯化镁混合硬化剂配方

溶液体积比 氯化铵：氯化镁	1：9	2：8	3：7	4：6
氯化铵/%	1.7	3.58	5.44	7.3
氯化镁/%	27.3	24.6	21.8	19.1

1.9 熔模铸造用涂料

(1) 水玻璃涂料　水玻璃涂料性能主要有：黏度、流动性、覆盖性、分散均匀性及悬浮稳定性等。

面层涂料黏度值的大小会影响型壳及铸件的表面质量，加固层涂料的黏度值影响型壳的强度。具体来说，水玻璃的模数增高，则黏度增大；水玻璃密度愈高，则黏度愈大；温度上升，则黏度减小；粉液比高，则黏度大；尖角形粉涂料黏度大；圆角形粉涂料黏度小；粉料粒度集中呈单峰形分布黏度大，粒度分散呈双峰形分布，则黏度小。

水玻璃流杯黏度计所测的黏度值一般可以反映涂料的黏度和流动性，其容量为 100mL，出口孔直径为 6mm，流杯黏度计见图 1-1。

(2) 硅溶胶涂料　硅溶胶是典型的胶体溶液。硅溶胶涂料的流型基本上属于胀塑性流体，其屈服值极小。所以，当涂料粉液比、密度和黏度均高于水玻璃涂料时，才能在熔模上保持足够厚度的涂料层。正因为如此，在生产中不测定涂料涂片重（厚度），通常是通过测定涂料密度和黏度来控制涂料性能。涂料密度和黏度两性能中，因涂料黏度对粉液比的微小变化较为敏感，同时黏度还可以反映出涂料的流动性，用黏度来控制硅溶胶涂料的性能是更为实用和可靠。

测定硅溶胶涂料的黏度值以詹氏（Zahn）4＃用得最广泛，其容量为 44mL，出口孔直径为 4.27mm，流杯黏度计见图 1-2。提供两种型号的詹氏杯黏度测定对照表，见表 1-16。

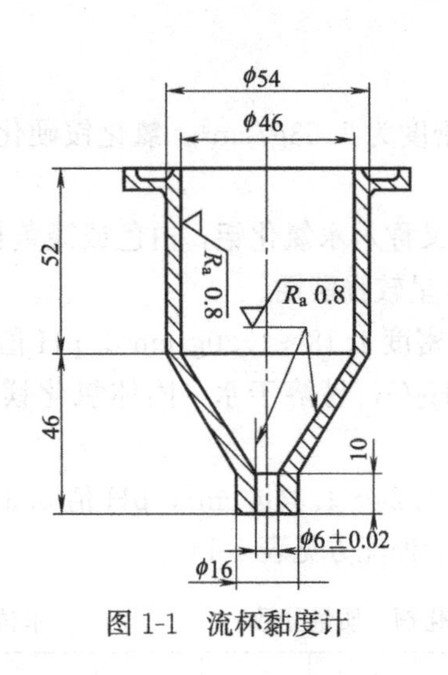

图 1-1　流杯黏度计

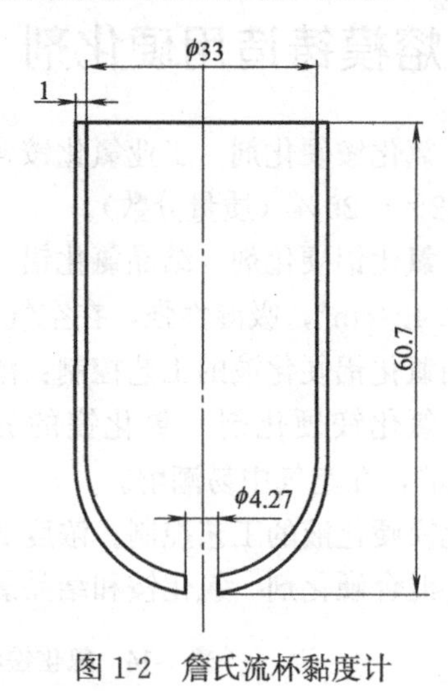

图 1-2　詹氏流杯黏度计

表 1-16　4＃和 5＃詹氏杯黏度测定数据对照　单位：s

流杯 \ 黏度值	锆英粉＋硅溶胶(面层)	莫来粉＋硅溶胶(二层)	莫来粉＋硅溶胶(四层)	莫来粉＋硅溶胶(四层、五层)	刚玉粉＋硅溶胶(面层)	莫来粉＋水解液(三层)	莫来粉＋水解液(五层、六层)
出口孔径 4.27mm	71　70	23　24	10　10	13　13	97　97	10　11	7　7
出口孔径 5.23mm	29　29	11　11	6　6	7　7	41　42	5　5	6　6

(3) 涂料黏度的测定方法　将量杯稍带倾斜进入浆桶，量杯从涂料中垂直平稳提起，不可过快，否则导致浆料产生挤压外力。量杯举起的高度：量杯底部与测验员视线相平为宜。读数时间：当涂料的细流线离量杯嘴出口 10mm 时，停止计时，此读数标准误差最小。

第2章 熔模铸造型壳制造

2.1 型壳铸造的基本情况

熔模铸造的铸型有多层型壳和实型体两种。现代熔模精密铸造工艺普遍采用多层型壳，而实体型主要用于石膏型铸造中（用于有色金属铸造）。

熔模铸造要求获得表面光滑、棱角清晰、尺寸正确、质量良好的铸件，这些都不与型壳质量有直接的关系。据统计，熔模铸件废品中，由于型壳质量不良而报废的占有很大比例，而型壳的质量又与制壳工艺及制壳材料相关，因此，选用良好的材料和工艺就显得十分重要。

黏结剂、耐火粉料和撒砂材料是组成型壳的基本材料，型壳是由黏结剂和耐火粉料配成涂料后，经浸涂、撒砂、干燥硬化、脱蜡等工序制成，再经高温焙烧才能进行金属液浇注。

涂料有表面层和加固层之分，涂在模组表面的称为表面层涂料，其作用是能精确地复制熔模的表面形状，形成致密、光滑的型腔表面，以保证最后获得表面光滑、棱角清晰的熔模铸件。加固层涂料也称背层涂料，其作用是加厚、加固型壳，使型壳具有良好的强度及其他综合性能。

在涂料层上撒砂，其目的是使砂粒成为型壳的骨架而得到加固，砂粒还能吸附涂料和溶剂，有固定涂料使其停止流淌的作用，撒砂的另一个作用是，在干燥硬化时因为凝胶会发生收缩，由于砂粒的存在可分散凝胶的收缩应力，降止裂纹的产生。另外，由于撒砂造成了粗糙的背面，有利于层间的结合，也有利于提高型壳的透气性。

模组经浸涂料、撒砂、干燥硬化和脱蜡后制成了多层型壳，再经 850～1050℃焙烧，经适当保温后进行金属液浇注，在高温金属液注入型腔的瞬间，与型腔表面的热作用较为强烈，但由于型壳的热导率较低，型壁上存在较大的温差，故型壳外层所受的热作用就较轻，但外层所受到的膨胀应力却很大，因此要求型壳具有足够的强度。制壳工艺、制壳材料性能及型壳的整体综合工艺特性，最终都将反映在铸件质量上。

2.2 水玻璃型壳的铸造实践

不管是水玻璃制壳工艺还是硅溶胶制壳工艺，在叙述熔模铸造制壳实践前，首先要谈及设计合理的铸造方案。铸造方案涉及内浇口在铸件上的位置，内浇口的形状和尺寸，采用什么样的模头，采用怎样的充型方式，最主要的是要针对不同铸件结构特点，采取不同的熔模组树方案，以保证涂料、撒砂操作，有利于型壳硬化干燥，避免涂料堆积，以及产生气泡豆等缺陷，铸造方案设计还应该保证型壳排蜡通畅和有较高的铸件工艺出品率。

第一，蜡模组装应方便涂料、撒砂的制壳操作，对蜡模上的狭窄宽间、易产生涂料堆积，且撒砂困难，易出现料层堆积搭桥，浇注时常在该处跑火漏钢处要做好处置预案。

第二，对于大平面铸件，应防止平面上的涂料堆积。涂料时，大平面上容易出现涂料堆积，涂料堆积处型壳硬化不透，从而造成铸件鼓瘪。因此这类铸件组装时应考虑到大平面上的多余涂料容易流失，并留有一定的刷料空间。

第三，保证型壳的硬化和干燥，不使产生积聚水分，利于干燥和硬化。组装时应保证一定的层间距，水玻璃型壳由于是化学硬化，层间距可以适当小些，一般为 8～12mm。对于硅溶胶型壳，由于是干燥失水硬化，层间距适当大些，建议不小于 12.7mm。层间距的处理应视铸件结构、大小灵活处理。层间距小，蜡模不易掉件，但涂料易堆积、搭桥，易漏钢，铸件冷却缓慢，对于薄细长件，为了保证金属液充型充分，型壳需要缓慢冷却，层间距宜小些。对于一些难以补缩的孤立热节，为了保证该部位的良好散热，层间距大些。对于平面较大的铸件，为了避免涂料堆积，层间距宜大些。在保证铸件质量前提下，应该说，层间距越小，越有利于提高铸件工艺出品率。

第四，为了防止凹槽、盲孔、拐角处产生气泡豆（铁豆），沾浆料时一定不能产生憋气，操作时要把模组倾斜、缓慢、旋转地沾浆，必要时在沾浆前，暂停浆桶的转动。

第五，蜡模上有盲孔和细长孔，涂料撒砂是比较困难的，涂料时很容易憋气，撒砂时容易搭桥，浇注时容易漏钢。因此涂料时往往需要吹气，刷浆、撒砂后往往需要吹砂、捅桥，涂到一定层数后有时需用干砂填堵后封口，这样操作后不易产生气泡豆和跑火漏钢缺陷。

第六，制壳时蜡模破损、掉落，不仅降低铸件工艺出品率，而且在型壳修补不良时，还会造成跑火漏钢，因此内浇道应有一定的强度，不能太小。另外，可增设加强性辅助浇道或倾斜组装蜡模，必要时也可以适当增加内浇口的数量。

模组中的蜡料在制壳完成之后、浇注前必须排除。通常的排蜡方法为热水脱蜡法和高压蒸气釜脱蜡法，如果蜡未排尽，则型壳焙烧时蜡料有碳化可能，使浇注后的铸件表面粗糙，俗称碳污缺陷。对于硅溶胶型壳目前普遍采用树脂基模料，回收时采用静置沉淀法。树脂基模料黏性较大，静置温度较低，静置时间不充分时，有可能在模料中夹杂锆英粉等杂质。当蜡未排尽时，焙烧后这些锆英粉等杂质将残留在型壳内，浇注后会污染铸件表面。另外，脱蜡时蜡质会受热膨胀，如果脱蜡不通畅，型壳会产生胀裂，导致铸件产生跑火漏钢、披缝和流纹等缺陷。硅溶胶型壳脱蜡指数与型壳开裂倾向有直接的关系，脱蜡指数越小，脱蜡时型壳越不容易开裂，因此，在铸造方案设计时应保证合适的脱蜡指数。为了改善大型铸件的脱蜡性，往往在铸件的下凹部位等难以排蜡处直接设置辅助排蜡口，脱蜡后再用耐火黏土等堵住辅助排蜡孔，浇注时，辅助排蜡口还能起到储气作用。

硅溶胶型壳脱蜡是在高压蒸气脱蜡，不像热水脱蜡有个倒蜡操作，蜡液全靠重力由浇口杯流出，因此在脱蜡方向上低于内浇道的蜡很难脱出，不仅造成蜡料消耗增大，而且容易造成“碳污”和“粉污”的缺陷，所以在铸造方案中，往往在内浇道排蜡一侧增设薄隙条，保证了将蜡排尽。

铸件工艺出品率是铸造方案的重要评价指标，对铸件成本有很大的影响。工艺出品率每提高 1%，铸件成本下降 1%～2%。有一种新的熔模铸造浇注系统设计法“浇口杯补缩容量法”，所应用铸件的工艺出品率能达到 60%。

亨金法是熔模铸造浇注系统设计法中具有代表性的一种设计方法，此法是将直浇道作为提供补缩金属液的补缩源，因此直浇道粗大，一般直浇道的当量直径为内浇道当量直径的 1.5～2.5 倍，应当说亨金法的安全系数是比较大的，但是发现采用亨金法在浇口杯不够充分时，直浇道类浇注系统铸件组的上层铸件仍有可能产生缩孔（松）缺陷。在解剖浇口杯和直浇道后发现，浇口杯是补缩孔洞的集中部位，表明浇口杯才是真正提供补缩金属液的补缩源，由此在保证浇口杯的安全补缩量的前提下建立了整套浇口杯选用图和计算机应用程序。而将直浇道的作用降为与内浇道同等的浇注补缩通道，从而将直浇道的当量直径缩小到仅为内浇道的1.1～1.2倍。直浇道的缩小不仅减小了直浇道的自耗补缩，充分利用了浇注补缩系统的补缩资源，极大地提高了铸件工艺出品率。而且由于直浇道很快被充满，很快建立起有效压力头，反而保证了充填。

对于批量较大的常年性铸件产品，应尽量采用专用浇注补缩系统，专用浇注补缩系统设计应尽量削减无用部位，减少质量，以提高工艺出品率。目前国内通用直浇道的高度多数为250～320mm。直浇道越高，铸件组装数越多，工艺出品率越高。建议尽量扩大到400mm。小件采用多道直浇道时，支道越多，组装数越多，工艺出品率越高。

2.2.1 正辛醇能改善涂挂性

在用水玻璃黏结剂配制的浆料中，加入正辛醇可以从源头上遏制或者减少气泡的生成。正辛醇的加入量是水玻璃质量分数0.030%。

水玻璃黏结剂浆料中气泡的产生有两个原因：一，由于蜡基模料（树脂基模料）有憎水性，而且水玻璃（硅溶胶）都属于水溶胶，黏结剂中含有很大质量分数的自由水。当模组浸入水玻璃黏结剂的面层浆，蜡模沾不上浆，浆料直往下淌，蜡模上仅留下极其稀薄的浆料，浆料无法粘连砂粒，而且砂粒几乎是直接与蜡模接触。说明水玻璃黏结剂的表面张力大，在室温18℃时，表面张力达到6×10^{-4}N/cm，水玻璃黏结剂与蜡基模料的润湿角高达69°，所以，必须加入表面活性剂来改善浆料的涂挂性能。二，配制水玻璃黏结剂浆料时，大多数的厂家采用自制的搅拌机，电动机主轴通过皮带轮，以高速旋转模式搅拌涂料，致使大量空气卷入浆料中，引起表面活性剂起泡。

加入正辛醇的目的是去除浆料在搅拌过程中产生的气泡，也就是所谓的消泡剂。

正辛醇还有另外一个特性，正辛醇能降低水玻璃黏结剂浆料的表面张力，改善面层浆料的涂挂性，这一点长期以来被忽视。如果不加或者微量加JFC（也有的厂家是加入洗洁精或洗衣粉），能从源头上遏制气泡的生成，或者使气泡产生的量降低至最小，让正辛醇在消泡的同时，突出发挥正辛醇增强浆料涂挂性能方面的作用。

（1）正辛醇能改善涂挂性的试验

① 涂片块的制作：取不锈钢板材，制作一块长40mm×宽40mm×厚1.5mm的正方形，在正方形的一角（尽量靠近角的顶点），钻一个直径为1.5～2mm的小孔，用细铜丝穿入孔内，并绕制成小圆环，然后，在分析天平上准确称其质量，并记下涂片块连同铜丝圈的总克数（精确到小数点后第4位）。

② 涂片块沾浆：将涂片块浸入面层涂料中沾浆（使浆料离直径1.5～2mm小孔的边缘越近越好，但又不能沾染小孔及铜丝环），在浆料中浸留15s，然后将涂片块提出，放在有挂钩的架子上，顺其滴流浆料。从提起涂片块开始就按动秒表计算时间，1min后，再把沾有浆料的涂片块挂到分析天平托盘钩上去，准确称量，并记下克数（在称量时，若有浆料滴下，应将滴下的放在有挂钩的架子上，顺其滴流浆料。从提起涂片块开始就按动秒表计算时间，1min后，再把沾有浆料的涂片块挂到分析天平托盘钩上去，准确称量，并记下克数（在称量时，若有浆料滴下，应将滴下的浆料质量也计算在内。并且以分析天平第1次平衡时读数为准）。前后两次称量的差，就是涂挂在涂片块上的浆料质量。

a. 面层浆料的配制：在模数为3.2～3.4，密度为1.35～1.37g/cm^{3}的原水玻璃中加水稀释，使水玻璃的密度为1.28g/cm^3。取10kg密度为1.28g/cm^{3}的水玻璃，加入270目石英粉12kg，经过充分搅拌，放置过夜，第二天再把浆料搅拌0.5min，该涂料笔者称之为原浆料。

b. 面层浆料涂挂性的测定：

应用以上②涂片块沾浆的方法，分别测定各序号的涂片块的沾浆质量，见表2-1。

表 2-1 不同工艺条件下涂片块所沾浆料质量

序号	原浆料/kg	JFC/mL	正辛醇/mL	实际沾浆质量/g
1	22	30	10	0.5861
2	22	10	30	0.5246
3	22	/	30	0.5602
4	22	30	/	0.6910

注：1. 表中 JFC、正辛醇的加入量是密度为 1.28g/cm³ 水玻璃的质量分数（%）。

2. 使用同一块涂片块，作不同浆料序号的沾浆质量测试。

3. 各序号浆料的搅拌时间、方式相同。搅拌机样式为电动机带动皮带盘变速，采用高速搅拌，转速为 400～450r/min。

③ 涂料覆盖性试验：用玻璃片作该项试验，在玻璃的一面浇上面层浆料，斜提着玻璃片让浆料滴流，滴流完毕，撒 70 目面层石英砂，不进行化学硬化，放置 15min 后，从玻璃片无浆料的一面观察涂层的情况，若有下列现象，认定为浆料的覆盖性不好，覆盖性缺陷的标志代号如下：A 为有气泡造成的小孔。B 为涂层有起伏不平的条纹。C 为有粉料疙瘩，即分散性差。D 为有粗的颗粒。E 为涂料开裂。F 为有不规则的光面，即覆盖不好。覆盖性情况见表 2-2。

表 2-2 涂层的覆盖性缺陷

原浆料序号	观察玻璃片覆盖性缺陷
1	无 A～F
2	无 A～F
3	无 A～F
4	有微细的 A

④ 活性剂的分类与组成结构

非离子型活性剂有 4 种：

第一种，渗透剂 JFC（简称 EA)：脂肪醇聚氧乙基醚，结构组成 $R—O(CH_2 \cdot CH_2O)_nH$，发泡小。

第二种，润湿剂 TX-10（OP-10)：聚氧乙烯辛烷基酚醚结构组成 $R—\odot(CH_2 \cdot CH_2O)_{10}H$，发泡小。

第三种，农乳 100、农乳 130、烷基酚聚氧乙基醚，结构组成 $R—\odot(CH_2 \cdot CH_2O)_2H$，发泡小；海鸥牌洗净剂：以脂肪醇聚氧乙基醚硫酸钠及 TX-10 为主，发泡大。

第四种，阴离子型活性剂：一是，洗衣粉，以烷基磺酸和十二烷基苯磺酸钠为主，发泡大；二是，洗净剂，发泡大。

熔模铸造应用的表面活性剂大多数是非离子型表面活性剂（也有用阴离子型)，非离子型表面活性剂的分子结构，是聚乙二醇多种环氧乙烷的加成物，加成物具体又分为醇醚和苯酚醚两种官能团，醇醚官能团的化学式为：$R—O[CH_2 \cdot CH_2O]_nH$，而苯酚醚官能团的化学式为：$R—\odot—O[CH_2 \cdot CH_2O]_nH$，两者分子结构上的共同点是：醚管能团—O—中，氧键的一端都是连着乙基与氧乙基的聚合物，并且在聚合链都接上一个氢原子，称为亲水基。氧键的另一端也同样连着烷烃，所不同的是苯酚醚官能团比醇醚官能团多接一个—⊙苯基，称为亲油基（表面活性剂具一定的去油能力)，从化合物的化学活性角度讲，苯酚醚官能团的活性要弱于醇醚官能团。再从化合物的聚合度来分析，苯酚醚官能团聚合度小于醇醚官能团的聚合度，所以，可以这样认为，醇醚官能团和苯酚醚官能团的化学活性十分接近。

⑤ 表面活性剂的涂挂机理：上述四种类型的活性剂，结构组成中不稳定的元素是氢，换句话说，所谓的“活性”体现在氢原子稀释的水玻璃将活性剂水解，以醇醚官能团为例，活性剂中的氢与水玻璃中的氧化钠产生如下反应：

$$R—O[CH_2 \cdot CH_2O]H + Na_2O \rightarrow R—O[CH_2 \cdot CH_2O]Na + H_2O$$

上述反应应该理解成离子反应，醇醚官能团、苯酚醚官能团则链上的 H^+，被氧化钠中的

Na^+所置换，生成钠型醇醚官能团或钠型苯酚醚官能团，通过以上反应，使活性剂的主体结构发生变化，模组浸入浆料，亲油基一端被蜡模所吸引使定向排列，亲水基一端被水分子和Na^+吸引滞留在浆料界面，形成由表面活性剂分子组成的单分子膜，使浆料-蜡模间的界面张力降低，润湿角变小，使原俱的亲水基的性能变得更加优秀，把浆料中的气泡去除。

⑥ 醇的亲水特性在制壳上的应用：醇是具极性的有机物，好多醇化合物作为溶剂被广泛应用，尤其是乙醇能与水无限混合，被水解的醇，醇—OH 羟基在碱性条件下，与OH^-离子表现出相似相溶的缔合性质，在涂料结壳上得到很好的应用。

硅溶胶黏结剂与松香基中温模料的润湿角高至86°，如果是质量分数为20%的水稀释硅溶胶，表面张力可以降到64.3，若是质量分数为20%的乙醇稀释硅溶胶，表面张力只有31.7，几乎降低一半，所以，采用乙醇来调整浆料黏度，硅溶胶浆料涂挂性能提高明显，并能加快干燥速度。

硅酸乙酯水解液黏结剂与松香基中温模料的润湿角仅为34°，硅酸乙酯水解液的表面张力仅是22.6，什么缘故会这样低？四氯化硅与乙醇反应，生成$(C_2H_5O)_4Si$，经过水解（水解时加乙醇），

$$—OC_2H_5+H_2O \longrightarrow OH+C_2O_5OH$$
$$—OC_2H_5+R'OH \longrightarrow OR'+C_2H_5OH$$

生成乙氧基硅醇，硅醇脱水聚合得到各种不同聚合度的聚乙氧基硅氧烷，这就是硅酸乙酯水解液，水解液才能作为黏结剂，其活性官能团是乙氧基$—OC_2H_5$，大量的乙氧基存在，所以硅酸乙酯水解液配制的浆料不需要加润湿剂。

再有，模料与去离子水的润湿角为103°，乙醇与模料的润湿角22°，两者竟相差5倍。这就提示我们，如果在水玻璃浆料中引入—OH，涂挂性就会发生很大变化。

综上所述，涂挂性能的提高与—OH、—ONa、$—OC_2H_5$这些活性基团的存在有着直接的关系。

正辛醇的化学分子式为$CH_3(CH_2)_7OH$，它的活性产生也是由于与水玻璃中氧化钠的反应：

$$CH_3(CH_2)_7OH+Na_2O \longrightarrow CH_3(CHM_2)_7ONa+H_2O$$

正辛醇中的—OH 羟基，与水玻璃中的氧化钠反应，H^+容易被Na^+所替代，反应生成物为醇钠。醇与醇钠的化学性质相差较大，但醇钠在碱性条件下，与水的亲和力优于醇，亲水基被水分子和—ONa 牢固吸引，吸附位置始终在浆料的界面上，变成—ONa 和—OH 复合膜，使浆料的表面张力明显变小，从而浆料可以良好的润湿熔模表面，涂挂性能的改善得到明显体现。

另外，除以正辛醇为代表的消泡剂外，还有异丙醇、正戊醇、乙二醇丁醚磷酸酯等，但当溶解后（溶解在浆料中），就会失去消泡作用，若重新搅拌浆料，气泡仍会继续产生，除泡能力表现出暂时性、短暂性，可见，正辛醇的除泡作用不是它的强项，而改善涂挂性方面到是显现得较为优秀的性能。

(2) 正辛醇改善涂挂性的效果

① 活性剂（以非离子型活性剂为代表）能改善涂挂性的机理主要是羟基、乙氧基、醇钠基团的存在，在与Na^+钠离子的反应中，改变了原化学式结构，降低表面张力，减小润湿角；正辛醇在与Na^+钠离子的反应中，具有与活性剂类似的反应机理，达到一致的效果。

② 可以少用活性剂或者不用活性剂，从源头上抑制气泡的产生或者少产生，用正辛醇替代活性剂。正辛醇的加入量是密度为$1.28g/cm^3$水玻璃的0.3%为宜，活性剂是否要加入、加入多少量，视具体涂挂效果而定。

③ 将活性剂加入到氯化铵硬化液尤其是结晶氯化铝硬化液中，加快渗透涂层的作用、促

进硬化速度的提高和完善，加入量以 0.05%～0.10%为度。

2.2.2 磷酸氢二钠能提高型壳强度

在水玻璃中加入改性剂 Na_2HPO_4，原二元水玻璃 SiO_2—ONa 变成三元的 NaO—SiO_2—P_2O_5 复合凝胶网络，有效地提高了表面层和加固层的粘接强度，明显降低铸件表面粗糙度，而且型壳的高温残留强度也显著下降，易清理。

用水玻璃黏结剂配制的涂料具有性能稳定、价格低廉、制壳周期短、市场需求量大等优势。但是，水玻璃型壳和铸件的主要缺点是表面粗糙度大，尺寸精度不高。

在水玻璃中加入磷酸氢二钠，目的是要改变水玻璃的组分、结构和提高水玻璃黏结剂的应用性能，提高水玻璃型壳强度和铸件的表面质量。

(1) 水玻璃的改性处理　配制低密度水玻璃，原水玻璃化学分析数据见表 2-3。原水玻璃须加水稀释，使其密度为 1.28g/cm³，称为面层配浆水玻璃。

表 2-3　原水玻璃的成分（质量分数）　单位：%

模数 M	密度/(g/cm³)	Na_2O	SiO_2	Fe
3.2	1.38	8.2	26.0	0.05

(2) 磷酸氢二钠溶液的配制　磷酸氢二钠为白色晶状盐类化合物，在溶解度范围内，易溶于水。试验采用 200g 磷酸氢二钠，加入 260～280mL 水，搅拌均匀。

磷酸氢二钠加入量为 2.0%（质量分数），经计算后，称好一定量的磷酸氢二钠，加入水溶解，水不宜多加，水要分次分批逐步加入，恰好使磷酸氢二钠溶解完。然后将磷酸氢二钠溶液加入到一定量的密度为 1.28g/cm³ 水玻璃中，加入磷酸氢二钠溶液时要缓慢，边加边搅拌，磷酸氢二钠溶液加完之后，仍须继续搅拌 5min。

(3) 磷酸氢二钠与水玻璃的反应过程　水玻璃呈碱性，pH 值一般为 11～13，当中性的磷酸氢二钠溶液加入到水玻璃中时，Na^+ 骤然增加，瞬间反应向生成氢氧化钠方向进行，通过不断地搅拌，加入磷酸氢二钠的速度又比较缓慢，随着互溶过程的延续，打破生成氢氧化钠的平衡。如果加入速度快，不进行搅拌，就会结聚成块。试验证明，团块为以无定形二氧化硅胶体为主的混合物，在碱的作用下，团块会逐渐回溶，但是时间较长，此时如将团块搓捻开，仍能溶解在水玻璃中。所以，磷酸氢二钠溶液必须缓慢加入到水玻璃中，并且不停地搅拌。

磷酸氢二钠溶液加到水玻璃中，并没有发生实质性的化学反应，仅是硅酸钠与磷酸氢二钠的混合溶液。这种混合溶液的均匀性、稳定性很好，长期存放无沉淀析出，外观无变化，无色无味，比密度为 1.28g/cm³ 水玻璃稍微黏稠一些。

(4) 结壳工艺

① 表面层涂料采用改性水玻璃，加入质量分数为 0.25%的 JFC 润湿剂，以粉液比（质量比）1∶1.12 的比例，加入 270 目石英粉，加适量正辛醇，浆料黏度值为 38～42s（采用孔径 ϕ6mm，体积 100mL 流量杯）。

② 采用低温模料制模，模组沾表面层浆料，撒 70～100 目石英砂，硬化前自然干燥 2h（试验室温 29.5℃）。

③ 在氯化铵溶液中硬化 10min，取出，在清水中浸洗一下，自然干燥 1h（原工艺第二层也是沾表面层浆，撒石英砂，本试验表面层仅涂制一层）。

④ 第二层用密度为 1.28g/cm³ 水玻璃加 270 目石英粉配制浆料，黏度为 25～28s，撒 50～70 目石英砂，在结晶氯化铝溶液中硬化。

⑤ 第三层及以后各层，浆料用 1.36g/cm³ 水玻璃加 200～270 目耐火黏土配制，黏度值为 35～45s，撒合钵砂，仍在结晶氯化铝溶液中化学硬化。

⑥ 封层沾加固层浆，不撒砂，在结晶氯化铝溶液中化学硬化 5～10min。

⑦ 脱蜡后型壳经 850℃焙烧，浇注 304 材质的三通弯头、二通弯头、直角弯头等。

(5) 实际效果

① 表面层经过硬化前自然干燥，经氯化铵溶液化学硬化，自然干燥之后，用手发力触压涂层，明显感觉到面层硬化效果较传统工艺好，湿强度建立得快，粘接强度高。另外，面层只涂一层，浇出来的铸件未见因面层强度低而产生的铸造缺陷。从机理上分析，改性水玻璃经过氯化铵的充分硬化后，形成了 $Na_2O—SiO_2—P_2O_5$ 三元复合凝胶，即生成 [PO_4] [SiO_2] 复合网络。多数无机黏结剂中，都有 PO_4^{+3}，[PO_4] 基团是良好的助黏剂。

② 型壳溃散性好，脱壳容易。型壳溃散发生在型壳表面与铸件之间，而不是出现在型壳涂层之间。原因是磷酸盐晶体与硅酸盐晶体收缩量相差悬殊，使型壳内产生了较大的内应力。

③ 铸件表面粗糙度值下降，试验前，注意力全部集中在面层硬化的提高和脱壳性能的改善两方面，表面粗糙度下降是一个意外收获。可以从以下几个方面来认识。

④ 复合水玻璃中的氧化钠质量分数略有降低。

⑤ 复合水玻璃的 pH 值稍有下降。

⑥ $Na_2O—SiO_2—P_2O_5$ 三元复合体的生成，使水玻璃中的独立氧化钠组分相应减少许多。

⑦ 改性水玻璃中二氧化硅胶粒相对缩小，所含自由水减少，胶凝起始收缩变小，对降低铸件表面粗糙度起到直接的作用。

由上可知，用改性水玻璃与石英粉配制面层浆料，有增大面层硬化粘结强度、改善脱壳性能、降低铸件表面粗糙度的效果。经试验磷酸氢二钠的加入（质量分数）以 2%为宜，超过 2%作用不明显，低于 1.7%效果欠佳。

2.2.3 水玻璃工艺的改进及质量控制

水玻璃工艺生产精铸件是一个多环节、多因素的生产过程。根据多年经验，要生产出优质的铸件必须注意生产过程的多个细小环节，只有全面、细致地控制各工艺环节的操作，才能生产出优质铸件。

(1) 蜡模洗涤　蜡模经过补、修、刮、掸后，把合格蜡模放入洗涤剂溶液中洗涤（清洗液中洗涤剂的体积分数为 0.2%，JFC 的体积分数 1.5%），经洗涤消除掉大量的蜡屑和油污后，再放到清水里漂洗、晾干。组树后再将模组放到洗涤剂溶液沉浸二次（清洗液中洗涤剂的体积分数为 0.2%、JFC 的体积分数为 0.1%），并在清水中浸二次，晾干后涂料。

有些厂家蜡模不清洗，只在涂制面层浆前将模组放入洗涤剂溶液中浸一浸，不等晾干立即涂面层浆料，这样做达不到洗涤的目的。水珠在蜡模表面，不仅有碍于涂挂，而且还会降低铸件表面质量。

(2) 型壳硬化后冲水清洗　在面层用氯化铵硬化、加固层用结晶氯化铝硬化时，前三层硬化好之后，模组从硬化池取出应用水冲洗，冲水清洗的目的去除多余的硬化剂（涂层干燥时不需要硬化剂），使涂层与涂层之间的结合力增大，提高型壳强度。对于表面层及加固层全部采用氯化铵硬化剂的工艺，绝大多数厂家认为，反正是同种硬化剂，没有必要冲水清洗，这是个误区。生产实践证明，模组的表面层及第二层从硬化池中取出，立即置于水中清洗（当然此基础上是在水中浸一下就行），然后进行干燥。这样做并不麻烦，操作也简单，让滞留在型壳上的细小氯化铵团块及氯化铵残液去尽，使模组上多余的浮砂冲洗干净，对型壳干燥和提高湿强度都是有好处的，其效果十分明显。另外，洗涤用水经常要更换，被更换下来的水可作为补充水加入硬化池内。另外，冲水清洗对缩短干燥时间和提高型壳强度都是有益的。

(3) 面层干燥　一般来说，表面层化学硬化后的干燥时间大多数控制在 40～45min 范围内。实际操作中还应注意以下情况：所谓充分干燥是指涂层的外轮廓、内腔、拐角、内孔、盲孔、凹陷部位都要干透，这就需要在干燥过程中不时地变换模组方向、转动模组方位、改变通风方向，根据当日的温度、湿度、零件大小、空气流速、粉料粒度等因素来决定干燥时间，40～45min的干燥时间并不是定值，是最少最起码的干燥时间，是个不确定因素，在不使用颜色指示和热敏电阻、电导率测试的条件下，可用手触摸感觉水分含量，用眼睛观察型壳表面是否变白来进行判断。

(4) 第二层的干燥　第二层的干燥应比第一层更充分（当然第二层砂比第一层砂粗，涂料黏度值小，容易干），原因是表面层若干燥不透，涂第二层涂料后仍旧干燥欠佳，大分子基团二氧化硅胶凝不充分，有可能出现凝胶回溶，导致型壳强度降低。强调第二层要比第一层干燥得更充分些，目的是利用毛细扩散现象弥补面层的干燥不足。我国江苏、浙江一带，年降水量大，冬季阴湿低温，对结壳不利。为了使面层和第二层得到“充分干燥”，做法是当日只涂挂二层，第三层放到次日涂料，次日结壳全部完毕，这种做法应该倡导。

(5) 涂料中氧化钠的控制　精铸用高模数水玻璃中氧化钠质量分数为8.5%左右，水玻璃和氯化铵的化学反应如下：

$$Na_2O \cdot SiO_2 \cdot H_2O + NH_4Cl \longrightarrow SiO_2 \cdot H_2O + NaCl + NH_3\uparrow$$

反应生成物氯化钠与氯化铵生成的二元化合物，这个二元化合物不仅降低氯化铵的溶解度，而且不利于型壳硬化反应，面层涂料中过量的氧化钠会影响到铸件表面质量，加固层中过量的氧化钠有碍硅凝胶的生成，降低型壳强度，所以，涂料中氧化钠必须加以控制，工艺参数见表2-4。

表2-4　不同模数水玻璃的氧化钠质量

水玻璃模数	面层涂料中氧化钠	加固层涂料中氧化钠
3.05	3.55～3.60	3.50～3.55
3.10	3.55～3.60	4.00～4.05
3.15	3.60～3.65	4.05～4.10
3.25	3.70～3.75	4.10～4.15

对应表中列举的数据，粉液比控制范围如下：

表面层：(1.15～1.25)：1

加固层：(1.25～1.34)：1

涂料中氧化钠百分含量的分析方法：用溴甲酚紫作指示剂，用0.1N硝酸标准溶液滴定至黄色终点。

(6) 表面活性剂的控制　水玻璃精铸工艺应用较多的是非离子型活性剂，常用聚氧乙烯烷基酚醚，习惯上叫JFC或农乳。加入活性剂的目的是提高涂料在蜡模上的涂挂性。另外，在涂料（表面层、加固层）和硬化液中（无论是氯化铵、氯化铝、氯化镁）加入活性剂后，对加速渗透促进硬化有帮助。如果随意增加活性剂的加入量，会导致涂层表面产生气泡，造成铁豆、铁刺等缺陷，为此加入大量正辛醇。但是，正辛醇的消泡作用是短暂的，无法消除涂料搅拌过程产生的气泡，所以活性剂的加入量要严格控制。

冬季气温低，涂层不易硬化，也可以在氯化铵和氯化铝硬化液中加入活性剂，但必须严格控活性剂的加入量。

分析方法简介：用硫氰酸钾、硫酸高铁铵和二氯乙烷萃取比色分析。

(7) 脱蜡液的控制　脱蜡液中加入氯化铵作为补充硬化剂（9%～11%），有的加盐酸质量分数为0.5%～1%作为补充硬化剂，原因是盐酸价格便宜、补充硬化效果好，呈酸性的脱蜡水有利于蜡处理。脱蜡水中的氯化铵控制是测定氯化铵的质量分数，常用的方法是吸定量的脱蜡液，加入甲醛，生面定量的盐酸，加入酸碱指示剂酚酞，用氢氧化钠标准溶液滴定。

加盐酸脱蜡，质量分数为0.5%～1.0%的盐酸，对不锈钢会有腐蚀，铁、铬、镍金属离子被游离出来，使脱蜡水呈绿色，无法进行测定。

隐蔽干扰离子的方法：取100mL脱蜡液，加约1g乙二胺四乙酸二钠（EDTA）溶解摇匀，让EDTA与Fe、Cr、Ni络合，消除干扰后，仍可用上法测定。

(8) 氯化镁硬化液的控制　氯化镁硬化液与水玻璃有如下反应：

$$Na_2O \cdot SiO_2 \cdot H_2O + MgCl_2 \longrightarrow SiO_2 \cdot H_2O + NaCl + Mg(OH)_2$$

由于反应生成物氢氧化镁的存在，使硬化液的黏度增大，糊状物沾染涂层阻碍硬化，必须提高酸度，使pH值达到5.5～6.5。

坚持经常搅拌硬化液，实践证明是行之有效的。原工艺规定氯化镁溶液密度为1.25～1.28g/cm³，应改为低密度1.24～1.30g/cm³，并添加JFC，以提高渗透率。针对氯化镁含量降低快、消耗多的特点，氯化镁应勤添、少量并经常分析硬化剂中氯化镁含量。

分析方法简介：用铬黑T指示剂，0.125mol/L EDTA标准液滴定。

(9) 结晶氯化铝硬化液的控制　控制结晶氯化铝硬化液的pH值相当重要（1.4～1.6），用精密试纸测定，碱化度可以不必测定。但三氧化二铝是工艺控制的基础，摒弃密度测定，采用快速化学分析的方法确定三氧化二铝的含量。

分析方法简介：加过量的EDTA，用二甲酚橙指示剂，用0.020mol/L的锌标准溶液反滴定。

(10) 模料酸值的控制　低熔点模料在严格按工艺要求进行回收蜡处理和皂化物清除的前提下，还要抓住两个环节：

① 将经过处理的回收蜡浇成长方形或者圆柱形的蜡块，放在刨蜡机上加工成刨花般的片屑，调蜡时，把蜡片装入化蜡桶内（化蜡桶忌用明火或者直接加热模料，建议采用热水式化蜡桶），在很短的时间内就能将蜡片加热到68～80℃的液态，再加入蜡片，蜡片与蜡水成1∶1的比例，充分搅拌（转速小于1410r/min），时间不少于15min，糊状蜡的温度48～50℃，无细小颗粒，化蜡桶内蜡液温度不宜超过90℃，每周清理一次。

② 处理过的回收蜡定期进行酯值测定（每周一次），从而决定补加硬脂酸的加入量。

分析方法简介：模料中加入无水乙醇，装上回流冷凝管，用酚酞指示剂，用0.020mol/L氢氧化钾乙醇溶液滴定。

(11) 改进搅拌方式　对于表面层浆料和加固层浆料的搅拌，一般常在电动机主轴上套装轴杆，焊上叶片，直接由电动机自转搅拌涂料，这样有两个缺点：

① 电动机转速快，离心作用力大，使水玻璃温度骤然升高促使浆料老化，减弱二氧化硅的胶凝。

② 短时间的强烈搅拌不能使涂料充分相溶相润，会卷入大量气泡，更重要的是一旦停止转动或者停转时间长，粉料沉淀，黏度值失控。为了实施对表面层和第二层涂料的质量控制，必须改变搅拌方式。自制一台L形搅拌机，投入费极少，表面层许多质量隐患问题就迎刃而解，有的还自制雨淋式撒砂机，大大减少了因手工撒砂所造成的表面层结壳缺陷。

2.2.4　水玻璃黏结剂工艺的严细操作

水玻璃黏结剂制壳工艺相对来说是比较传统的方法，但在20世纪70年代，引入高岭石类耐火材料和结晶氯化铝硬化剂，获得高强度模壳的突破性进展。80年代引入硅酸乙酯-水玻璃黏结剂复合结壳工艺及交替硬化工艺后又出现一次飞跃。90年代引入硅溶胶-水玻璃黏结剂复合结壳工艺，丰富、充实了水玻璃黏结剂的应用，水玻璃黏结剂比以往更加受到青睐，至今仍有广泛的市场潜力。

但要看到，水玻璃黏结剂无论在熔模模料、制模工艺、压型要求、耐火材料、生产设备、环境条件等诸方面与硅溶胶黏结剂工艺无法相比拟。正是由于这些差异的客观存在，对水玻璃黏结剂制壳来说，更要强调执行工艺规程以及严格规范各个细小操作环节。

严细操作的具体做法如下：

(1) 蜡模要清洗干净　浙江永康有一家精铸厂，常年坚持对熔模进行修、括、刷、掸之后，放入洗涤剂和JFC混合液中洗净油污和蜡屑，用清水洗涤，组树完毕，再一次将模组放入清水中洗涤，过夜干燥，第二天涂料。无因蜡屑、油污、蜡滴影响，不仅铸件表面粗光洁度好，而且，熔模与面层浆料结合牢固，涂挂性能显著改善。

(2) 称黄砂的秤，不能用于称黄金　多数精铸厂家，对各类硬化液、水玻璃的测量习惯于统一用一支密度计。按照质量控制的要求，许多项目的测定应该用化学分析方法，就密度计而言，可以使用，但仅用一支来凑合，显然是粗糙了一点。上海嘉定一家厂，在自制的木架上，整整齐齐地插上一排密度计：1～1.10用于测氯化铵硬化液；1.10～1.20用于测结晶氯化铝硬化液；1.20～1.30用于测稀释的面层水玻璃；1.30～1.40用于测原水玻璃。每次用后立即将密度计洗净，放入架位。密度计成套配全，各有所用，测量精度必然提高。

(3) 要测得准，必须这样做　一般用孔径ϕ6mm，体积100mL的标准流量杯测定浆料的黏度值，测定时往往会被浆料中的砂粒、结块和杂物所堵塞，影响准确性。广东番禺一家厂，用一只碗形不锈钢丝漏斗，先把浆料过滤到容器皿中，再倒入流杯中，测定时一次成功，黏度值准确无误。(干燥的流杯，一杯测一次，洗尽擦干后再测第二次，切忌反复连续地测，精度差异就十分明显。)

(4) 工艺就要坚持　面层硬化前自然干燥，它的重要性和作用讲起来都知道，可执行起来并不容易。浙江好多厂家能坚持不懈地执行，道理很简单，在不增加成本的前提下，提高铸件表面质量，何乐而不为，用工人师傅的话来说，"是工艺就得不折不扣地执行"。硬化前自然干燥需要时间，他们从生产实际出发，既实施了硬化前自然干燥，又不延误生产进度，创造出一整套行之有效的方法：面层与加固层操作人员合理安排，涂制第一层与第二层的编成一个班，涂制加固层的又是一个班，下班前结束第一层，充分利用夜间干燥，根据春秋、夏天、冬天的季节温差，相应地采取不同的干燥时间、灵活多样的作息时间及班次、集中和分散的作业形式，坚持硬化前自然干燥工艺数年如一日，不管铸件大与小、外型与内腔、碳钢件与不锈钢件的表面粗糙度值均能胜人一筹。再则，一旦发生质量问题，容易找到原因和解决问题的办法，该是谁的失误、责任，清清楚楚。

(5) 冲水清洗　第一、第二层氯化铵化学硬化结束后，再清水洗涤，第三层用结晶氯化铝硬化结束后，更须用清水洗涤。苏州一家精铸厂多年如一日如此操作，他们不认为麻烦，原因是从中尝到了模组干燥时间缩短、杜绝分层现象（面层与第二层，氯化铵硬化涂层与氯化铝硬化涂层之间的分层）、消除涂层开裂及鼓胀状况、涂层的粘接强度和整体强度明显提高的甜头。清洗水中有一定含量的硬化剂成分，分别加入硬化池，作为补充添加水之用。

(6) 配料水玻璃　山东济南一家精铸厂，制壳车间内有一只直径1.5m、高1m的桶，配备一台搅拌机，桶上加盖。此桶用于调整和存放密度为1.27～1.28g/cm^{3}的水玻璃，专门用于配制面层浆料，工人师傅称之为配料水玻璃，他们生产的铸件，很少有毛刺、粘砂，表面粗糙度值令人满意。

(7) 新鲜的总归是好的　浙江温岭一家精铸厂，涂料浆桶全部用不锈钢板制成，直径1m，高度75cm，由于生产量大，面层、第二层浆料基本上只能用2天左右，当面层浆不足模组沾浆高度时，将剩余的面层浆全部转到第二层浆桶中，清理干净，加入水玻璃并加水调整密度，重新配制面层浆，始终保持浆料的最佳有效新鲜期，从不在剩余的浆料中直接加水玻璃、粉料、活性剂和消泡剂等配制。面层浆进入第二层浆桶后，立即测定和调整黏度值。当第二层浆料快用完时，依照面层的做法，把面层浆料转到过渡层浆桶中去使用。

(8) 模组全浸没硬化　涂制好面层的模组（或者是第二层模组）放在氯化铵溶液中硬化，由于蜡模的密度小于硬化液的密度，因而产生浮力，模组的一半会露出液面，即便改变方向转动模组，模组还是会露出水面，并且往往仍然是原先的裸露部位，这一部分肯定硬化不透。其实，只要稍加一点点力，就能克服浮力，模组上的硬化死角就不存在。江苏苏北一家精铸厂，注意到这一容易被忽视的细小环节，预先在硬化池内放一根不粗的树棍子，模组入池后随即用树棍压住浇棒，使模组整体浸没在硬化液中，举手之劳，杜绝硬化不透的后患。

(9)“明天还是要干，不如今天做好” 这是一位在广州打工的涂料工对笔者讲的一句话，果然，这家精铸厂无论生产任务有多紧、多急，下班前必须将第二天所要用的面层、加固层浆料配制好，该补加的硬化剂补加好，使浆料有充分熟化、渗透润湿的时间，硬化剂有完全溶解的时间，难怪看这家厂生产的精铸件，给人的感觉就是舒心。

(10) 氯化铵的加入　江苏常州一家精铸厂，清理硬化池中的落砂，砂中找不到细小颗粒的氯化铵、结晶氯化铝，有 3 条操作方法：

① 加入补充的氯化铵、结晶氯化铝硬化剂之前，将大、小团块捣碎，硬化剂呈粉末状。

② 分数批加入，池内四周都撒到，搅拌，待溶解后再加一批。

③ 每个涂层在硬化之前充分搅拌硬化液，发现小颗粒立即捣碎，结晶氯化铝溶液，每班测量 pH 值，及时加盐酸调节，不使其生成氢氧化镁沉淀、不让小团块的氯化铝埋入砂中，时常反复多次地搅拌硬化液，使硬化剂彻底溶解。

数年后笔者又有机会去该厂，看到他们将氯化铵和结晶氯化铝分别配成合格的溶液，然后，倒入硬化池子。

(11) 防止“砂从口入” 脱蜡前，首先要清理浇口杯，将沾留在浇口杯平面上多余的残砂和浆层去除掉，一般型壳与浇口平面相齐或略微低一点。模组制壳时，往往对产品主体很重视，对浇口杯那一段就比较疏忽，沾浆不够均匀、撒砂有多有少欠均匀、浇口杯没前部浸到硬化液，或者说，有半截冒出液面也不足为奇，所以，浇口杯上半部的湿强度会差些，当清理浇口杯上端多余的砂浆时，常见砂粒掉落、浆层脱缺，如果不经处理就脱蜡，势必留下落砂、掉砂、开裂的后患。江苏苏北一家工厂，相当重视这一细节，浇口杯上端砂浆层清理结束，用刷子刷干净，立即涂上一圈加固层浆料，再刷氯化铵溶液使之硬化，用涂料封住清理口，对浇口杯上端面进行加固，弥补涂层强度的不足，防止落砂、碎块掉入模壳的型腔。

(12) 去除硬化液中的氯化钠　反应式如下：

$$Na_2O \cdot mSiO_2 \cdot nH_2O + 2NH_4Cl \longrightarrow mSiO_2 \cdot (n-1)H_2O + 2NaCl + 2NH_3\uparrow + 2H_2O$$

从反应机理来分析，只要有模组与氯化铵硬化，必然会产生氯化钠，而且越来越多，再则氯化铵中有少量的氯化钠，问题是如何控制氯化钠在硬化液中的质量分数。浙江一家精铸厂，企业较大，日产量也相当高。他们这样做：将要更换的池子中的氯化铵溶液，分散到其他池子中，并把池清理干净，重新配制硬化液，轮到最后一只池，在取出的氯化铵溶液加入大量的水，使其质量分数为 6%～7%，逐步添加到脱蜡池中使用，根据该厂的生产经验。四个月更新一次氯化铵溶液，这时，氯化钠质量分数在 8%～9%。另外，在一定温度、溶解度条件下，发现加入氯化铵后溶解缓慢，说明氯化钠含量比较高了，呈 NH_4Cl—$NaCl$—H_2O 的三元混合溶液，应该从速处理。

(13) 新砂先除尘，后使用　面层和第二层石英砂中的粉尘应该说不算高，但是不稳定，粉尘含量有时高时低现象，加固层砂中粉尘相对要比面层砂多一点，砂中若粉尘高，砂粘不上、粘不牢，直接影响型壳强度或引起分层，铸造缺陷跟随而来。还是江苏苏北一家工厂，他们的做法难能可贵，不管是面层、加固层砂，先扬砂除尘，然后倒入砂槽使用，从不马虎。面层涂制结束，立即筛砂，将结块、杂物、湿团去除，让其干燥，下班之前盖上塑料膜防止吸湿。

(14) 封层变色，区分材质　生产中经常遇到铸件型号规格一样，但材质不一样，有时是试制、试验产品、有的是急件，有些特殊处理要求，为了引起注意，不致混淆，方便区分，温州一家厂，在封层浆料中稍微加入一点煤粉，脱蜡及浇注后模壳的颜色与平时不同，举手之劳，实用易做。

(15) 热水再冲一冲　江苏无锡有一家精铸厂，在紧靠脱蜡池旁边还有一只小池，蒸汽管通入小池，水保持微沸。当模壳脱尽蜡后，将模壳的内水倒掉，马上从小池内取一勺沸水于模壳内，晃动几下，再呈旋转方式把热水倒出，有时甚至要冲二次。这家厂的生产量相当大，一天要脱500组以上，长年累月如此操作，工人师傅说，习惯了，顺手带一带。

(16) 蜡液过滤　蜡液3次过滤。江苏南通一家精铸厂，在脱蜡池上部做一个倾斜向下的溢漏口，蜡液自动流入集蜡槽，并在集蜡槽上放置100目滤网框，这是第一次过滤。蜡液在集蜡槽内进行回收蜡处理，处理完毕，在沉淀开始前，将蜡液放到另一只盛液缸，缸上放120目过滤网框，这是第二次过滤。沉淀结束，蜡液倒入圆柱形的蜡锭模时，在模锭上又要放专用过滤网框，3次过滤后，蜡液清澈，无杂质。

(17) 浇口杯朝下　模壳进炉焙烧这前大多数是将烧口杯朝上放置，弊病是落砂，砂眼、夹砂、渣孔铸造缺陷明显增多，浙江端安一家精铸厂，将模壳倒放，使浇口杯朝下，用铁丝将模壳扎起来，目的是做成圆环状，用铁叉穿入圆环，送入炉内焙烧，浇口杯朝下放置还有一个好处，取壳方便，不容易撞伤模壳。

(18) 沉砂利用　硬化池中的积砂大多是涂层上的浮砂所掉入，未沾浆料，未焙烧浇注，是好端端的原砂，江苏无锡一家精铸厂职工，将清池出来的砂，经过冲洗、晒干、过筛处理后，重新用于生产，如果长年累月地计算，不是一个小数。

(19) 压型存放对号入座　南京一家老厂，压型管理除有模具库、压型上附有标签、模具上架等之外，严细之处是，账、物、存三位一体。帐：压型账上除常规的名称、规格、编号、订货单位等之外，还有与该模具配套的压型编号、数量及成套压型的总数、规格种类、原图编号、压型材质、供货单位、产权归属，该压型有多少销子、活块数量、分型块数、紧锁方式及螺钉数量，存放在几号架、几层、几排、几座、同排相邻压型名称（例出2～3只）。物：每只压型上附都有标签，标签上有一栏注明该压型几架、层、排、座。存：压型领出，领模人留下单据，单据与标签保存在一起，生产完毕压型归还库房时，要经过详细检查，连一只螺钉都不能缺少。寻找压型时，毫不费劲。

(20) 质量控制贯串于生产的全过程　无锡一家厂，制模、结壳、脱蜡二班制生产，焙烧熔炼浇注三班制生产。上一班在下班前，涂料工必须将面层和加固层浆料配制好，并且涂料中氧化钠质量分数和涂片重量测定合格；对氯化铵、结晶氯化铝溶液以及脱蜡水补加硬化剂，确保下一班生产前化验合格；氯化铝硬化液中JFC活性剂每周抽样化验一次；对每炉钢水进行炉前、炉后快速分析（不管是碳素钢、合金钢、可锻铸铁、不锈钢），每只炉前、炉后样品必须贴上标签并保存一个月，每月抽10只炉前或炉后样，以监督化验人员的分析质量，所以，这家厂生产的精铸件质量使人信得过。

2.2.5 水玻璃型壳新型硬化剂

水玻璃精密铸造工艺是20世纪50年代中期由前苏联引进，洛阳拖拉机厂作为我国第一个五年计划中156项重点工程之一，当时铸造车间设有精密铸造工段，采用水玻璃作黏结剂，氯盐水溶液作硬化剂，通过化学硬化实现快速结壳。此工艺因结壳时会产生氨气、焙烧时会排放氯离子，对人体及环境造成危害，工业发达国家已被禁用。

由于水玻璃工艺具有快速结壳的特点，生产周期短，石英石材料资源丰富而且价格便宜，铸件清理容易等原因，我国不仅将水玻璃工艺作为传统的熔模铸造工艺，而且水玻璃工艺精铸件产量仍呈低速上升趋势，根据最新资料显示，平均年增长速度约为6%，水玻璃工艺的存在，短期内恐怕不会有较大的削减。

基于精铸水玻璃工艺较长时间存在的客观事实，有必要研制新的硬化剂，少用或不用氯化铵，遏止氯盐溶液所产生的诸多负面影响。

（1）绿色铸造 水玻璃结壳工艺使用范围正在逐渐缩小，并慢慢地被淘汰，其原因不仅仅是铸件表面粗糙度值大、尺寸精度低，还有3条有悖于环境保护方面的致命弱点：

① 采用氯化铵溶液作硬化剂会产生大量的氨气，严重腐蚀设备，氨气还会对人身呼吸道器官、神经系统伤害，氯盐硬化剂溶液排放出去，是引起水体氨氮超标污染的主要污染源之一。

② 采用氯化铵溶液和结晶氯化铝溶液（包括氯化钙、氯化镁）硬化的涂层，在焙烧时产生大量的氯化氢气体，这是导致“酸雨”的主要原因，造成严重的大气环境污染。

③ 采用氯化铵溶液和结晶氯化铝溶液硬化模组，操作工人劳动强度大，劳动环境差，涂层多次重复地放在硬化液中浸泡，对涂层的干燥程度不易掌握和控制，尤其是潮湿天气、梅雨季节、阴寒的冬季，铸件质量问题会频繁的大批量的发生，并且会成批的产生报废，对精铸企业的生产、效益构成相当大的威胁。

水玻璃结壳工艺由于材料价格低廉、设备投资少、制壳周期短等特点，虽然铸件质量差一点，但对表面质量要求不是太高的碳钢件、低合金钢件、铸铁件、铜铝合金件还是适用的，在现阶段要彻底淘汰水玻璃结壳工艺，还有困难，笔者认为，水玻璃结壳工艺短时间的延续，不能影响我们发展绿色铸造的前进步伐，现阶段关键是要走工艺改革，技术创新之路。

（2）新型硬化剂 新型硬化剂是由几种有机酯合成的化合物（用Y表示），再与适量的改性剂合成（用S表示），新型硬化剂总称为硬化酯，商品命名为YS-28。

① 新型硬化剂的特性。外观为无色或略带浅黄色，含游离酸的质量分数≤0.5%，含水质量分数≤0.1%，密度20℃时为1.10～1.20g·cm^3，黏度20℃时<100mPa·s，具有无毒，无害，无腐蚀，不易燃，不易爆，但是有易水解的特性。质量指标符合Q/320282NPL。

② 新型硬化剂的硬化速度。新型硬化剂系列有：YS-28-(Ⅰ)为快速，快速硬化时间为15～20min 。YS-28-(Ⅱ)为中速，中速硬化时间为30min。YS-28-(Ⅲ)为慢速，慢速硬化时间为>50min。除此之外，根据不同的季节气温的高低，可以自行调整，掌握和控制硬化速度，从而提高产能，降低制壳成本。

③ 新型硬化剂的硬化机理。羧酸是含有羧基（—COOH）的含氧有机化合物，也就是烃基和羧基组成的产物，通式为R—COOH，有机酸与醇反应，羧基上失一个氢，同时接上了一个烃基，生成酯，通式为R—COO—R′，在羧基上，被接上去的烃基R′基团，活性很强，R′与水玻璃浆料中的氧化钠反应，钠离子替代了R′，生成酯钠，完整的化学反应式如下：

$$R—COOR+Na_2O\cdot SiO_2\cdot H_2O\longrightarrow R—COONa+SiO_2+H_2O$$

当水玻璃浆料与新型硬化剂接触后，在涂层界面上迅速产生界面硬化形成硅胶凝膜，随后，硬化剂通过涂层胶膜的间隙和微裂纹由表及里的渗透扩散，胶凝层不断增厚，顺序硬化胶膜中二氧化硅凝胶化转变充分，硬化层逐渐顺序强化。

水玻璃中的氧化钠与有机酯反应生成有机酯钠，存在于凝胶网络中，氧化钠的总量没有减少或析出，变换成另外一种有机化合物存在于凝胶网络中，有机酯钠的存在对提高模壳的湿强度和高温强度有利，相应地，模壳浇注后残留强度也稍有提高。

近年来，砂型铸造采用有机酯硬化水玻璃砂的工艺不断改进，研究表明，从严格控制型砂水分的层面来说，有利于型砂的硬化。然而，熔模铸造的涂料本身就是呈半流态，浆料中的水分比较多，为什么涂层的硬化就没有问题，究其缘由，还有另外一个反应在推动和促进胶凝的生成和强化：

$$R—COOR + H_2O \xrightarrow{\text{碱性}} R—OH + R—COOR$$

酯有水解的化学反应，水解在碱性条件下（水玻璃的pH值为13左右），效果更好。因为这个反应的历程首先是亲核加成的过程，碱可以提供较强的亲核试剂 OH^- 离子，容易和酯分子中的羰基起亲核加成反应。生成羧酸和醇，醇能承载涂层中的水分子快速向外逸出，有助于涂层的干燥及硬化。羧酸不阻碍胶凝层的产生和增加，羧酸钠吸附在网状的硅凝胶外侧，起到了稳定和坚固的作用。

传统的硬化剂氯化铵、结晶氯化铝、聚合氯化铝、氯化镁、氯化钙都必须配制成硬化液，并且，硬化液中一定要保证硬化剂的质量分数，其硬化方式称之为水法化学硬化，而新型硬化剂的硬化方式是干法化学硬化，对比之下，新型硬化剂的优越性、先进性便充分得到显示。

（3）水玻璃改性剂

水玻璃是熔模铸造水玻璃结壳工艺的黏结剂，目前国内生产的高模数水玻璃的质量是良莠不齐，甚至达不到国家标准的要求。为了满足有机酯对水玻璃的硬化条件，所以必须对普通水玻璃进行有机改性，即在水玻璃黏结体系中引入有机活性离子，提高化学活性，充分发挥出水玻璃在与有机酯反应中的作用，使水玻璃的粘接强度提高，从而增强模壳的高温强度，增加模壳残留强度，改善铸件表面质量。

水玻璃改性剂不要预先加入水玻璃中，而是加入到由多种酯合成的有机酯硬化剂中，在一定的反应条件下再次合成，生成即文中所提及的Y+S有机化合物，水玻璃活性的改善伴随胶凝硬化的过程同时进行。

① 改性剂试验。将有机酯与面层用石英砂、背层用合钵砂或颗粒砂分别混合起来，混砂方法：先将砂加到搅拌机内，搅拌30s，目的是将砂中的粉尘扬弃。在搅拌机保持运转的状态下，细流量慢速加入有机酯，搅拌1.5～2.0min，出砂。

② 浆料配制及撒砂。水玻璃结壳工艺采用新型硬化剂时，面层浆料、加固层浆料的配制以及撒砂种类见表2-5。

表 2-5 浆料配制及撒砂种类

浆料类型	水玻璃	粉料	添加剂	
面层浆料	d 1.28	石英粉270目	JFC	正辛醇
	M 3.1～3.4		0.07%	0.05%
粉液比	1.0～1.10 ∶1			
面层撒砂(目)：70～100 石英砂				
背层浆料	d 1.34	石英粉 50%	—	—
	M3.1～3.4	耐火黏土 50%	—	—
粉液比	1∶1.20～1.25			
背层撒砂(目)：20～40 合钵砂或颗粒砂				

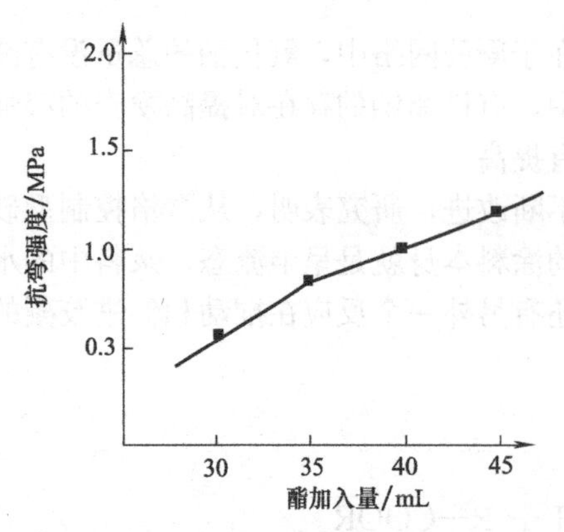

图 2-1 有机酯加入量对模壳强度的影响

③ 有机酯的加入量。10kg 面层用石英砂中加入 YS-28 新型硬化剂 300mL、350mL、400mL、450mL，搅拌均匀；10kg 背层用合钵砂或颗粒砂中加入 YS-28 新型硬化剂 350mL、400mL、450mL、500mL 的模壳强度测试来看，随着新型硬化剂加入量的增加，模壳强度也随之提高，见图 2-1 所示。

④ 改性剂的加入量。由于改性剂是按一定的摩尔比合成在复合有机酯中的，其质量分数与有机酯成线性关系，所以，有机酯加得多，改性剂也加得多，从图 2-1中看出，改性剂起到提高水玻璃活性的作用，促进硅胶凝的析出，有助于涂层的硬化。

⑤ 硬化时间的确定。由于新型硬化剂是几种有机

酯合成的化合物，所以，硬化剂与浆料的硬化时间是可调的，从试验情况来看，冬季以30min、夏季以20min的硬化时间为最佳，成本也最低。

⑥ 干燥时间的确定。模组从传统的水法化学硬化池中取出之后，整个涂层是湿透的，需要用较长的时间将水分吹干。而新型硬化剂是在室温、无水状态下硬化，硬化后，涂层中及涂层外的水分较少，只要稍加干燥就能去除水分，通常情况下，30min就能满足涂层的干燥。

⑦ 脱蜡工艺的确定。结壳完毕，模组放置过夜，第二天用热水脱蜡，脱蜡水中加入质量分数为5%～8%的氯化铵或者0.8%～1.0%的盐酸。

另外，模壳焙烧温度及保温时间、熔炼及浇注温度按水玻璃常规工艺进行。

⑧ 生产实例（一）

产品名称：滚轮；材质：201不锈钢；单件质量：150g，16件/组；组树方式见图2-2。产品简图见图2-3。

图2-2　滚轮蜡模的组树图

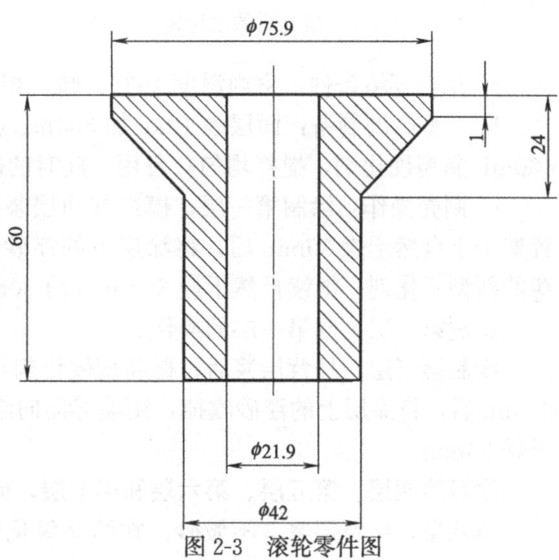

图2-3　滚轮零件图

a. 结壳环境条件：室内温度9℃，雨天，相对湿度＞90%，不开风扇，无空调器。

b. 型砂的制备：面层砂10kg加300mL新型硬化剂，细流量慢速加入有机酯，搅拌1.5～2.0min，搅拌均匀，备用。背层砂10kg加350mL新型硬化剂，细流量慢速加入有机酯，搅拌1.5～2.0min，搅拌均匀，备用。加入新型硬化剂后的砂，有明显的湿润手感。

c. 制壳操作：涂制第一层，模组挂面层浆后，撒新型硬化剂与面层砂混合的制备砂，放置架子上自然干燥30min后，将涂层上的浮砂吹掉，继续自然干燥30min（前30min是硬化为主，后30min是干燥为主）。

涂制第二层，同第一层的操作。

第三层，挂背层浆后，撒新型硬化剂与背层砂混合的制备砂，放置架子上自然干燥30min后，将涂层的浮砂吹掉，继续自然干燥30min。

涂制第四层和第五层，同第三层的操作。

第六层，挂背层浆，不撒砂，在结晶氯化铝溶液（密度1.18g/cm^3）中浸泡15nin，作为封层。

当天制壳完毕，放置过夜，次日热水脱蜡，脱蜡后放置过夜，进入焙烧、浇注工序。

d. 铸件检验：模壳残留强度不高，清壳容易，不粘砂，铸件表面光洁，无铸造缺陷，经多次试验稳定性好，成品率达100%。铸件见图2-4所示。

⑨ 生产实例（二）

产品名称：三通阀；材质：35钢；单件质量：3kg；组树数量：1件/组；蜡模组树，见图2-5。

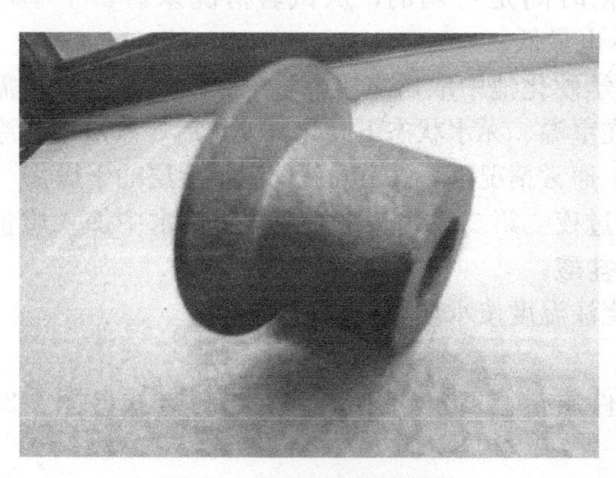

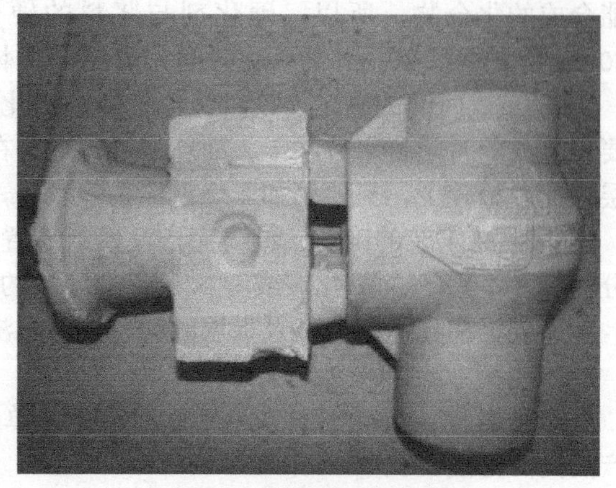

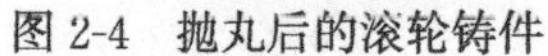
图 2-4 抛丸后的滚轮铸件

图 2-5 三通阀蜡模组树图

a. 结壳环境条件：室内温度 25℃，晴，相对湿度 60%，不开风扇，无空调器。

b. 3 型砂的制备：面层砂 10kg 加 350mL 新型硬化剂，搅拌均匀，备用。背层砂 10kg 加 400mL 新型硬化剂，搅拌均匀，备用。此时的砂，有湿润的感觉。

c. 制壳操作：涂制第一层，模组挂面层浆后，撒新型硬化剂与面层砂混合的制备砂，放置架子上自然干燥 30min 后，将涂层上的浮砂吹掉，然后，用喷雾器向涂层内外喷上一层薄薄的新型硬化剂，继续自然干燥 30min（前 30min 是硬化为主，后 30min 是干燥为主）。

涂制第二层，同第一层的操作。

涂制第三层，挂背层浆后，撒新型硬化剂与背层砂混合的制备砂，放置架子上自然干燥，30min 后，将涂层上的浮砂吹掉，用喷雾器向涂层内外喷上一层薄薄的新型硬化剂，继续自然干燥 30min。

涂制第四层、第五层、第六层和第七层，同第三层的操作。

第八层，挂背层浆，不撒砂，在结晶氯化铝溶液（密度 1.18g/cm^3）中浸泡 15min 作为封层。

当天制壳完毕，放置过夜，次日脱蜡，脱蜡后放置过夜，进入焙烧、浇注工序。

d. 铸件检验：模壳残留强度不高，清壳正常，不粘砂，铸件表面光洁，无铸造缺陷，多次试验稳定性好，成品率达 100%。铸件见图 2-6 和图 2-7。

由上可知，熔模铸造水玻璃结壳工艺采用新型硬化剂，不但可行，而且表现出下列优点：

a. 模壳常温和高温强度高，残留强度低，脱壳性好，铸件表面光洁，无铸造缺陷，其自然干燥硬化的特性，与硅溶胶结壳工艺有一定的相似之处。

b. 改善劳动环境，制壳过程中，无气味，无毒，对人体无害，对设备无腐蚀，减轻工人劳动强度。

c. 减少水污染，杜绝酸性气体的排放，减轻大气污染，有利于环境保护和实现绿色铸造。

d. 新型硬化剂非但价格不贵，而且新型硬化剂与砂搅拌均匀后，存放多日不会干涸和失效。经测算，相当于使用氯化铵和结晶氯化铝的成本。

新型硬化剂应用于熔模铸造水玻璃制壳工艺，还是刚刚提出及起步，应该说对硬化机理有待进一步的认识，许多工艺细节有待完善，需要广大铸造工作者一起来培育和提高。

2.2.6 水玻璃工艺的新开发

水玻璃黏结剂一般与石英粉配制浆料，撒石英砂，在氯化铵溶液和结晶氯化铝溶液中化学硬化，这种工艺制得的型壳强度不高，铸件的表面粗糙度和尺寸精度较差，大多用于浇注碳钢

(a)

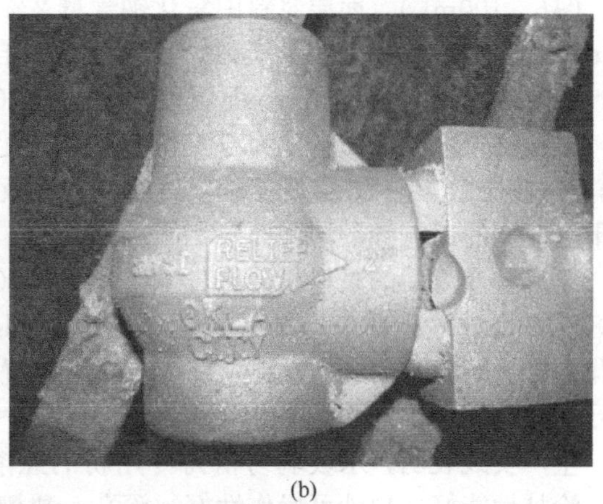

(b)

(c)

图 2-6　三通阀铸件

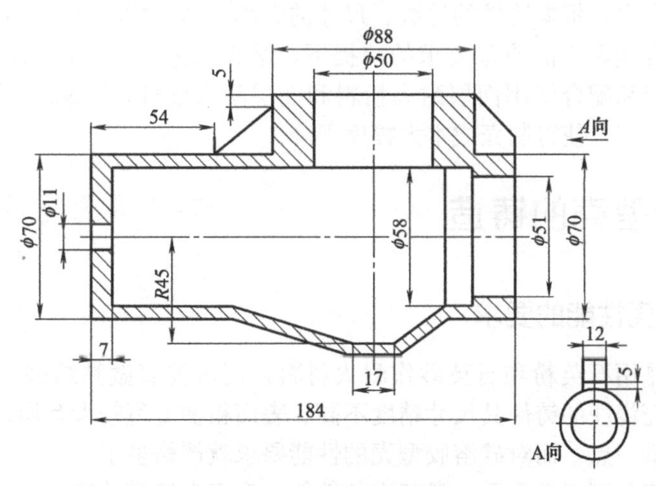

图 2-7　三通阀零件简图

和低、中合金钢铸件。为了改善水玻璃工艺的铸件表面质量，研制几种新的水玻璃面层工艺。

(1) 水玻璃-精铸专用粉浆-精制石英砂　配浆水玻璃采用模数为 3.1～3.4 的水玻璃，加水，使水玻璃的密度稀释至 1.275g/cm^3，成为配浆水玻璃。面层浆料的粉液比为精铸专用粉 325 目：配浆水玻璃＝2∶1（室温 32～34℃），加入 JFC（水玻璃的质量分数）0.06%，加入消泡剂（水玻璃的质量分数）0.04%，室温 34℃，面层干燥室温度 29℃。面层浆料黏度值

14s（ϕ6，100mL），面层浆料中氧化钠含量2%，面层浆料涂片质量2.85g（40mm×40mm×2mm），面层撒40～70目石英砂，面层硬化前自然干燥20min，面层硬化液为24%氯化铵溶液，面层硬化时间为30min，面层硬化后干燥100min。

过渡层浆料粉液质量比为石英粉270目∶配浆水玻璃1.8∶1，过渡层浆料黏度值为14～15s，过渡层撒40～70目石英砂。过渡层硬化液种类、浓度、自然干燥时间、硬化时间、硬化后干燥时间的工艺参数均和面层相同。

第三层及以后的浆料粉液比，（耐火黏土50%+合钵粉50%）∶水玻璃=1.3～1.4∶1，撒8～12目合钵砂，采用结晶氯化铝溶液，Al_2O_3（质量分数）6.7%，硬化时间为30min，硬化后干燥时间为40min，制壳完毕，模组放置过夜。次日，采用热水脱蜡，脱蜡后型壳干燥1天，然后进行焙烧和浇注。

生产实践表明，水玻璃与精铸专用粉的互溶性很好，浆料流淌顺畅，熔模上浆料附着均匀、涂挂性能好、撒砂可操作性好。深孔、狭槽不粘砂，质量稳定，浇注后型壳溃散性好，适宜做5～10kg的铸件。采用低温模料，浇注1.4408奥氏体不锈钢，铸件表面粗糙度R_a≤6.3，达到硅溶胶-水玻璃复合工艺的水平，尺寸精度高。

（2）水玻璃-精铸专用粉浆-精铸专用砂　在上述工艺基础上面层若改撒精铸专用砂，第二层及之后的工艺参数同（1），生产的铸件表面粗糙度比用（1）所述工艺生产的铸件更为光洁、细腻，达到硅溶胶-水玻璃复合工艺的水平，尺寸精度高。

（3）水玻璃-硅微粉浆-精铸专用砂　面层浆料配制工艺参数同（1）所述工艺参数，面层撒80～100目精铸专用砂，第三层及之后的工艺参数同（1）。大量生产实践表明，应用此工艺宜生产10～15 kg的铸件，铸件表面粗糙度和尺寸精度达到硅溶胶-水玻璃复合工艺的水平。

（4）水玻璃-锆英粉浆-精铸专用砂　面层锆英粉-水玻璃浆料的配制，结壳的工艺参数，基本上与（1）所述工艺参数相似，撒80～100目精铸专用砂，生产实践表明，此工艺宜生产20～30kg的铸件，铸件表面粗糙度和尺寸精度与（2）所述工艺水平相当，达到硅溶胶-水玻璃复合工艺的水平。

在熔模铸造生产中，根据铸件的等级、尺寸的大小、结构的特性、材料的类别以及性价比高低等不同情况，在满足产品质量要求的前提下，结壳工艺采用多样化，实施合理的材料组合，有针对性地选择和配合使用面层耐火粉料和面层耐火砂种，既满足了型壳的性能质量要求，又有利于清砂脱壳，使得制壳成本大幅度下降。

2.3 硅溶胶型壳的铸造

2.3.1 对型壳性能的要求

水玻型壳由于是用石英粉和石英砂作耐火材料，用水玻璃做黏结剂，用氯盐做化学硬化剂，采用水玻璃型壳浇注的铸件其尺寸精度不高、表面粗糙度值较大，所以，对水玻璃型壳性能要求相对来说要低一点，而对硅溶胶型壳的性能要求就严格多了。

（1）强度　强度是型壳最重要、最基本的性能，型壳在熔模铸造的不同工艺阶段，有三种不同的强度指标，即常温强度、高温强度、残留强度。型壳应有足够的常温强度过高温强度，才有可能顺利地完成制壳过程并进行浇注。

型壳的常温强度通常是指湿态强度，湿态强度是由黏结剂与耐火材料颗粒表面的黏附力和黏结剂本身的内聚力两相综合叠加而成，并随着黏结剂和耐火材料的种类以及制壳过程的干燥和硬化程度而变化。

在脱蜡、焙烧和浇注时，型壳将受到各种应力的作用，若强度不足，型壳就会发生变形或破裂。

从浇注开始至铸件凝固之前，由于型壳受高温液体金属的直接作用，工作条件极差，因此，型壳的高温强度要求就显得更为重要。型壳的高温强度主要取决于黏结剂在高温下的硅凝强度，并与高温下黏结剂与耐火材料间的反应产物有关。水玻璃型壳的高温强度低于硅溶胶及硅酸乙酯黏结剂型壳。

残留强度是指型壳经焙烧和高温浇注后，在脱壳清理时的强度，残留强度对型壳的脱壳性和清理操作有较大影响，若残留强度过大，则将增加脱壳清理的困难。同时，铸件在冷却凝固量亦要求型壳有较低的残留强度，使型壳有较好的退让性，以免阻碍铸件的收缩致使铸件产生裂纹。

型壳的残留强度一般受高温强度的影响，通通常高温强度高，残留强度也高。性能优良的型壳强度指标，应兼顾多方面的因素，所以，型壳应具有高的常温强度，适宜的高温强度和较低的残留强度。

(2) 透气性　透气性是指气体通过型壁的能力，虽然型壳的壁厚不大，但由于其结构较为致密，型壳在焙烧后因各种挥霍一空后因各种挥发物的逸出虽也留下一些微裂纹，但其透气性远比砂型要差。当浇注时，若型壳透气性不良，气体不能迅速地向外排出，则在高温金属液作用下型壳中的气体会迅速膨胀而形成较高的气垫压力，会阻碍金属液的顺利充填，就可能使铸件产生气孔或浇不足等缺陷。特别是薄壁铸件最会发生这样的缺陷。总的来说，透气性主要取决于型壳结构的致密程度，而黏结剂的种类和含量、耐火材料的性质和黏度等都是影响型壳透气性的主要因素。

通常对提高型壳透气性有利的因素，却往往是对型壳强度不利的因素。不同的黏结剂的透气性差别也较大，水玻璃型壳的高温透气性较好，硅酸乙酯型壳次之，硅溶胶型壳的高温透气性较差。

(3) 热膨胀性　物体随温度变化而发生膨胀、收缩的特性称热膨胀性，固体受热膨胀的性能通常用线膨胀系数或体膨胀系数来表示。

型壳的热膨胀性是指型壳随温度升高而膨胀或收缩的性能，型壳受热时尺寸增大是型壳材料的热膨胀和同素异构晶体转变所引起的，尺寸收缩则是由于型壳在加热时的脱水、物料的热分解、物料的烧结、液相的产生以及硅凝胶的缩合等因素，使型壳更致密化的结果。

热膨胀性是型壳的一个重要性能，它不仅对铸件尺寸精度有直接的影响，而且还影响到型壳的抗急冷急热性能和高温抗变形性能。型壳中的耐火材料在加热升温时，有些呈均匀膨胀，另一些则呈非均匀膨胀。呈均匀膨胀的有刚玉、熔融石英、高岭石类熟料型壳，呈非均匀膨胀的有硅砂质型壳，主要是石英在加热过程中的多晶转变造成其体积膨胀的不均匀性。

(4) 导热性　导热性是指型壳传导热量的能力，通常以型壳的传热系数来表示，它是被固体壁隔开的两流体之间的传热，是以热流量密度除以温度差来表示，型壳的导热性能与制壳耐火材料的种类、型壳中的孔隙率与型壳温度等因素有关。

制壳耐火材料对型壳的导热性能有较大影响，刚玉（Al_2O_3）型壳和高铝矾土型壳的传热性要高于硅砂型壳。

型壳的导热性直接影响其向外散热，型壳的导热性好，向外散热的速度快，则高温液体金属的冷却凝固速度也快，有利于细化晶粒及铸件的综合力学性能。

(5) 热震稳定性　热震稳定性亦称抗急冷急热性，是指型壳抵抗因温度急剧弯化而不破裂的能力。一般热导率高、膨胀系数小，气孔率高均能提高材料的热震稳定性，若材料的弹性模量低和机械强度高，则热震稳定性也较好。

实践证明，浇注时型壳强度与液体金属的温差和型壳耐火材料的热膨胀性是影响热震稳定性的主要因素，硅砂的热膨胀系数大，且在加热过程中发生多晶转变时伴有膨胀率的突然增大，因此，硅砂型壳的热震稳定性差，浇注时型壳温度不可过低，不宜冷壳浇注。高岭石类熟料莫来石、上店土、铝矾土、匣钵砂等铝-硅系耐火熟料，具有较低的热膨胀系数，所以其型壳的热稳定性较高。

型壳的形状和厚度也对热震稳定性有影响，一般是薄壁型壳的热震稳定性要大于厚壁型壳。

(6) 热化学稳定性　热化学稳定性是指型壳与高温液体金属接触时，在界面发生化学反应的能力。型壳在高温时的化学稳定性主要取决于型腔表面材料及合金的物理化学性质，其次还与合金的浇注温度及浇注过程中型腔周围的气氛有关，若液态合金与型腔表层之间发生热化学反应，就会在铸件表面产生麻点及粘砂缺陷，使铸件的粗糙度值增大，表面质量下降，并造成铸件脱壳清理困难。

型腔表面为硅砂材料的型壳，在浇注碳钢时并不发生粘砂，但在浇注高锰钢时，就会使铸件表面产生严重的化学粘砂，这主要是 SiO_2 呈酸性，在高温下与碱性氧化物 MnO 发生反应，形成一系列的低熔点化合物，如 MnO MnO・SiO_2（熔点 1270℃），2MnO・SiO_2（1320℃），3MnO・SiO_2（熔点 1200℃），形成了化学粘砂层，此外，面层为硅砂材料的型壳，在高温时浇注含 Ni、Cr、Al 的合金钢时也易出现化学粘砂，浇注 ZG1Cr18Ni9Ti 不锈钢就很易产生麻点和粘砂缺陷，当以刚玉或锆英替代硅砂材料，即可获得较好的表面质量。

在高温下液态金属的氧化形成 FeO，它有很高的化学活性并对型壳表面有较大的润湿作用，因而也是造成型壳界面化学反应的重要因素之一。实践中，铸件在还原性气氛中冷却凝固时，由于抑制了钢液的氧化，从而有效地减轻或防止了界面热化学反应，提高了铸件的表面质量。

因此，熔模铸造应根据不同合金种类选用适宜的制壳材料工艺，不管水玻璃制壳还是硅溶胶制壳，总之，控制好制壳的工艺，是重中之重。

2.3.2 校正插块的应用

为了把熔模铸造硅溶胶结壳工艺的铸件做精，使其成为真正的精密铸件，必须加强过程质量控制，结合运用新工艺、新材料解决生产中的关键难点，提高铸件局部位置尺寸精度，使铸件的品质得到提升，达到精铸件的尺寸必须精准的要求。

有些产品虽然不是很复杂，壁厚不是太薄，壁厚也较均匀，但是，局部的尺寸精度和形位公差要求高，需要采取特殊的工艺措施。

图 2-8　前端盖蜡模

图 2-9　铝合金材质的校正插块

前端盖的材质为 304L，内孔二个圆的同心度精度为±0.10mm，两个箭头的内间距为46mm，尺寸精度要求为+0.08mm，平整度为 0.012mm，所以，采取校正插块的控制措施达到图纸要求。见图 2-8 前端盖蜡模。

为了防止熔模变形，设置校正模块，按图纸要求，精确制作铝合金插块，见图 2-9。

熔模从压型中取出之后，立即将蜡模移至校正模内，保持其状态定形或者进行矫形，这是常用的控制蜡模变形的工艺措施。

蜡模从压型中取出后，立即插入两个校工插块，自然冷却 15min 后，取出圆形插块，见图 2-10。再自然冷却 15min 后，取出条形插块，此时，蜡模放入水中冷却。

安放和操作校正插块，应严格执行射蜡操作指导书中的各项规定。在过程质量控制中，防止蜡模在冷却过程中的变形、收缩不一致，保证铸件尺寸精度和形位公差的要求，在批量生产中达到毛坯不校正、少切削、无切削，满足了客户要求。

图 2-10 校正插件放在蜡模之中

2.3.3 大平面上设置工艺钉

某工厂试制燃气机叶片时，见图 2-11。在叶片的凹曲面和凸曲面上产生较为严重的龟裂，当时认为，解决龟裂只要加强对面层、二层的温度、湿度和干燥时间的控制，龟裂就能克服，因此，用心地对干燥室的环境要素和涂层的干燥时间严格加以控制，但出乎意料的是，龟裂缺陷一直得不到彻底根除。

经研究分析认为：严格控制干燥室的环境参数和涂层干燥时间固然重要，更应该研究叶片的曲面特性；叶片的曲面以大圆弧线构成，相对趋向于平面化，整个扇形平面达 303cm^2，而且呈凹凸双面型，就熔模铸造的范畴来说，算得上是大平面了，面大，壁薄，这就是该叶片产品的特性所在，必须要采取相应的工艺措施，否则，模壳在焙烧浇注之后，涂层开裂、折断、变形、起挠肯定是难以避免的。

改善措施是：在叶片蜡模的凹面和凸面上，分别焊上若干个小圆柱——工艺钉，见图 2-12、图 2-13。这些小圆柱子将大平面分割成多个小平面，小平面有利于面层浆料与蜡模的结

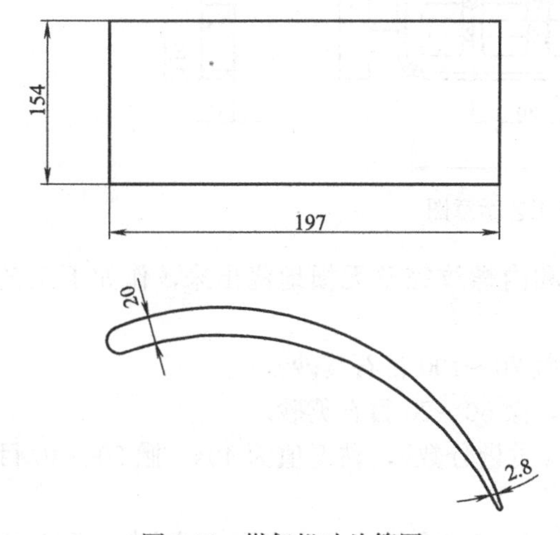

图 2-11 燃气机叶片简图

图 2-12 叶片蜡模凹面上的工艺钉

合，有效地防止面层分层、开裂，对后续的涂层来说，工艺钉犹如一副骨架，能提高涂层与涂层之间的结合力，模壳的整体强度也有所提高。

通过对叶片大平面龟裂缺陷持续改善的工作实践，大平面上设置工艺钉，龟裂缺陷得到彻底解决，铸件上的工艺钉见图 2-14。笔者体会，根据不同结构特性的零件产品，要善于分析问题本质，要敢于怀疑传统工艺方法，这样既有利于解决问题，又可少走弯路。

图 2-13　工艺钉在蜡模叶片的凸面上

图 2-14　工艺钉在铸件叶片上

2.3.4　支撑架铸件的铸造工艺

支撑架零件材质 Cr25Ni20 耐热钢，有 20 个 ϕ16mm 孔，还有 12 个 M18 内螺纹，孔深均为 52mm，深孔密布为此铸件的难点。支撑架铸造工艺图见图 2-15。

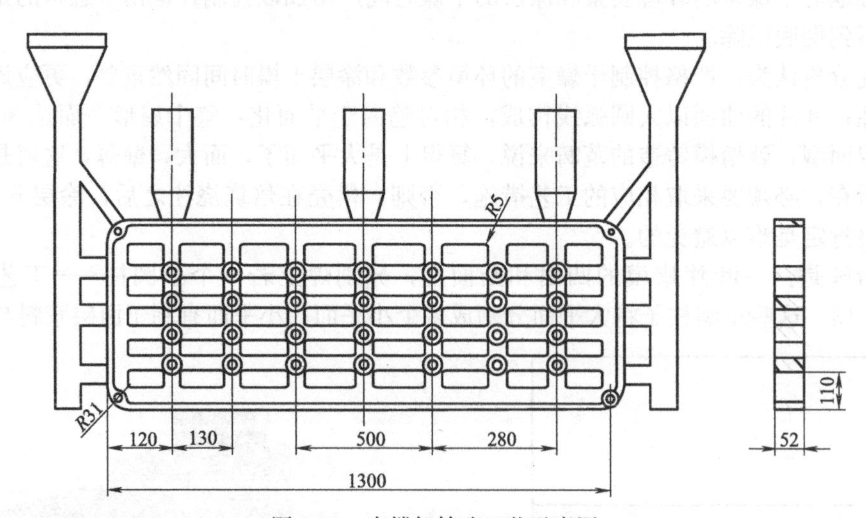

图 2-15　支撑架铸造工艺示意图

(1) 防止精铸件小孔漏钢　为了使铸件的孔和内螺纹完整无损地浇出来，作如下工艺安排：

① 表面层水玻璃石英粉浆料，黏度值为 44s，撒 70～100 目石英砂。

② 第二层考虑到铸件较大，涂料黏度仍为 44s，撒 50～70 目石英砂。

③ 第三层粉料为石英粉 20%+80%耐火泥粉（质量分数），黏度值为 40s，撒 20～40 目石英砂。

这三层涂制后，内孔的空隙就比较小了，如果沾第四层涂料（内孔将第三层涂料的黏度值还要高一点)，加固层砂就无法进入，型壳强度势必受到影响，小孔内易出现漏钢。在涂第四层之前，取加固层涂料加耐火泥调拌，制成稍干一点的泥团，将支撑架一端的小孔逐个封闭起来，抹薄薄一层，目的是灌砂时不让加固层砂流掉。将支撑架翻转180°，向小孔内灌20～40目粗砂，灌砂高度是孔高的1/2，用带橡皮头的滴管滴入水玻璃至砂湿润，再灌砂至孔口，仍然滴水玻璃至砂湿润，仍旧用耐火泥团将另一端封闭。扎上铁丝，继续涂加固层。

12个M18内螺纹孔铸出来，采取下述工艺措施：

① 表面层水玻璃石英粉浆料黏度值要适当调低一点，不低于32s，撒70～100目石英砂。

② 涂第二层时，在面层浆料中加入加固层浆料20%～30%，撒50～70目石英砂。硬化干燥之后，同上法灌70目砂及滴加水玻璃。支撑架精铸工艺

图2-15所示支撑架有20个孔和12个螺孔要铸出，而支撑架内部有纵横交叉的筋隔开，形成多个不规则的长方形，在精铸支撑架的过程中，采取的主要工艺措施如下：

① 压型制作时，在长度中心线处将压型分为两件，蜡模由两块拼接而成。

② 在涂最后一层涂料前，用较干的水玻璃耐火泥在型壳的底部及边缘、直浇道处涂抹，不要太厚，只要把砂粒间隙抹平就可以，不必硬化，稍干燥后涂上最后一层涂料。

③ 直浇道开设在左右对称两只，双浇道同时浇注，中间3只是冒口。

④ 盘的交叉处（盘的厚度为10mm）用R10mm圆弧连接，此处内接圆直径为21mm，是明显的热节点，易产生裂纹。由于盘的交叉点比较多，不可能一一设置冒口，只能采取提高型壳温度（860℃）、适当降低钢液浇注温度（1620℃）、减慢型壳冷却速度（<10s)、开地坑埋砂、浇注后1h后扒砂取出铸件的工艺。

2.3.5 调节臂铸件的工艺改善

(1) 铸件结构　图2-16为调节臂零件图，该件表面粗糙度不高于$R_a3.2$，个别部位要求$R_a1.6$，铸件公差CT6，铸件热处理后表面镀锌。为系列化多品种、批量生产产品，出口美国，铸件材质45碳钢，采用水玻璃型壳铸造。

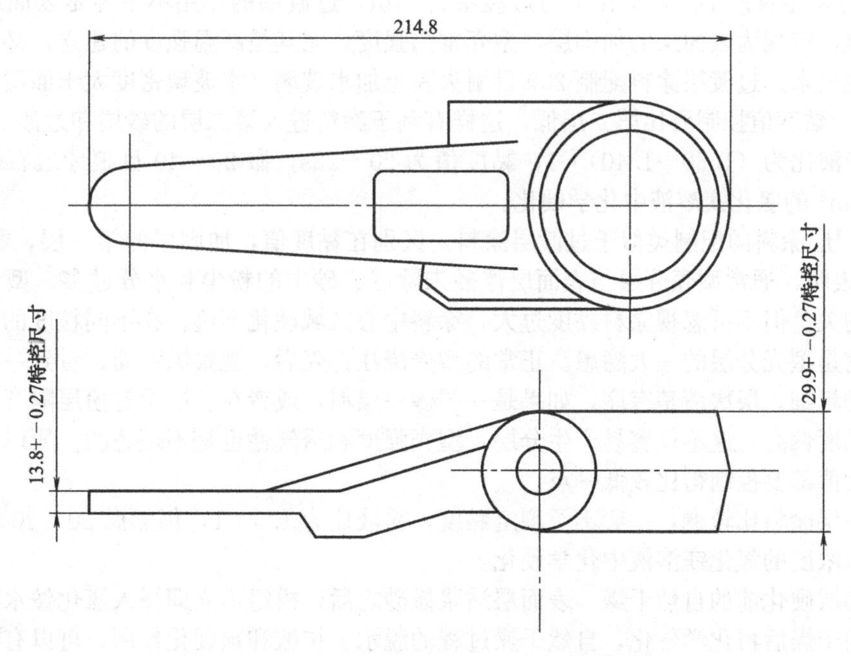

图2-16　XL141工程0-RW-01-1调节臂零件图

(2) 工艺改进措施

① 对压型精度表面粗糙度严格控制。为了确保达到铸件表面粗糙度和尺寸精度的要求，摒弃了铸铝压型，改用45钢做压型，经调质处理后，洛氏硬度为28～32，根据生产中熔炼工艺、模料及耐火材料收缩率等经验数据，同时考虑到铸件壁厚因素，确定E（线收缩率）值外侧为2.1%，内侧为2.0%。线收缩率确定之后，提出压型型腔和型芯表面粗糙度值不超过R_a0.4，特控部位R_a不超过0.8，加工精度IT7，特控部位IT6。模具特控尺寸至少经过3次修正，保证模具各部位有足够的磨削加工余量。

② 提高模料中硬脂酸的含量。调整臂铸件表面时常出现蚁孔，曾先后采用清洗剂多次洗涤蜡模、增加表面层的润湿剂、提高涂料粉液比、增大表面层涂料的黏度值和增大面层砂粒度目数等措施，均无显著效果，蚁孔照样存在。后来调整模料配比，避免硬脂酸在石蜡中的固溶体晶体结构呈板条状，提高了硬脂酸质量分数。硬脂酸质量分数提高到55%以后，克服了铸件表面蚁孔和圆珠孔的缺陷。

③ 降低面层涂料水玻璃密度并提高粉液比

a. 为提高铸件表面质量，须降低水玻璃的密度，将密度降至1.26g/cm^3，氧化钠含量大幅下降，此时水玻璃中二氧化硅的质量分数大于20.6%，氧化钠的质量分数约6%。

b. 水玻璃密度调低后，将涂料粉液比增大，将黏度值提高，不会影响到表面层涂料的强度。粉液比为（1.30～1.40）∶1，黏度值为[(46～50)±1]s（孔径ϕ6，100mL量杯），润湿剂按原工艺加入量，撒50～100目石英砂。

c. 第二层涂料的配制方法同表面层，所不同的是，黏度值大幅下降。第二层浆料的黏度低一些，容易渗透到经硬化的面层，对表面层缺漏处起到填补作用。第二层的砂略粗于表面层，以支持表面层的强度。第二层是表面层的延续，也是表面层的固化层。第二层涂料的黏度为（25±1）s，撒40～70目石英砂，与表面层一样，在19%～21%（质量分数）的氯化铵溶液中化学硬化。

(3) 过渡层及加固层涂料的改进

① 通过调整臂的生产，深化了对过渡层的认识，过渡层的作用不单纯是表面层和加固层的连接桥梁，应视为表面层的加固层，型壳常温强度，尤其是高温强度的建立，必须从过渡层就开始体现出来。过渡层涂料配制200目耐火黏土加水玻璃（水玻璃密度大于面层，一般采用原水玻璃），黏度值控制要比第二层低，这样有利于涂料进入第二层的砂层和过渡层砂的粘连。过渡层的粉液比为（1.30～1.40）∶1，黏度值为20～22s，撒20～40目狼牙岩石砂，在密度为1.24g/cm^{3}的氯化镁溶液中化学硬化。

② 加固层涂料的配制类似于过渡层涂料，区别在黏度值，加固层的第一层，黏度为26～28s。实践表明，通常型壳分层与表面层浮砂未除尽、砂中的粉尘和水分过多、型壳硬化后干燥时间短的关。但不可忽视涂料黏度过大，涂料中心区域硬化不透，在不同粒度的砂粒中产生浆隔层，它是型壳分层的一大隐患。正常的型壳浇注打壳后，观察纵断面，看到一层连着一层的砂，砂的粗细，层次清楚有序，如果是一层砂一层粉，或者在砂层中有粉层隔开，说明该层次的涂料黏度偏高，这不仅容易产生分层，型壳强度和透气性也是不理想的。所以，上述各层涂料的黏度值都要控制得比较低一点。

最后一层涂料比较稠，一般不予测定黏度，粉液比为1.5∶1，仍然撒20～40目狼芽岩石砂，仍在原浓度的氯化镁溶液中化学硬化。

(4) 面层硬化前的自然干燥　表面层沾浆撒砂之后，模组不立即浸入氯化铵水溶液，经过一段时间的干燥后再化学硬化，自然干燥过程的脱水、扩散和预硬化作用，可以有效地减少铸件表面缺陷。对干燥时间的掌握，目前各厂差异较大，有的1～2h，有的6～7h，还有的当日涂表面层，次日从第二层开始直到结壳完毕。经过比较，发现干燥时间过长，型壳表面层容易产生分层，以干燥 30min 为宜。

（5）涂料的更新　对于表面层涂料，工艺上有一个使用日期的规定。一桶表面层涂料，使用 80%之后（2～3 天），把底部涂料取出，用作第二层的浆料，然后重新配制面层涂料。第二层的底部涂料，同上法取出，用作过渡层的浆料，以避免底部的涂料老化，降低涂料性能，降低模壳强度。

（6）控制氯化钠含量　氯化铵硬化液中氯化钠的来源有二：氯化铵中含有质量分数<2%的氯化钠；氯化铵与水玻璃反应生成氯化钠。从源头上讲，无法消除氯化钠，但是可以控制其含量。氯化铵溶液中氯化钠的质量分数达到 8%，会影响型壳品质，根据产量及使用氯化铵的实际情况，3～4 个月须更换，采取“分而蓄液，轮流换液”的方法，确定某号池要换硬化液，先减少氯化铵的加入量，到达允许含量的下限时，将该号池中的硬化液转入其他硬化池中，然后清池重新配制氯化铵硬化液。

（7）调整布局　在改造涂料车间时，改变传统的沾浆、撒砂、干燥均在大车间内操作的现状，单独安排干燥间，将涂制好的型壳放在活动车上，推到干燥间去干燥（硬化前自然干燥），这样有利于表面质量的提高和环境改造费用的降低。

（8）其他工艺条件

① 模组结壳层数控制在 6 层，其中封浆层 1 层，封浆层的涂料黏度值大于 30s，型壳室温强度和高温强度高，残留强度低，溃散性好，特控尺寸精度稳定，原材料成本低。

② 耐火材料中各种成分的质量分数为：200 目狼牙岩粉 20%、高岭黏土 10%、高铝矾土 30%、黏土质黄泥 40%。

③ 温岭岙环狼牙岩石砂的化学成分（质量分数）：SiO_2 为 96%，Fe_2O_3 为 0.15%，灼石为 0.31%。该材料属硅石岩相，呈酸性。

（9）产品质量状况　按以上工艺铸造调整臂零件，已正常生产 2 年，月平均产量为 5t，铸件表面粗糙度为 R_a6.3，精整后为 R_a3.2，铸件尺寸偏差统计，见表 2-6。

表 2-6　尺寸检验表

型号	柄部厚度/mm		头部厚度/mm	
	要求	实测	要求	实测
1410	13.8±0.27	13.98～14.21	29.9±0.27	30.01～30.15
1040	11.9±0.27	12.15～12.32	47.0±0.27	47.10～47.25
cy2510	14.6±0.27	14.80～15.02	36.6±0.27	36.70～36.83

2.3.6　狭槽灌浆工艺

产品名称：接线底座，铸件材质：紫铜 ZCu99.7。

结壳难点：狭槽长 120mm×宽 48mm×厚度 4.5mm，狭槽从外侧平面延伸到内孔，呈穿孔沟槽。

（1）工艺方案　由于狭槽厚度仅 4.5mm，曾试用两种方法：

① 面层涂制好后，第二层对狭槽灌 50 目石英砂，浇注后狭槽内有漏钢、有铁豆。

② 面层涂制二层，缺陷明显改善，仍有不规则的薄片状漏钢，均不理想。

（2）目前的工艺方案

① 面层浆料（相对密度为 1.28 水玻璃加石英粉）黏度 32s，撒 70 目石英砂，用废钢锯条轻轻地在狭槽内理一理，将浮砂、粗砂粒、小团块等去除，硬化前自然干燥 1h，在氯化铵溶液中硬化 8～10min，取出模组，在清水中洗涤一下。干燥 40min。

② 在涂第二层之前，再用废钢锯条在狭槽内理一理，再一次去除浮砂、粗砂粒、小团块。

③ 沾第 2 层浆料（相对密度为 1.28 水玻璃加石英粉）黏度 16s，滴尽浆料后，用油画笔

讯速把加固层浆料（相对密度为 1.34 水玻璃加 50%石英粉加 50%耐火泥粉，黏度为 45s 以上），灌涂到狭槽内腔，由于浆料比较干，基本上将狭槽填堵封闭住，在灌注加固层浆料时，尽量注意不沾或少沾模组的其他部位，模组整体撒 50 目石英砂后，放到氯化铵溶液中，化学硬化的时间比平时延长 5～8min。取出模组，仍在清水中洗涤一下，充分干燥。以后各层按常规工艺操作。水法脱蜡、850℃焙烧、浇注温度 1050℃、浇注时模壳温度 590～610℃、填砂至直浇口杯下沿，浇注后 30min 扒松填砂，狭槽内无铁豆、钢片。

用以下工艺更佳：基本工艺同上，所不同的是，在沾第二层浆料前，取少许面层浆，加石英粉和耐火黏土各 50%，调拌成较干的泥团（可加入少量的细砂，以增大封堵狭槽的能力），将泥团封堵狭槽的两侧和内圆槽口，薄薄的一层泥就可了，忌厚忌多。浸沾第二层浆，沥干，立即用油画笔蘸灌加固层浆，模组整体撒 50 目石英砂。

2.3.7 大平面铸件的表面涂层强化处理

铸件名称接线端子，铸件材质为 ZCu99.7，铸件质量：19kg。铸件加工情况：圆柱的上、下端面；圆柱内孔；方板的厚度两侧面（实际上有 4 个大平面）；ϕ14 扩孔，共 20 只孔。铸件特殊处理要求：精加工完毕之后，铸件要整体镀银，讲究的是无铸造缺陷、电导率。

大平面的描述：在圆柱体的外径两侧向下垂直方向，45℃倾斜连接着 2 块方板，长 180mm×宽 130mm×厚 23mm（实际上有 4 个大平面），在方板平面上，各有 6 只 ϕ14 的穿孔。

铸件存在的缺陷：在大平面上，面层局部小范围的脱落，形成夹砂，加工后，暴露出缺陷，难以满足客户要求。

强化处理方法：先在长方形的大平面上，用稍宽一点的排笔仔细刷 1～2 遍面层浆，然后再放入涂料桶内整体沾面层浆（270 目石英粉＋相对密度为 1.28 的水玻璃＋活性剂和正辛醇），黏度值 20s，撒 70 目石英砂，硬化前自然干燥 60min，将模组浸入相对密度为 1.15 的水玻璃中，立即提出模组，速度要快，随即洒干模组上的水玻璃余滴，放入相对密度为 1.07～1.08 的氯化铵溶液中化学硬化 10min，取出模组用水冲洗，自然干燥 40min，第一层涂制结束，强化处理也完成。经强化处理的面层，放置时间长不“起皮”，也就是，面层与蜡模不分层，即使在 37℃、38℃的高温季节放置 24h 也不分层。铸件无粘砂现象，容易清理。为什么会取得这样的“强化”效果，作如下分析：

经硬化前自然干燥的表面层，再加一层水玻璃（密度为 1.15），使水玻璃渗透到表面层内，没等胶凝层返溶，立即放到氯化铵溶液中去硬化，本来就需要化学硬化的面层涂层，与浸渗的水玻璃一并得到硬化，一并得到化学硬化后的干燥，这样就能对表面层起到“强化”作用。

为了说明这个道理，以硅溶胶面层结壳为例，表面层沾浆撒砂和充分干燥之后，在涂制第二层之前，将模组先在硅溶胶中浸一下，立即取出，洒干硅溶胶，再涂第二层，未见胶凝返溶，这是保护面层典型的、行之有效的强化工艺措施。在理论上叫“预湿剂”，用含 25%二氧化硅的硅溶胶，涂层“湿”虽然是“湿”了，但是不会使硅胶凝返溶，目的是增加涂层的强度。

硅溶胶-水玻璃复合型结壳，第一层锆粉锆砂涂层干燥之后，在涂第二层之前，将模组在水玻璃中浸一下（水玻璃密度为 1.15 左右），迅速取出沥干，然后沾水玻璃浆料，撒石英砂。沾一层水玻璃，是让硅溶胶涂层与水玻璃涂层在复合的时候粘接得更好，避免出现第一层与第二层不同材料之间产生分层，这样的工艺被广泛采用，效果很好，不会发生二氧化硅胶凝返溶。

另外，为什么铸件不粘砂，原因是面层浆料用相对密度为 1.28 的水玻璃配制，经硬化前自然干燥的面层虽有水玻璃浸渗，其相对密度低于 1.28，所以不产生影响。

2.3.8 熔模铸造麻点麻坑缺陷的持续工艺改善

熔模铸造中麻点及麻坑是常见并较难解决的铸造缺陷，尝试面层采用专用刚玉砂制壳耐火材料、浇注后扣箱、浆料中加石墨、浇注后型壳局部风冷、浇注后型壳局部水冷等工艺措施，持续改善工艺条件，寻找到了克服叶片铸件上的麻点、麻坑的有效方法，铸件简图见图 2-11。

熔模铸造不锈钢铸件表面最容易产生麻点、麻坑等缺陷，改善这些缺陷是较为棘手的问题，要有一个持续的工艺改善的过程。

此叶片的内、外形状呈几何曲面，整体面积达 303cm²，最大壁厚 20mm，最薄壁厚 2.8mm。该叶片材质类似于日本牌号 SCS1，化学成分（质量分数，%）：C：0.08～0.10（外商要求≤0.08），Mn：0.60～0.80，Si：0.20～0.50，Cr：12.0～13.0，Ni：0.4～0.6，Al：0.1～0.3，P：0.04，S：0.03。

燃气叶片铸件采用熔模铸造全硅溶胶工艺生产，铸件在试产中发现麻点、麻坑缺陷。因为这类缺陷的产生往往会涉及系统的铸造工艺环节，所以必须持续地进行工艺改善，不断分析问题，不断实践，并从中找到解决问题的方法。

（1）浇注系统设计　虽然该燃气机叶片的局部壁厚比较悬殊，但就整体而言，还是属于薄壁件。经过分析，该叶片的工艺方案为底注式狭缝内浇口，叶片的厚壁处放在上方，与横浇道相连接，形成较强的垂直方向的压力，以利补缩，浇注系统设计见图 2-17。图 2-18 为采取本工艺方案所生产的蜡模组树。图 2-19 为脱蜡之后所形成的模壳。

经生产实践，采用该系统浇注生产的叶片铸件未见内部缺陷，证明浇注系统工艺设计是合理和可行的。要解决麻点、麻坑缺陷，还要从制壳、焙烧和浇注等生产环节入手。

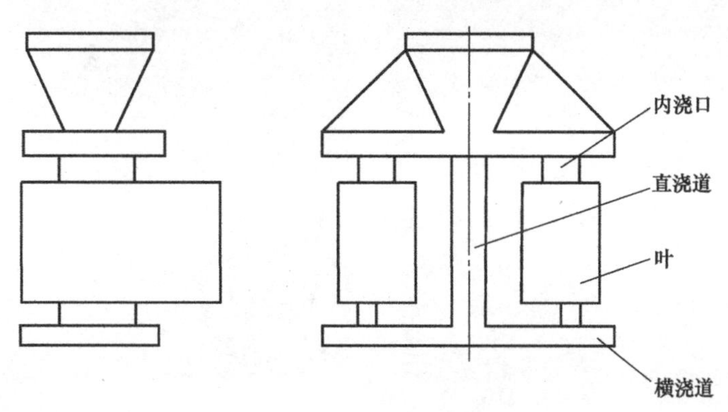

图 2-17　浇注系统设计简图

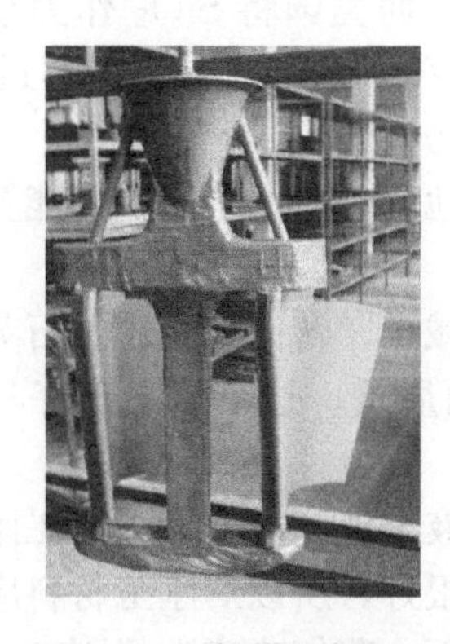

图 2-18　蜡模组树图

图 2-19　脱蜡之后的模壳

（2）耐火材料的优选试验

① 锆英砂材料良莠难辨

叶片的第一种制壳工艺如下：面层硅溶胶与锆英粉的粉液质量比 3.4∶1，浆料黏度值 40～42s，撒锆英砂；第二、三层做预湿，采用莫来粉浆料，撒莫来砂；第四、五层不做预湿，采用莫来石材料；最后用莫来浆封层；模壳焙烧温度 1100℃；浇注温度 1650～1670℃，抬包浇注。

经多次试浇，叶片上麻点、麻坑的缺陷始终严重存在，开始怀疑锆英砂材料可能有问题，由于缺乏分析仪器，难以知晓锆英砂材料的具体化学成分，质量控制的依据只能凭供应商的一纸“质保书”。于是，另行选择采购锆英粉和锆英砂的渠道，从新配浆料、仍按原工艺规程制壳、焙烧和浇注，麻点和麻坑有减少，但是还没有得到彻底消除。显然，锆英砂材料的成分不达标，是影响铸件质量的原因之一。

多年来，锆英砂材料应用于面层制壳已经成为主流工艺，但必须注意的是，目前锆英砂材料市场的不规范倾向。在使用锆英砂材料时，应注意其成分是否符合标准。当锆英砂中 ZrO_2 含量＜65%，而且含有 Ca、Mg、K、Na 氧化物，耐火度会急剧下降，锆英石含有 Fe 会产生麻点和孔洞缺陷，已经成为铸造工作者的共识。

说到 Si，锆石是 ZrO_2-SiO_2 二元相矿物，高温时会分解析出无定形的 SiO_2，或者称之为“硅析”，此类氧化物具有相当高的活性，会与金属液中的某些重金属元素起化学反应，是铸件表面产生麻点等的重要原因之一。面层制壳采用劣质锆英粉浆＋撒锆英砂，焙烧前、后涂层致密度的状况，见图 2-20 和图 2-21。

图 2-20 焙烧前的面层涂层的致密状况

图 2-21 焙烧后的面层涂层的致密状况

国内的航空标准对锆英砂材料中的 SiO_2 的含量不作规定，而美国将 SiO_2 作为杂质，硅不得超过 33.02%，Fe_2O_3 不得超过 0.03%（是国内标准的 1/10），Al_2O_3 不得超过 1.6%，TiO_2 不得超过 0.25%，放射性元素 Hf 和 Th 不得超过 500×10^{-8}。

从叶片工艺改善实践中体会到，锆英材料的等级、原矿产地和价格的不同，性能及效果存在着相当大的差异。

近年来，欧美工业发达国家面层制壳材料使用硅酸锆大大减少，转向采用熔融石英、电熔刚玉，从而部分或全面提高型壳性能，进一步地提高铸件表面质量，这个信息正好与本试验吻合。

② 刚玉材料优势凸显。几年前我们曾采用硅酸乙酯水解液＋刚玉粉，面层撒白刚玉砂，背层撒棕刚玉砂生产高温合金航空产品和精密军工产品，效果很好，所以对刚玉材料应用于熔模铸造颇为看好。面对锆英砂材料不适应叶片材质特性的情况下，我们决定选择刚玉材料进行第二种工艺试验。

第二种制壳工艺如下：硅溶胶＋专用白刚玉粉，面层浆料之粉液质量比 3.15：1，黏度值为 33～36s，面层撒砂为 80～120 目专用白刚玉砂；第二层做预湿，采用第一层的浆料，黏度 17～18s，撒 80～100 目专用白刚玉砂；第三层做预湿，采用第一层的浆料，黏度 18～19s，撒 40～70 目专用白刚玉砂；第四层不做预湿，采用莫来粉浆，撒 30～60 目莫来砂；第五层不做预湿，莫来粉浆，黏度 14s，撒 16～30 目莫来砂；用莫来粉浆封层。

该工艺方案浇注后，只是在补缩浇口位置的叶片壁厚最厚处局部出现少量的麻点，见图 2-22。显然比使用锆英材料为主的工艺对缺陷有很大改善。试验至此，在工艺改善实践中获到二个新认识：

图 2-22　前三层采用刚玉材料局部少数麻点

一方面，α-Al_2O_3 电熔白刚玉在高温下呈碱性或中性，抗酸碱的作用能力强，在氧化剂、还原剂及金属液的作用下不发生变化，有优良的化学稳定性，控制金属液的氧化。

另一方面，莫来石中的杂质 Fe_2O_3、活性金属氧化物 CaO、MgO 和碱性氧化物 Na_2O、K_2O、TiO_2 对面层的渗透较强，恶化铸件表面质量。

(3) 氧化条件的改善试验

① 浇注后扣箱加废蜡。

麻点和麻坑缺陷的产生，一般会从金属液与涂层发生化学反应的角度去分析问题，去实施相关工艺措施。

在第一种工艺中采用锆英砂材料作面层时，考虑到 SCS1 材质的液相线较高，叶片的壁厚又较薄，浇注温度势必要高一点，容易诱因麻点和麻坑的产生，故在浇注后，实施扣箱加废蜡的改善措施。方法是以二组模壳为一箱，在型壳上撒 50g 废蜡屑，将铁箱倒扣把型壳封闭在具有还原性的一氧化碳气氛中缓慢冷却。

在第二种工艺中，用专用刚玉材料作面层时，也做了如上所述的扣箱加废蜡的试验。

实践证明，扣箱加蜡的举措，对低碳含量的类似 SCS1 不锈钢叶片表面消除麻点、麻坑效果甚微。

② 加固层浆料中加石墨。从理论上讲，型壳浇注后，还原性气氛对铸件表面的细化和缺陷的防止是有好处的。虽然“扣箱加蜡”的措施效果甚微，在持续工艺改善中，还是做了“浆料加石墨”的试验。

在第一种制壳工艺中，在第三层的莫来粉浆料中加入质量分数为 5% 的石墨，搅拌均匀，因石墨粉的粒度为 270～320 目，与莫来粉浆料融合得很好，浆料无结块、无沉淀、无反应，涂挂性没有影响，不妨碍黏度值的测定。在第二种制壳工艺中，在第三层的专用刚玉粉浆料中也同样加入石墨粉，浆料的性状同上。

经实际浇注试验后，发现“浆料中加石墨”的方法对改善麻点、麻坑缺陷没有什么效果。我们将“扣箱加蜡”和“浆料中加石墨”的方法同时使用，质检结果，对叶片表面麻点、麻坑缺陷的消除仍效果甚微。

(4) 冷却条件的改善试验　经过氧化条件改善试验，觉得该缺陷问题还要从其他方面着手。在第二种制壳工艺中，采用刚玉材料涂制前 3 层后，麻点和麻坑缺陷大为减少，仅仅是少量的集中在叶片的最厚处，而且是在靠近补缩浇口的下部，很明显这是局部过热所致，设想，如果将注意力放到叶片壁厚的差异上，改善厚壁部位的冷却条件，不知效果如何。

① 对厚壁处吹气冷却。仍然采用第二种制壳工艺，使用专用刚玉材料涂制前3层的型壳，浇注完毕，用 ϕ8mm 的橡皮管通入压缩空气，对准叶片的最厚部位吹气，进行局部强制冷却，吹气时间 1min。

对叶片铸件质检表明，厚壁部位仅剩极少数的麻点和麻坑。吹气冷却对麻点和麻坑缺陷的改善有效果，缺陷还是在叶片最厚的位置，问题没有彻底解决。

图 2-23 消除麻点麻坑后的叶片铸件

② 浇注后，对厚壁处喷水冷却。局部强制冷却的思路得到验证后，我们进一步采用喷水冷却的方法进行试验。在浇注完后，用 Φ8 的橡皮管通入自来水，对准叶片最厚的型壳部位喷水，加大局部强制冷却的力度，喷水时间 1min。

对叶片铸件质检显示，叶片的凹面上、凸面上，特别是厚壁部位彻底消除了麻点和麻坑，因麻点和麻坑缺陷所造成的废品率降至0。见图 2-23。

(5) 工艺改善结果　通过对叶片麻点麻坑缺陷持续改善的工作实践，笔者体会，根据不同结构特性的零件产品，要善于分析问题本质，要敢于怀疑和挑战传统工艺方法，这样既有利于解决问题，又可少走弯路。

对于此熔模铸件来说，选用高纯刚玉做面层、二层、三层制壳耐火材料，配之局部冷却措施，改变浇注系统的设计，最终可以完全解决特殊的马氏体不锈钢叶片铸件麻点、麻坑的铸造缺陷。

2.3.9 熔模铸造表面层制壳工艺的研究

全硅溶胶结壳工艺的面层结壳耐火材料一直采用价格昂贵的锆英粉和锆英砂。据统计，制壳材料成本占精铸成本的30%左右，耐火材料占制壳材料成本的80%左右，而面层的材料成本占整个制壳材料成本的60%。所以，必须创新传统工艺，改进面层材料的应用及面层结壳工艺，降低面层制壳的生产成本。

高岭石属于铝-硅系耐火材料，是以氧化铝和二氧化硅为主要组成的铝硅酸盐，相组成是莫来石、玻璃相、石英。铝-硅系材料的特性是耐火度高，线膨胀系数比硅砂、刚玉小，高温化学稳定性好，热稳定性高。所以，黏土质耐火粉料在20世纪70年代就应用于水玻璃工艺的背层浆料，采用结晶氯化铝硬化，即当时所谓的高强度型壳。至于硅溶胶工艺的背层浆料及背层用砂，莫来粉、莫来砂的应用，已经成为经典工艺。

① 莫来粉作面层粉料。将莫来粉加入到锆英粉中，从理论组成分析，硅酸锆中的1/3是二氧化硅，铝-硅系材料中50%是二氧化硅，锆粉与莫来粉混合，形成三元组混合物 ZrO_2-Al_2O_3-SiO_2，兼容性良好，分析晶相组织，理论上可行。

面层配浆工艺如下：粉液质量比为 3.4～3.5：1，锆英粉：320目莫来粉（熟料）=1：1，黏度值（詹氏4#）为（34±1)s。10kg 面层硅溶胶加 30mL 润湿剂，10kg 面层硅溶胶加 22mL 消泡剂，面层撒 90～120 目锆英砂，面层干燥时间为 7～8h。环境温度为 22～25℃、湿度 22%～25%。第二层及以后采用莫来粉浆、撒莫来砂，工艺参数仍遵照全硅溶胶结壳工艺，脱蜡及焙烧工艺也相同于全硅溶胶结壳工艺。

生产实践表明，此混合浆料的涂挂性好，易于操作，有助于面层强度和耐火度的提高。铸件表面粗糙度接近于全锆英粉浆料，尺寸精度高，不粘砂，溃散性与全锆英粉浆料相同。该混合面层浆料，适用于壁厚较厚的较大型铸件，例如泵类、阀类铸件等。大多数采用低温模料，浇注 300 系列奥氏体不锈钢铸件表面粗糙度和尺寸精度都很高，浇注碳钢、低合金钢更理想。图 2-24 是材质为 304 的前盖铸件，脱壳后未经抛丸的表面粗糙度，制壳成本比全锆英粉浆料降低 60%～70%。

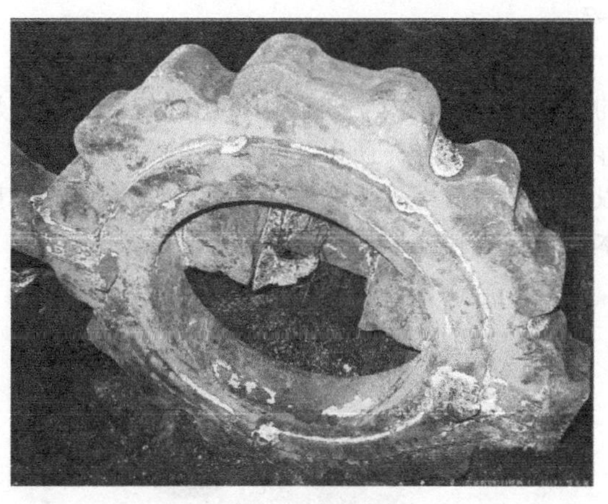

图 2-24　前盖脱壳后未经抛丸铸件的表面粗糙度

② 莫来砂做面层撒砂材料。锆英石与高岭石这两种耐火材料有着良好的兼容性和复合性，面层砂可采用莫来砂替代锆英砂。面层配浆工艺如下：粉液比（325 目锆英粉）为 1∶3.3～3.4，黏度值（詹氏 4＃）为 42～45s，润湿剂为 10kg 面层硅溶胶加 28mL；消泡剂为 10kg 面层硅溶胶加 20mL，面层撒 100 目莫来砂，面层干燥时间为 8～9h。环境温度 22～25℃，湿度 22%～25%。第二层及以后采用莫来粉浆、撒莫来砂，具体的工艺参数与全硅溶胶结壳工艺相同。

生产实践表明，面层浆料的粉液比及黏度值要相应适当提高，砂与浆层的结合力好。若采用浮砂机撒砂，则效果更佳，干燥时间略长。铸件表面粗糙度和尺寸精度高，质量稳定，不粘砂，溃散性同于锆英粉、锆英砂。图 2-25 是材质 1.4408 的阀芯铸件粗抛后表面粗糙度照片。

图 2-25　阀芯铸件粗抛后表面粗糙度

该工艺适用于机械件、水暖管件等壁厚不是很厚的铸件，低、中温模料的蜡模均可使用。浇注 300 系列奥氏体不锈钢、沉淀不锈钢，铸件表面质量很好。若浇注碳钢、低合金钢，铸件表面质量与撒锆英砂的铸件达到同等水平。制壳成本比撒锆英砂的降低 80%。阀芯铸件的面表质量见图 2-25。

③ 熔融石英作面层材料。近年来，国外先进的工业国家，用于制壳的耐火材料发生了明显的变化，锆英石使用得很少，熔融石英大幅上升，这与国内的情况不同。熔融石英的热膨胀系数在所有耐火材料中相对最小，型壳在脱蜡和焙烧过程中的开裂、变形倾向最小，型壳高温抗蠕变性能最好，使得铸件尺寸稳定，所以将熔融石英引入面层材料是有理论和实践依据的。

a. 锆英粉-熔融石英粉混合浆-撒锆英砂工艺

面层配浆工艺如下：锆英粉∶熔融石英粉 = 85∶15，粉液比为 1∶3.2，黏度值（詹氏 4＃）为 42～45s，润湿剂为 10kg 面层硅溶胶加 30mL，消泡剂为 10kg 面层硅溶胶加 22mL，面层撒 100～120 目锆英砂。面层干燥时间为 6～7h，环境温度 22～25℃，湿度 22%～25%。第二层及以后相同于全硅溶胶结壳工艺，具体的工艺参数相同于全硅溶胶结壳工艺。

通过较长时间的生产应用表明，这种混合浆料与锆英砂的粘接力良好，浆料流淌均匀，沾浆、撒砂的可操作性优于全锆英粉浆料。

采用中温蜡，则铸件表面粗糙度为 R_a6.3～3.2，见图 2-26。尺寸精度 CT 3～5，见表

2-7。

加入熔融石英粉的质量分数一般是15%，若超过15%，铸件表面会产生毛刺。笔者所用的熔融石英是国内生产，二氧化硅的纯度以及熔融后冷却转变为非晶型的工艺与国外产品相比存在一定的差异。所以，该浆料的粉液比不宜太高，流动性与全锆英粉相似，干燥时间适当可以缩短，溃散性优于全锆英粉浆料。该工艺适用于生产汽车零件和精密机械零件，面层制壳成本比全锆英粉降低约25%。

(a) 锆英粉+熔融石英粉撒锆英砂

(b) 锆英粉浆，撒锆英砂

图 2-26 锆英粉＋熔融石英粉混合浆与锆英粉铸件粗糙度对比

表 2-7 锆英粉与锆英粉＋熔融石英粉混合浆的尺寸精度对比

铸件尺寸/mm	锆英粉浆料，撒锆英砂	专用粉＋熔融石英浆，撒专用砂
内径 13.50 ± 0.06	13.46	13.53
外径 20.80 ± 0.05	20.82	20.80
内宽 $6.50^{+0.04}$	6.48	6.54
壁厚 1.82 ± 0.05	1.84	1.86
槽宽 $4^{+0.05}$	4.04	4.04
高度 46	46.10	46.09

b. 锆英粉-熔融石英粉浆-撒熔融石英砂工艺。此工艺的浆料配制、干燥时间等工艺参数见上述工艺，面层撒100～120目熔融石英砂，第二层及以后同全硅溶胶结壳工艺参数。生产实践表明，该浆料的粉液比不能太高，流动性与全锆英粉相似，制壳可操作性好，干燥时间比上述工艺干燥时间还可以短些，尺寸精度好，不粘砂，质量稳定，溃散性优于锆英粉锆英砂，铸件表面质量见图2-27。尺寸精度达到表2-11所述工艺的水平。

图 2-27 未经抛丸的三通铸件表面粗糙度（材质：35CrMo）

该工艺适用于汽车零件和一般机械零件，低、中温模料的蜡模均可使用，推荐浇注碳钢、低合金钢产品，制壳成本比用锆英粉锆英砂降低40%左右。

④ 电熔刚玉耐火材料。电熔刚玉（俗称白刚玉）是工业氧化铝，经高温熔融，冷却结晶成三氧化二铝，应用于熔模铸造的是氧化铝变体中最稳定的一种。电熔刚玉的熔点高，密度

大，导热性好，热膨胀系数小，结构致密，有良好的化学稳定性。所以，早在硅溶胶-锆英粉面层制壳工艺引进之前，硅酸乙酯水解液-刚玉粉、砂制壳工艺已经广泛应用于军工生产、航空工业。

硅酸乙酯水解液-刚玉粉、砂结壳工艺如下。硅酸乙酯水解液：白刚玉粉 20W ＝1：2.5，第一层涂料黏度为 22～30s（Φ6，100mL），撒 70 目白刚玉砂。第二层涂料黏度 8～10s，撒 46 目白刚玉砂。第三层涂料黏度 7～9s，撒 36 目棕刚玉砂。第四层涂料黏度 10～15s，撒 20 目棕刚玉砂。第五层涂料黏度 10～15s，撒 16 目棕刚玉砂。第六层只沾浆，不撒砂。环境温度 18～27℃，湿度 60%～80%。涂料干燥工艺：自干 1.5～2h，风干 1.5～2h，氨干 0.5h。氨气流量：表面层 10～15L/min，加固层 10～20L/min。

⑤ 控制面层材料质量。锆英砂是一种优质的面层制壳耐火材料，由于锆英砂的产地、等级不同，所含二氧化锆及三氧化二铁的质量分数有着显著的差别。若二氧化锆的含量低，三氧化二铁等杂质的含量高，那么，高温型壳分解温度会降至 900℃，并且会析出无定形二氧化硅，使铸件表面产生“黑点”和“麻点”。为了弄清楚“麻点”和“黑点”究竟是什么物质，探究产生“麻点”和“黑点”的缘由，笔者采用进口能谱仪对表面缺陷（黑点）部位进行微区成分检测，元素吸收峰值图，见图 2-28。分析报告单见表 2-8。显示二氧化硅的质量分数高达 18.90%，质控部检验近期用的锆英粉和锆英砂的铁含量，三氧化二铁达到 0.82%，“析硅”现象得到求证，说明锆英石材料中的三氧化二铁含量超标是产生“麻点”和“黑点”的主要原因。

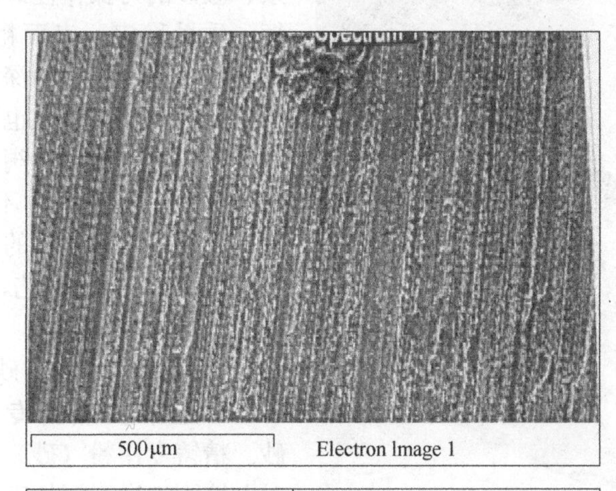

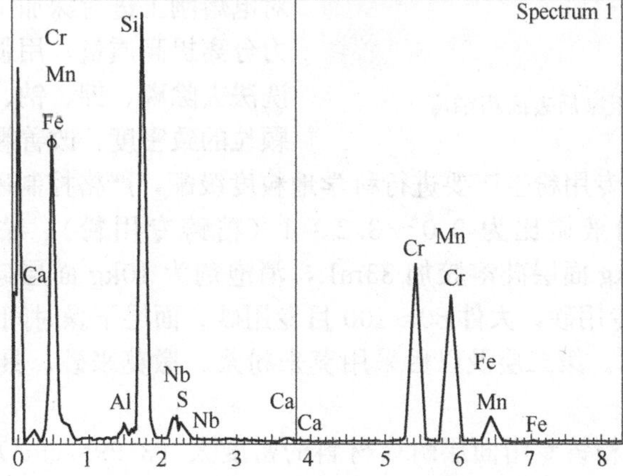

图 2-28　能谱分析元素吸收峰值照片

表 2-8 超高频频谱分析报告单

元素含量/%			
OK	30.08	CrK	22.35
AlK	0.57	MnK	20.12
SiK	18.90	FeK	4.10
SK	0.28	NbK	3.29
CaK	0.31	合计	100

美国对熔模铸造用锆砂的化学成分要求十分严格，将二氧化硅列为杂质，其限量为33.02%，三氧化二铁的限量为0.03%。可见，对于锆英砂这种天然矿物材料，必须经过后续深加工、严格去除杂质，才能保证良好的铸造品质。

硅溶胶-白刚玉粉浆-撒白刚玉砂工艺的面层配浆工艺：粉液比为1∶3.4～3.45（白刚玉），黏度值（詹氏4#）为40～45s，润湿剂为10kg面层硅溶胶加27mL，消泡剂为10kg面层硅溶胶加19mL。面层撒砂：小件100目白刚玉砂，大件70目白刚玉砂。面层干燥时间为8～10h；环境温度22～25℃，湿度22%～25%。第三层及以后用水玻璃结壳工艺。

图 2-29 阀体粗抛后表面粗糙度

生产效果表明，电熔刚玉的密度较大（3.99～4.0g/cm³），该浆料的粉液比可以配得比较高，浆料流动性与锆英粉相差无几，粘浆、撒砂的可操作性好，干燥时间适当可以缩短，质量稳定，表面粗糙度和尺寸精度都很好。缺点是：铸件的深孔、狭槽处有轻度的粘砂，此部位的溃散性也稍差。工艺采用低温模料，十分适宜做各种阀门、阀体类大件，浇注材质300系列奥氏体不锈钢，图2-27为材质是316的阀体粗抛后的表面状况。此工艺为硅溶胶-水玻璃复合工艺，所以，制壳成本是最低的，见图2-29。

⑥ 精铸专用粉（砂）在面层的应用

a. 硅溶胶-精铸专用粉浆料-撒精铸专用砂。精铸专用粉（砂）的原材料是电熔刚玉，对电熔刚玉进行深加工处理，用浮选法多级重力分离提高质量，用强力磁选法去除铁，用酸洗法去除磷、钾、钠、钙、镁、硅，从而提高颗粒的致密度，改善颗粒的形状，并且添加促进溃散性等耐火材料。专用粉生产要进行科学地粒度级配，严格控制砂中的粉尘和水分。

面层配浆工艺：粉液质比为3.0～3.2∶1（精铸专用粉），黏度值为36～41s（Φ6，100mL），润湿剂为10kg面层硅溶胶加33mL，消泡剂为10kg面层硅溶胶加25mL。面层撒砂：小件100～120目专用砂，大件80～100目专用砂。面层干燥时间8～10h。环境温度22～25℃，湿度22%～25%。第二层及以后采用莫来粉浆、撒莫来砂，具体的工艺参数相同于全硅溶胶结壳工艺。

大批量生产表明，精铸专用面层耐火材料的密度大（3.99g/cm³），浆料的粉液比不宜配得很高，浆料的流动性与锆英粉的浆料相差无几，黏浆、撒砂的可操作性好，面层干燥时间宽松，采用中温模料，尺寸精度和粗糙度很好，铸件的深孔、狭槽不粘砂，溃散性好。

该工艺对大、小铸件都能适用，低、中温模料的蜡模均可使用，浇注300系列奥氏体不锈钢、耐热钢、高温合金，铸件表面粗糙度与锆英粉浆撒锆英砂相比较，相差不多，“黑点”和“麻点”不再出现。此工艺的制壳成本比锆英粉撒锆英砂降低30%左右。

b. 锆英粉浆料-撒精铸专用砂。面层采用硅溶胶-锆英粉浆料（粉液比1∶3.4，黏度值42～45s詹氏流杯），撒100～120目精铸专用砂，第二层及以后同全硅溶胶结壳工艺，表面粗糙度和尺寸精度等同于锆英粉锆英砂的水平。尺寸精度见表2-9。

表2-9 玻璃架铸件尺寸精度对比表

图纸尺寸/mm	铸件尺寸/mm	
	锆英粉浆料，撒锆英砂	专用粉浆料，撒专用砂
中孔 8±0.05	8.08	8.06
左右孔 9.6±0.10	9.66	9.65
外挡 $38.1^{+0.05}$	38.12	38.15
内挡 $14^{-0.10}$	14	13.96
宽度 45±0.06	45.03	45.01
长度 62.5±0.05	62.54	62.57

c. 精铸专用粉-熔融石英粉浆-撒锆英砂。在精铸专用粉中加入10%的熔融石英粉（国产）做面层浆料，撒锆英砂，第二层及以后，同全硅溶胶结壳工艺，浇出来的铸件粗糙度和尺寸精度和锆英粉锆英砂涂层相媲美，型壳的溃散性很好。另外，熔融石英粉的加入量不宜超过10%，尺寸精度见表2-10。该工艺生产成本比锆英粉锆英砂涂层下降40%左右。

表2-10 上盖铸件尺寸精度对比表

中孔直径 $12^{-0.05}$	11.97	12
外圆直径 110±0.06	110.07	110.85
内圆直径 43.10	43.14	43.14
高度 28.20	28.18	28.23
搭子中心距离 85±0.04	84.97	85.02

d. 锆英粉-专用粉-熔融石英粉浆-撒锆英砂。将“三合一”浆料应用于熔模铸造生产，即10%锆英粉+80%精铸专用粉+10%的熔融石英粉（国产）做面层浆料，撒锆英砂，第二层及以后同全硅溶胶结壳工艺。此工艺适合做中小件，采用低温模料，铸件表面粗糙度和尺寸精度都很好，面层制壳成本比用锆英粉浆料，撒精铸专用砂低25%。

e. 锆英粉-专用粉-熔融石英粉浆-撒精铸专用砂。将“三合一”浆料应用于熔模铸造生产，即10%锆英粉+90%精铸专用粉+10%的熔融石英粉（国产）做面层浆料，撒精铸专用砂，第二层及以后，同全硅溶胶结壳工艺。此工艺适合做15～20kg的铸件，采用低温模料，铸件表面质量和尺寸精度满足客户要求，面层制壳成本比用锆英粉浆料，撒精铸专用砂低20%。

⑦ 体会和心得：在熔模铸造生产中，根据铸件的等级、性价比、尺寸的大小、结构的特性、材质的类别，在满足产品质量要求的前提下，结壳工艺采用多样化，实施合理的材料组合，有针对性地选择和配合使用面层用粉和面层用砂，既满足了型壳的性能、质量要求，又有利于清砂脱壳，使得制壳成本大幅度的下降。

2.3.10 锆英粉+熔融石英粉混合浆料的应用

传统的面层制壳工艺采用100%锆英粉，国内因缺乏锆英石资源，锆英粉、砂价格居高不下。熔融石英国内资源丰富且价格便宜，将锆英粉加熔融石英粉配制成混合浆料，并使二种不同密度的粉料充分交融，浆料得以均匀混合，浆料的流动性、覆盖性和分散性都呈现良好的性能。不但铸件表面粗糙度、尺寸精度与100%锆英粉浆料相媲美，而且利于清砂，制壳成本大幅下降。

澳大利亚产锆英石具有导热性好、热稳定性好、蓄热能力高等优秀的铸造性能。

国产尤其是江苏连云港的熔融石英的二氧化硅含量达99.9%，熔点1713℃，熔融石英的线膨胀系数几乎在所有的耐火材料中最小，同在1050℃时，熔融石英线膨胀系数5×10^{-7} 1/℃，锆英石线膨胀系数46×10^{-7}1/℃。熔融石英的热震稳定性非常优异，从1100℃突然放入20℃冷水中而毫无损坏。

熔融石英纯净度高，与锆英粉混合所配浆料稳定性好，所制型壳有更好的相容性，两者优点迸发，有利于防止型壳在脱蜡和焙烧过程中开裂、变形，实现铸件低表面粗糙度值的同时，确保铸件尺寸稳定。再有，制壳成本大大降低，并且有利于清砂。

(1) 混合浆料的配制

① 均合剂加入量：硅溶胶33kg+均合剂2.5kg，搅拌3～5min。

锆英石的密度为4.5g/cm³，而熔融石英的密度为2.2g/cm³，二者密度相差一倍以上，浆料在搅拌过程中势必会发生分层，锆英粉沉于下部，熔融石英粉浮在上面，为了克服浆料分层的倾向，使两种耐火粉料能融合在一起，专门研制生产了浆料的均合剂，均合剂是几种高分子聚合物的合成添加剂，均合剂加入量为浆料质量的1.66%，即2.5/(33+82+35)×100%。

② 粉料加入量。然后加入325目锆英粉82kg，再加入270～325目熔融石英粉35kg，搅拌24h。

上述粉料中，锆英粉占70%，熔融石英粉占30%。混合浆料的质量粉液比为，3.54∶1

③ 混合浆料黏度值的测定：经过24h搅拌后，黏度值为41s（4#詹氏流量杯）。

生产实践得知，在相同的粉液比条件下，100%锆英粉浆料与70%锆英粉+30%熔融石英粉+均合剂浆料之黏度值有差异，混合浆料的黏度值会高出其1～2s。

④ 混合浆料涂片质量的测定：涂片为40mm×40mm×2mm不锈钢薄片，把涂片浸入浆料中5s，提出涂片滴浆1min，1min后滴下的浆料要保留，算出沾浆前后的质量差值。

混合浆料的涂片质量为0.802g。

⑤ 均合剂的化学机理：均合剂由多种水溶性高分子有机化合物组合而成，易溶于水，耐酸、耐碱、耐盐、无毒、无害、无污染、不燃、不爆的水性黏稠状胶体。

在水溶液里均合剂胶体通常同时携带正负两种离子，而石英粉（SiO_2）胶体表面通常呈负电荷，锆英粉（$ZrO_2\cdot SiO_2$）胶体通常呈正电荷。通过静电吸引作用，均合剂分子就像桥梁一样把SiO_2分子与$ZrSiO_4$分子结合在一起，组成一个大分子基团结合体，进而使整个耐火浆料不易分层、各耐火涂料成分相对均匀、稳定。均合剂机理见图2-30。

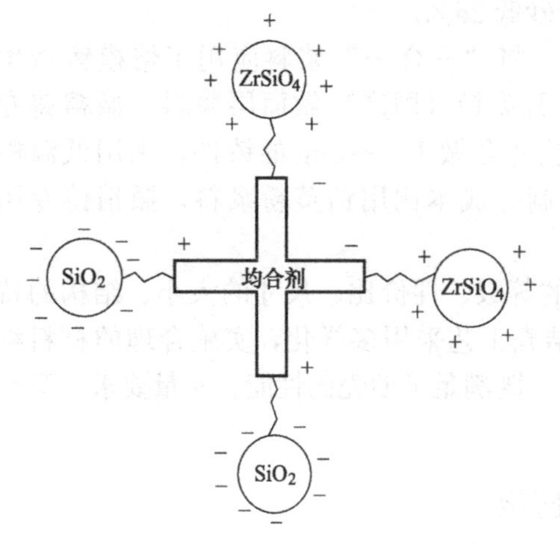

图2-30 均合剂机理简图

为了提高浆料的涂挂性能和消除浆料中的气泡，在面层浆料中必须添加渗透剂（润湿剂）和消泡剂，然而，目前市场上的渗透剂有阳离子型、阴离子型、非离子型，生产厂家众多，而且渗透剂和消泡剂尚无国家标准，为了确保均合剂的优异性能，在均合剂中已经含有渗透剂和消泡剂的成分，若要少量增加，应采用与均合剂化学性质不冲突的渗透剂和消泡剂。

（2）涂制产品

① 管件。直角弯头，材质 304，18 件/组，单件质量 200g，见图 2-31。

图 2-31　直角弯头组树

经实际沾浆操作，发现混合浆料的流动性比 100％锆英粉浆料好，流淌得比 100％锆英粉浆料顺畅，认为此现象属于正常，浆料在蜡模上分布均匀，整平性能好，浆料无堆积，撒锆英砂后，砂层也十分均匀。

面层干燥时间 8～10h，第二层及以后采用莫来粉浆料撒莫来砂，脱蜡、焙烧和熔炼浇注按正常工艺进行。

熔融石英在 α-方石英转变为 β-方石英时，发生体积变化，会促使发生微裂纹和剥落，清理时发现模壳的透气性和溃散性的提高。

② 铸件形貌。管件的表面质量要求为 A 级，A 级属最高要求的级别，管件铸件经品管部鉴定，不仅粗糙值低，光洁度好，而且表面细腻，70％锆英粉＋30％熔融石英粉混合浆料优于用 100％锆英粉浆料制作的管件产品。经过几个批次的验证，铸件尺寸稳定，表面粗糙度保持优秀，见图 2-32。

(a) 左100%锆英粉，右70%锆英粉+30熔融石英粉

(b) 100%锆英粉铸件局部放大

(c) 70%锆英粉+30熔融石英粉铸件局部放大

图 2-32　直角弯头

③ 锆英粉和熔融石英粉各 50％

锆英粉从 70％降至 50％，熔融石英粉从 30％提高至 50％，这种配置需要优质的均合剂发挥作用，所以，我们对均合剂作了进一步的优化和改进。浆料配制及有关工艺数据如下。

a. 浆料配制：

硅溶胶 35kg＋均合剂 3.5kg，搅拌 5min。

加入锆英粉 59kg，加熔融石英粉 59kg。搅拌 24h。

b. 浆料测试：

黏度值：39s，4＃詹氏量杯。

涂片质量：0.778g，因熔融石英粉的比例增加，涂片质量稍有下降，属于正常。

混合浆料的粉液比为 1∶3.37。

均合剂加入量为浆料质量的 2.2%，即 3.5/(35＋59＋59)×100%。

c. 制壳产品：弯头法兰，材质 304，16 件/组，单件质量 250g。蜡模图形见图 2-33。

泵体，材质 304，1 件/组，单件质量 6.15kg。组树图形见图 2-34。

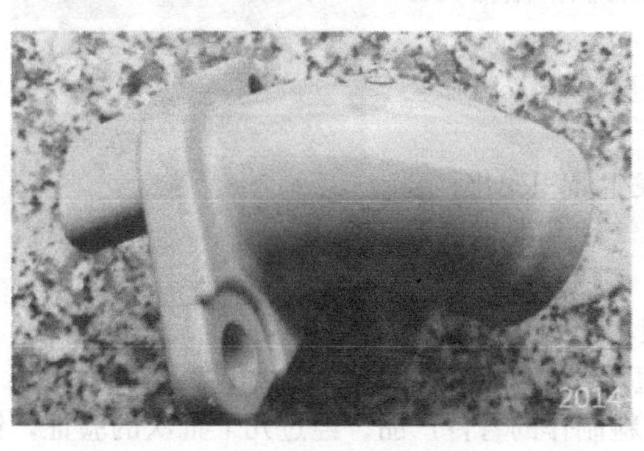

图 2-33 弯头法兰蜡模照片

图 2-34 泵体组树图

d. 制壳工艺。面层：

沾 50%锆英粉＋50%熔融石英粉混合浆料，撒锆英砂。二层至五层，按常规工艺操作。

e. 浆料的稳定性：50%锆英粉＋50%熔融石英粉混合浆料做完面层后，继续在浆桶内搅拌，不加纯净水，暂停生产三天后测定黏度值为 41s，涂挂性试验良好。

④ 浇注结果：

弯头法兰粗糙度见图 2-35。泵体粗糙度见图 2-36。

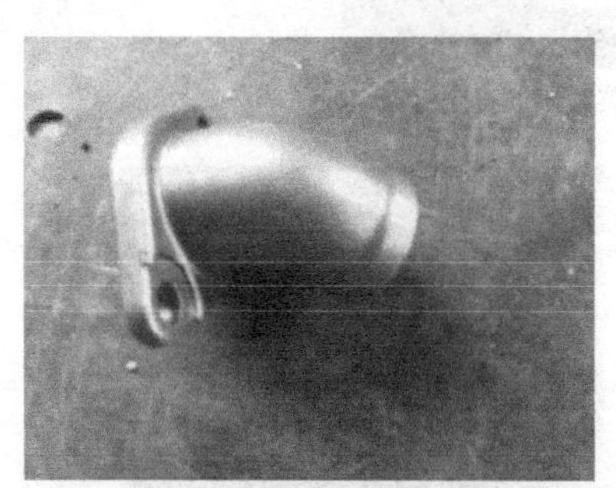

(a) 100%锆英粉(初检状态照片)

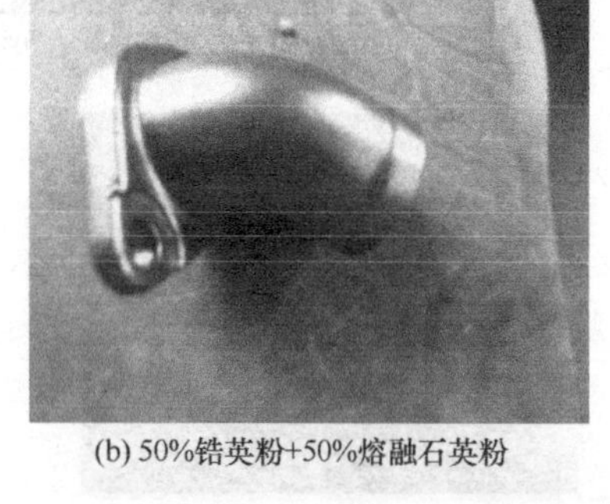

(b) 50%锆英粉+50%熔融石英粉

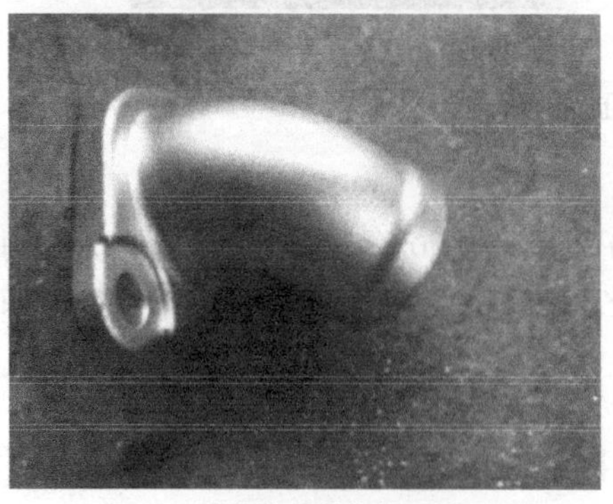

(c) 100%锆英粉(终检状态照片)

(d) 50%锆英粉+50%熔融石英粉 (终检状态照片)

图 2-35 弯头法兰

(a) 100%锆英粉(终检状态外形照片)

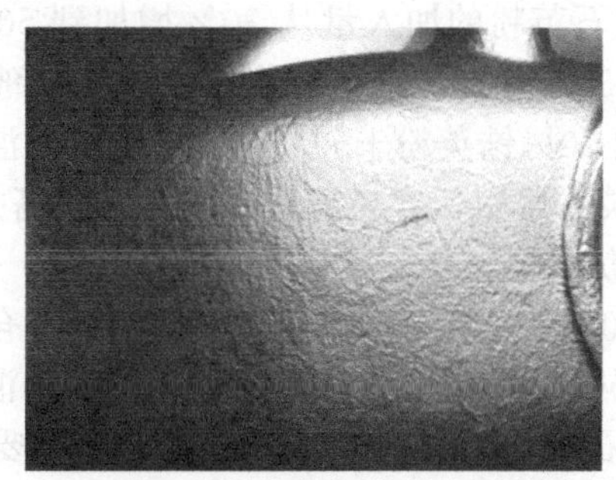

(b) 100%锆英粉(终检状态表面粗糙度局部放大照片)

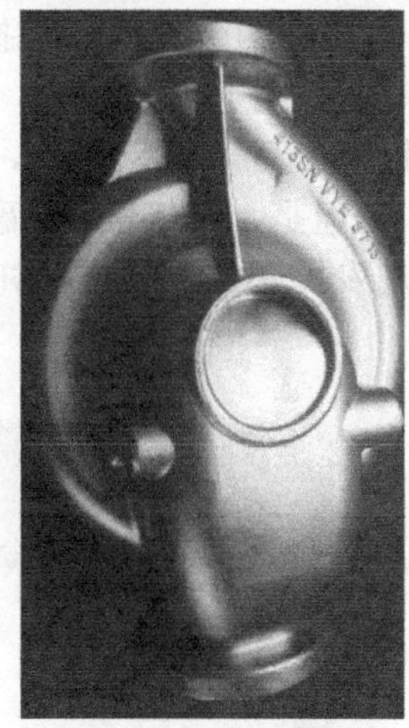

(c) 5%锆英粉+50熔融石英粉
(终检状态外形照片)

(d) 50%锆英粉+50%熔融石英粉
(终检状态表面粗糙度局部放大照片)

图 2-36 泵体

弯头法兰检测全部通过检具，具体尺寸数据见表 2-11。

表 2-11 弯管法兰尺寸精度对比表 单位：mm

位置 \ 工艺	100%锆英粉	50%锆英粉+50%熔融石英粉
外径	37.58	37.35
外径	37.29	37.20
外径	78.33	78.31
外径	47.65	47.65
外径	35.32	35.31
外径	34.98	34.99
内径	30.53	30.52
内径	30.23	30.22
内径	30.09	30.07
内径	29.86	29.87
内径	9.23	9.17
内径	9.22	9.14
中心距	50.92	50.90
中心距	69.37	69.18

(3) 结果和讨论

① 熔融石英粉的加入量从30%增加到50%，均合剂的加入量也必须随之增加，锆英粉50%+熔融石英粉50%的混合浆料中，均合剂的加入量为浆料质量的2.1%～2.2%为宜。

② 采用50%锆英粉+50%熔融石英粉的混合面层浆料，浇出的铸件表面粗糙度达到或超过100%锆英粉浆料，容易清理，尺寸精度高并且普遍变小，证实了熔融石英的线胀系数小、溃散性好的优势。

③ 以50%锆英粉+50%熔融石英粉的混合浆料计算，面层耐火粉料成本降低40%。

④ 面层浆料采用锆英粉+熔融石英粉的混合浆料工艺在美国已经相当普遍，达到锆英粉25%+熔融石英粉75%的工艺水平。如果再要增加熔融石英粉的份额，不仅要继续在改善均合剂的均合能力上下工夫，笔者认为，还要提高沾浆机的搅拌浆料的作用，所以，准备对沾浆机进行改装，沾浆桶自身转动不变，增加让浆料上、下运动的装置，新型搅拌机见图2-37，争取缩短、接近美国的先进工艺水平，从而使经济效果更显着。

⑤ 小试验：取半杯混合浆，静止三天之后，硅溶胶浮在上部（黑色部），下部是粉料。

透过玻璃杯观察，下部的混合浆料已经沉淀结成块，但是，锆英粉和熔融石英粉没有发现分层，说明锆英粉和熔融石英粉均合成一体了，均合剂发挥了作用。玻璃杯中混合浆料见图2-38。

图2-37 新型搅拌机

图2-38 玻璃杯中的混合浆料

打碎玻璃杯，取出沉淀结成块再观察，还是没有发现锆英粉和熔融石英粉有分层的迹象。不分层的浆料块，见图2-39。

图2-39 混合浆凝固后的断面

2.3.11　带狭窄内腔叶轮的灌砂

图 2-40 是一个外形并不复杂的叶轮铸件，但是内部有 4 条弯筋，流道很窄。

原工艺在涂制 2 层面层之后，向流道内灌 120 目锆英砂，使锆英砂填满整个流道内腔，再用耐火泥将外圆口封住，然后继续结壳。

现工艺用 90～120 目棕色精铸专用砂替代锆英砂，同样向流道内灌砂，使专用砂填满整个流道内腔，以下操作同上。浇注时没有发生模壳开裂、涨壳、漏钢水现象，铸件内腔质量保持正常状态。

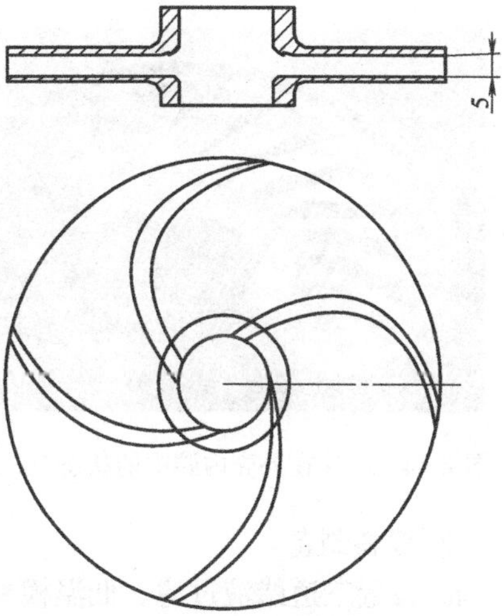

图 2-40　叶轮简图

2.3.12　涡轮熔模铸造生产过程的工艺控制

涡轮铸件的结构特性是壳体壁厚与叶片壁厚相差悬殊，叶片不仅数量多壁厚薄，而且与半圆形的圆环连接成一体，因此涡轮的铸造难度大。在涡轮试生产的过程中，通过强化工艺细节的控制，在非真空熔炼、非真空浇注的条件下，生产的铸件品质满足了客户的要求。

涡轮的结构特点是，壳体壁厚与叶片壁厚相差悬殊，涡轮壳体内有 21 条曲面叶片，叶片厚度为 1mm，特别是在叶片上连接着一个半圆形的圆环，半圆形圆环的壁厚为 1.6mm，壳体外径 270mm，圆环内径 230mm，高度 62mm，铸件单重 2.3kg。

图 2-41　冲压、焊接后的涡轮

图 2-42　冲压、焊接叶片局部状态

图 2-41 为冲压、焊接后的涡轮，图 2-42 为冲压、焊接叶片的局部状态。涡轮的外壳是用 4mm 的钢板经冲压后，焊接成型。涡轮的叶片是用 1mm 的薄钢板经过冲压后，焊接到外壳的内腔。半圆形的圆环也是冲压件，此件要与 21 条叶片相焊。显然，采用冲压件组焊的方法不仅工作量大，生产周期长，工效低，而且不能满足涡轮设计性能要求和达不到工作参数的要求，因此要求将涡轮的制作方法改为熔模铸造。

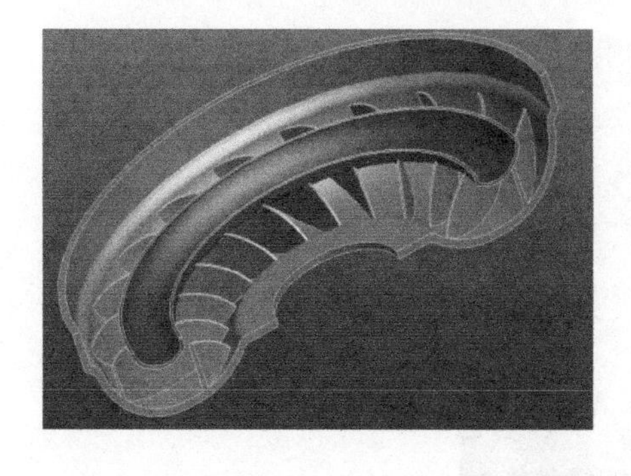

图 2-43　叶片与半圆环吻合的剖面三维图

（1）工艺细节的控制

① 压型设计。从涡轮的造型来看，熔模铸造的难点集中在内腔，曲面叶片连着半圆形的圆环，一次压制蜡模起模有问题，必须分别开设二个压型，压制两个蜡模，然后拼合起来。见图 2-43～图 2-45。

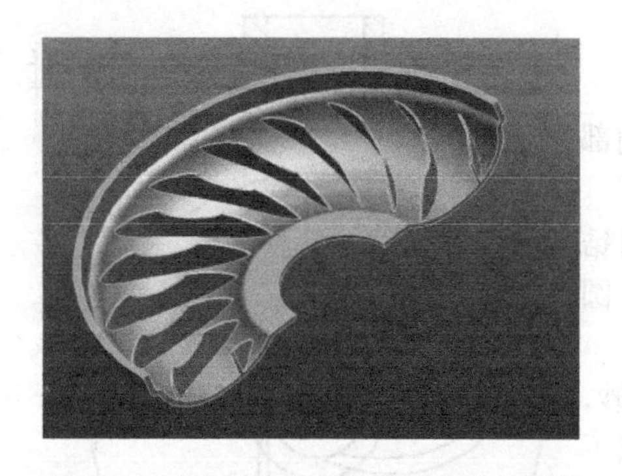

图 2-44 叶片在外壳内腔中的状态三维图

图 2-45 半圆环埋在叶片之中的位置三维图

② 模料制备

a. 设置三道蜡液过滤。低温模料采取热水脱蜡，蜡液从脱蜡池流入处理池前，第一次过滤；蜡液经过加酸处理后，流入静止沉淀桶前，第二次过滤；蜡液倒入模锭前，第三次过滤。

b. 增设刨蜡工序。采用浇模锭，直径 450mm，长 800mm 的圆柱，放在刨蜡机上加工成薄薄的蜡片，搅拌蜡膏又快又均匀又细腻，杜绝蜡膏中有颗粒物。

c. 蜡模的冷却。严格控制制模室的温度≤25℃，叶片蜡模和圆环蜡模从压型中取出后，不放入水中冷却，配对存放在平板上，蜡模不能叠堆，2h 后修模，3h 后用黏结蜡液拼接蜡模。

d. 蜡模的拼接。摒弃传统的用铬铁焊接工艺，采用黏结蜡，见图 2-46、图 2-47。黏结蜡的加热温度一般是 60℃，在此温度下黏结蜡液较稠密，粘合蜡模时往往会在黏合面出现一圈“堆积蜡”。因此，将加热温度提高至 70℃，将半圆形的圆环蜡模浸沾黏结蜡液，浸沾时间≤2s，粘蜡之后不要马上粘合，用排笔刷均蜡液，停顿 5～7s，然后平稳地把半圆形的圆环蜡模放入叶片蜡模中，见图 2-48。

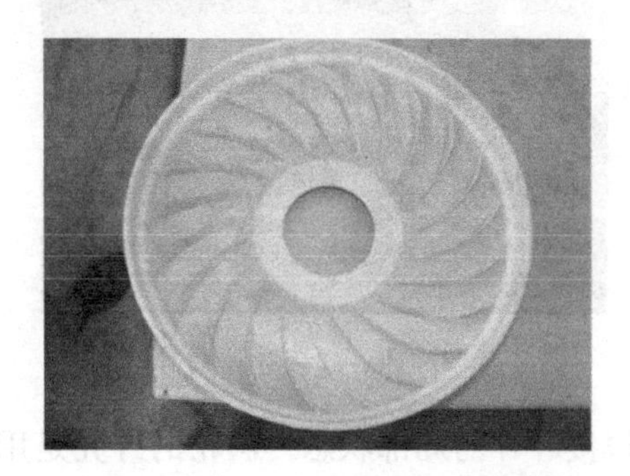

图 2-46 叶片蜡模

图 2-47 半圆形的圆环蜡模

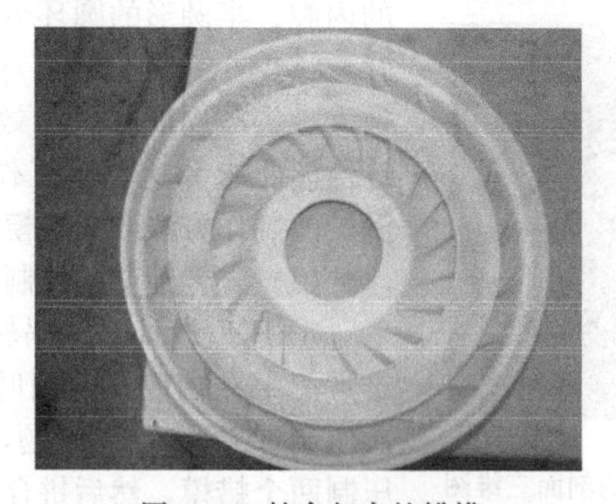

图 2-48 粘合起来的蜡模

③ 浇注系统的设计。第一种浇注补缩系统的设计方案是采用球形冒口加离心浇注，遵循冒口作用区半径的要求，见图2-49、图2-50。在球形冒口上设置较粗的3条补缩浇道，目的是有利于排蜡、排气、外壳补缩和提高模组的制壳刚性。

图 2-49　球形模头

图 2-50　球形模头上的三条排气条

第二种浇注补缩系统的设计方案，球形冒口加四叉内浇道离心浇注，见图 2-51。

图 2-51　横浇道与半圆环连接

图 2-52　整体内浇道

第三种浇注补缩系统的设计方案，采用整体内浇道，在涡轮外壳的顶部设置整圈的内浇道体，上部设5处钢液通道，再上面是类似于横浇道，考虑到离心浇注的特性而做成整体圆形，最上面是浇口杯，见图 2-52。

为了确保涡轮内腔的半圆形圆环的完整充型，组成内、外结合的充型模式，在圆形横浇道下端中心位置再引出一个直浇道，采用四叉内浇口的方式，与直径 74mm 的通孔内壁相连接，见图 2-53。

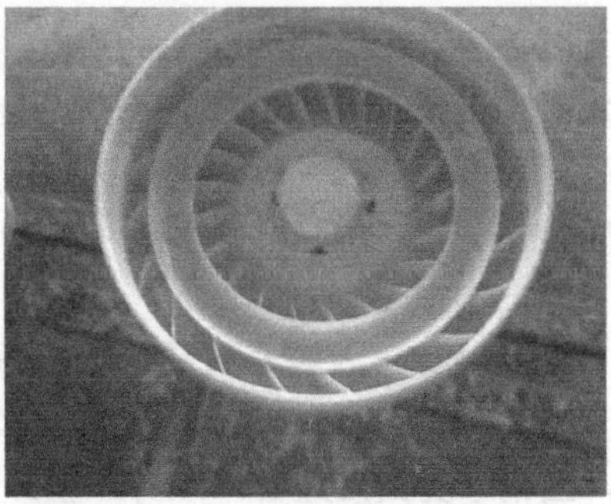

图 2-53　四叉内浇道

(2) 制壳工艺

① 试验工艺。第一层：涂莫来粉浆 35s，撒 80～100 目莫来砂，干燥 10h，干燥室温度 23℃，相对湿度 65%。

第二层：涂莫来粉浆 22s，撒 60～80 目莫来砂，干燥 12h，干燥室温度 23℃，相对湿度 65%。

第三层：涂莫来粉浆 15s，撒 60～80 目莫来砂，干燥 12h，干燥室温度 23℃，相对湿度 50%，吹风，扎铁丝。

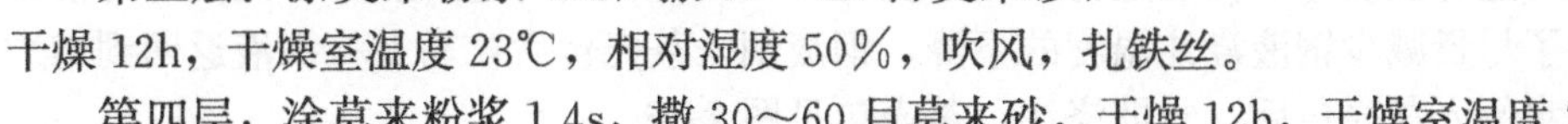

第四层：涂莫来粉浆 1 4s，撒 30～60 目莫来砂，干燥 12h，干燥室温度 23℃，相对湿度 50%，吹风。

第五层、第六层：涂莫来粉浆 14s，撒 16～30 目莫来砂，干燥 12h，干燥室温度 23℃，相对湿度 50%，吹风。

封层：涂莫来粉浆 14s，干燥 16h，干燥室温度 23℃，相对湿度 50%，吹风。

② 现生产工艺：为方便清砂，第一、第二层不变，涂第三层前对叶片内腔进行灌砂（60～80 目莫来砂）、封闭砂（将莫来浆加莫来粉搅拌成泥状封堵），然后再涂制第三、第四、第五层及封层，浇注后清理难度明显好转。

③ 模组脱蜡：脱蜡完毕取出型壳，立即用沸水冲洗两次，彻底清除残留在型壳内的余蜡和杂物。

（3）模壳的两次焙烧

a. 预焙烧：将模壳放入焙烧炉，950℃预焙烧。待经过预焙烧的模壳冷却后，用水清洗模壳内腔。

b. 装箱焙烧：装箱焙烧就是将经过预焙烧的模壳放入圆形铁箱内，箱内填入较粗的砂，砂的表面刷一层薄薄的硅溶胶，目的是使模壳受热均匀，确保提高模壳浇注温度，以便实施离心浇注，见图 2-54。

c. 焙烧温度和保温时间

型壳焙烧温设定在 1100～1150℃，模壳保温温度 1100～1150℃，模壳保温时间≥30min。

（4）熔炼和浇注

a. 自制离心机：试制实践证明，涡轮必须要采用离心浇注，方能满足充型完全。自制可调速的离心机见图 2-55。

图 2-54 装箱焙烧后即将浇注

图 2-55 自制可调速的离心机

b. 熔炼温度及浇注温度：采用大功率熔炉化炉料，待炉料全部熔化，升温至 1560～1570℃加入预热过的质量分数为 0.20%的锰铁和质量分数为 0.10%硅铁作为预脱氧剂，除去熔碴，覆盖除碴剂，除去熔碴，加入质量分数为 0.03%的纯铝脱氧，钢水镇静，除碴。涡轮材质为 ZG310-570，出钢温度一般为 1570～1590℃，考虑到涡轮的完整充型，出钢温度提高到 1610～1620℃。

c. 浇注速度及离心机转速：根据离心力 $F'=0.112R_{\text{r}}(n/100)^2$ 以及重力系数 $G=0.112(n/100)^2R$ 的公式，经计算和生产实践，离心机转速设定为 293r/min，浇注时间控制在 5～8s，当钢水浇到接近冒口颈时，立即停止转动。

d. 浇包及浇包的烘烤：自制 10kg 的茶壶小浇包，浇包打筑好后自然干燥 1 天以上，模壳预焙烧时浇包同时进行预烘烤，模壳进行装箱焙烧时，又要再次同时进炉烘烤，浇注时与模壳一起出炉子。为了尽量减少钢液浇注温度的下降，钢液倒入茶壳包后，马上将钢液返回到熔炉中，第二次将钢水倒入茶壶包后，立即浇注。茶壶包见图 2-56。

严控：一壶浇一组型壳。

严控：浇包内若有剩余钢液，必须回倒入炉内。

冒口上设置较粗的3条补缩浇道，目的是有利于排蜡、排气、外壳补缩和提高模组的制壳刚性。

e. 分工明确及协调配合：焙烧、熔炼和浇注这3个工序是生产涡轮的关键，现场生产除严格遵守工艺规程外，强调统一指挥，密切配合，协同操作。

f. 保温冷却，防止开裂。严格限制开箱时间，使刚刚浇注好的铸件在铁箱内缓慢地冷却，在室温30℃时，浇注后3h将铸件从铁箱内取出（若是冬季还要延迟开箱时间），继续在室温条件下自然冷却，直至用手触摸模壳没有烫手的感觉，方可震动脱壳，这样能有效地防止产生裂纹，在整个冷却过程中切忌浇水冷却。

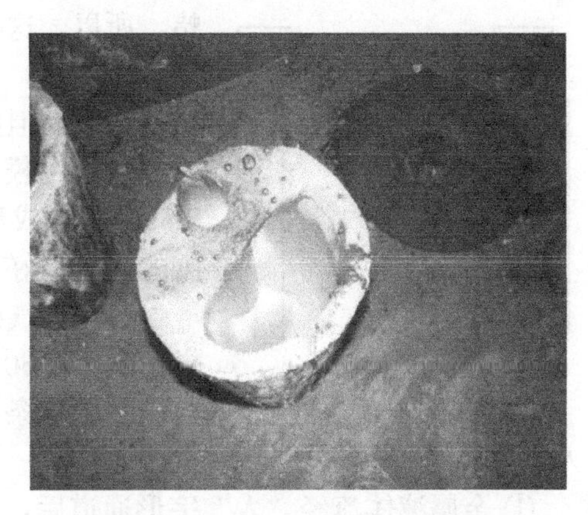

图 2-56 经烘烤后的10kg茶壶包

g. 文明清理，规范操作。清除铸件上的型壳、切除浇冒口和工艺筋、清除铸件内腔粘砂和氧化皮的过程中，要做到轻拿轻放，堆放整齐，防止叶片受损，坚持文明清理，规范操作。采用履带式抛丸清理机，抛丸的粒度不得大于0.3mm，内腔沟槽处不易清除的残余涂层，采用除碴液浸泡。

（5）铸造结果　通过强化熔模铸造各工序的工艺细节的控制，在非真空熔炼、非真空浇注的情况下，生产出高难度、高要求的涡轮。据悉生产同类型涡轮，日本目前仍采用冲压、焊接工艺。

在相同的工艺控制条件下，对于充型完整性来说，整体内浇道浇注系统优于球形冒口及横浇道浇注系统，见图2-57和图2-58。

图 2-57 球形冒口浇注系统浇出的铸件

图 2-58 整体内浇道浇注系统浇出的铸件

2.3.13 硅溶胶熔模铸造工艺的改进措施

在生产过程中，严格执行工艺规程、遵循操作指导书是提高精铸件一次合格率的重要保证。与此同时，把握住每个操作“细节”，有助于过程品质控制的成功，提出一些工艺细节的改进措施，如采用模头带内浇道、排气模头、滤网模头、黏结蜡组树、液体蜡改糊状蜡、一次成形、免洗脱模剂等，目的是使铸件品质改善，生产效益提高．也是对熔模铸造工艺的完善及补充。

（1）带内浇道模头　一般内浇道开设在压型上，压蜡时，熔模连同内浇口一并压制出来。但是，有时候产品本身形状较复杂、浇道又不在压型的分型面上，射蜡口又不能从内浇道注

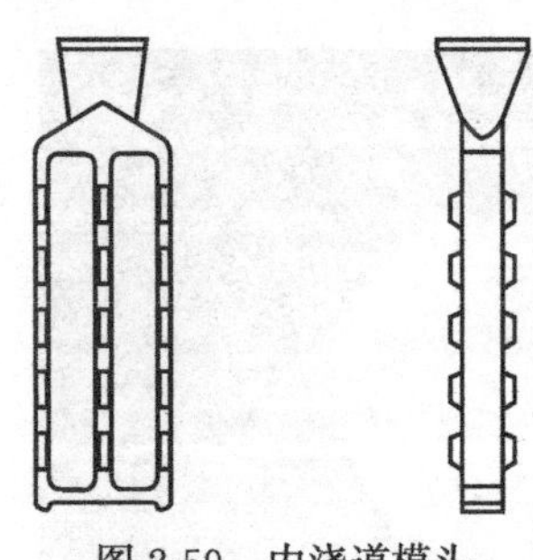
图 2-59 内浇道模头

蜡，所以，这样熔模上就往往没有内浇道，只能另外制内浇道与熔模相组焊，有的甚至随意大致凑合一个不十分合适的浇口就作为内浇道，但是，这样给产品的质量带来隐患。

采用在模头上将内浇道一并开设出来，内浇口模头，见图 2-59，压射成形，不仅省去许多麻烦，而且内浇道的形状、位置度的统一性好，对于成批生产和稳定精铸件的质量相当有益。

(2) 排气模头　排气模头与普通模头相比较，没有太大的异样，从图 2-60 来看，它就是一个普通的两叉竖模头，仅在两叉的内腔多了两条浇注通道，金属液从浇口杯进入后，分两路沿着“人”字形的通道充型。着重说明两点：

① 金属液体流经“人”字形通道后，速度相对趋缓，充型不会出现紊流，相似于底注的模式。

② 两条通道伸得比较长，几乎是整个模头的 1/2，当浇注一开始，气体会从排气筋和浇口杯中向外排出，有效地抑制“敞气”、“浇不足”缺陷的发生，对于较小的精铸件产品尤其适合。排气模头见图 2-60。

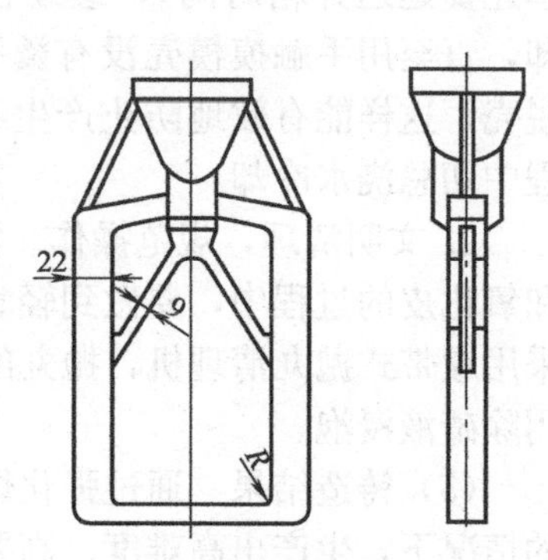

图 2-60 排气模头

(3) 滤网模头　生产 304 系列的不锈钢抛光件、表面品质要求高的近净形精密铸件，必须要求纯净钢液，从而减少铸件表面缺陷的产生。

在熔炼纯净钢液方面，除了在脱氧元素、脱氧元素加入量、脱氧方式诸方面下工夫外，还要把好最后一道浇注关，不让氧化物和夹杂物混入型腔。

图 2-61 为带过滤网的专用模头，这种模头在结构上有 3 个特点：

① 过滤片有固定的位置稳妥而牢靠地就位，本模头专为 50mm×15mm 的过滤片设计。

② 浇口杯下端设计一段台阶 30mm×15mm 的集渣口。

③ 型壳脱蜡之后，可以先将过滤片装入浇口杯内，并在过滤片底面的 4 个点涂刷少许黏度为 10s 左右的莫来粉浆料，与放置过滤片的定位处粘连，让过滤片与型壳一起焙烧，既不会降低金属液的浇注温度，又避免浇注前匆忙加入而造成的不良后果。

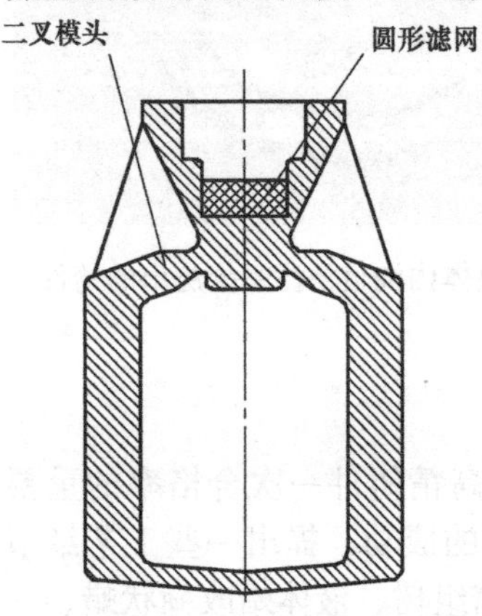

图 2-61 滤网模头

(4) 黏结蜡组树

传统的组树方式采用电烙铁加热，烙铁上的紫铜片熔融内浇道，把熔模焊到模头上，见图 2-62 (a)。内浇道与模头的接触圆周呈倾角，很容易出现“虚焊”和“缝隙”，浇注后此部位最容易产生缩松、落砂及开裂缺陷。图 2-62 (b) 采用黏结蜡胶合，内浇道与模头的圆周交接处呈圆角，不会产生“虚焊”和“焊缝”，浇注时充型顺畅，因四周圆角处的热容量大，上述缺陷显著减少。

操作要点：将黏结蜡放入熔锡炉，熔锡炉的温度设定为 80～85℃。将内浇道的黏结平面蘸上少许液态黏结蜡后，立即安放到模头上，瞬间就会黏结牢固。

熔锡炉的体积不大，使用方便，熔融的黏结蜡液无烟气，对改善蜡模车间劳动环境、保护操作者的健康十分有利。

(5) 将液体蜡改为糊状蜡制作模头

制作模头，大多数的精铸厂家采用模头机及液态蜡工艺，这样做的缺点是，在动模和定模

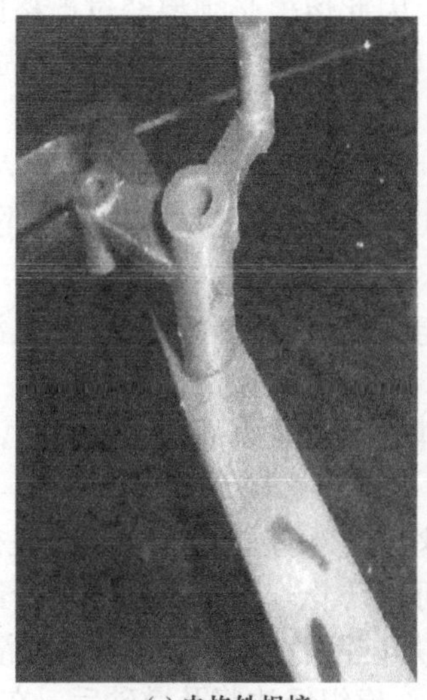
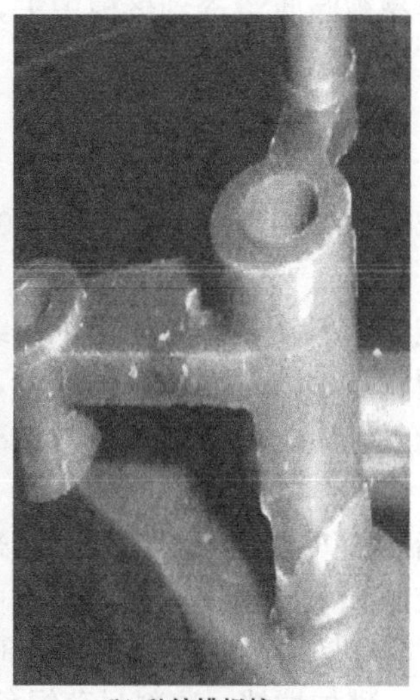
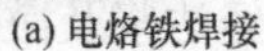

(a) 电烙铁焊接　　(b) 黏结蜡焊接

图 2-62　黏结蜡组树

的内部要设置冷却水管路，势必造成模具的体积大、笨重和制作费用上升。再则，液体蜡压入型腔后，冷却时间长，工效低。

压制模头工序作两项改进：一是采用双工位卧式气动免缸模头机替代气动（浇口棒）模头机，糊状蜡替代液体蜡，蜡缸保温控制设定为 55℃，射蜡嘴温度设定为 58℃；二是模头模具不需要冷却系统，体积小，质量轻，操作灵活。

例如，压制一件三叉竖模头，模头质量为 470g，按照上述工艺参数，从射蜡开始计时，保压、取模、装模直至下一次射蜡开始，耗时仅 35s，模头模具不用冷却，压制出来的模头用冷水冷却，生产效率大大提高。

（6）一次成型　有些精铸件形状简单并且较小，可采取蜡模、内跷道、直浇道一次性压制成型，然后焊上模头，快速组树一步到位，工效大大提高，见图 2-63（b）。

图 2-63（a）组树图为一次压制成形 10 件产品，焊接上模头和搭条，整个组树过程简单，十分便捷。

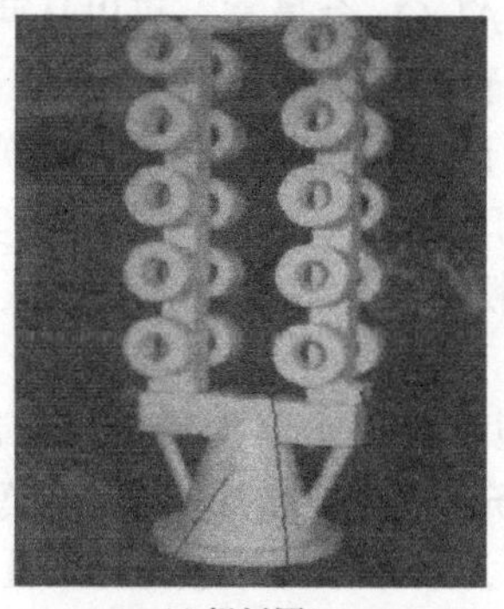
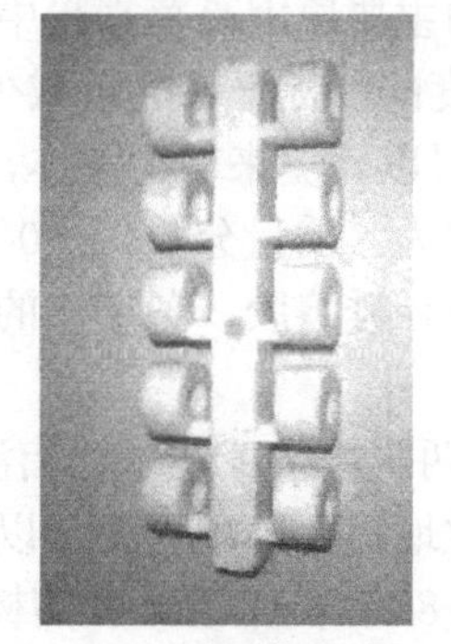

(a) 组树图　　(b) 成型浇道

图 2-63　成型浇道结构图

（7）免洗脱模剂　中温蜡压蜡模的脱模剂以前用二甲基硅油涂刷在压型内腔，近年来普遍采用有机硅喷雾，由于喷雾均匀、操作方便，又能减少熔模表面的气泡，得到广泛应用。

但是，有机硅容易被吸收渗透到熔模中去，因此熔模必须要经过严格的清洗。尤其是低温蜡压蜡模，大多数厂家仍然用变压油作脱模剂（甚至用普通机油），采用101清洗剂也解决不了问题。

免洗脱模剂配方：用少量的蒸馏水溶解 Na_2CO_3 和10g $NaNO_3$，加入正辛醇5mL，加入(非离子型活性物）20mL，用蒸馏水稀释至100mL，脱模剂呈乳白色（除JFC外，其他试剂用分析纯）。

将免洗脱模剂装入塑料喷雾瓶中使用，模组不仅可以免除清洗，而且涂挂性好。自行配制的免洗脱模剂价格便宜，中、低温蜡都能使用，不会对压型产生腐蚀。

另外，在硅溶胶工艺中为使浆料黏度测试准确，层浆采用詹氏5#杯，而加固层采用詹氏4#杯。

(8) 涂层干燥指示剂　对硅溶胶结壳工艺来说，掌握好涂层的干燥是很重要的。因为这关系到型壳的开裂、鼓胀和表面粗糙等缺陷是否可以防止，特别是影响整个制壳周期。

涂层干燥指示剂本身是暗红色液体，指示剂加硅溶胶-锆英粉浆料及硅溶胶-莫来粉浆料（质量分数为0.15%）中，稍加搅拌，浆料呈草绿色，模组经沾浆及撒砂后，在恒温室内干燥。随着干燥时间的延长，其色泽变化的规律是：绿色—暗绿色—咖啡色—砖红色—橘红黄色。

在总结和利用涂层干燥指示剂试验数据的基础上，现行制壳工艺见表3-12。

制壳完毕后，按正常工艺蒸气脱蜡、焙烧、浇注、清理，没有发现型壳跑火，经检验，铸件表面粗糙度和尺寸精度都达到原结壳工艺的水准。

表3-12　新的制壳干燥时间工艺

层次	浆料	黏度值/s	撒砂/目	干燥时间/h
面层	锆英粉＋硅溶胶	60	100～120 锆英砂	5
二层	莫来粉＋硅溶胶	12	60～80 莫来砂	6
三层	莫来粉＋硅溶胶	11	30～60 莫来砂	6
四层	莫来粉＋硅溶胶	11	60～80 莫来砂	6
五层	莫来粉＋硅溶胶	13	16～30 莫来砂	6
六层	莫来粉＋硅溶胶	13	16～30 莫来砂	6
封层	莫来粉＋硅溶胶	13		

(9) 降低型壳残余强度　硅溶胶工艺的型壳高温强度好，型壳残余强度高给清除铸件内孔、内腔时带来不小的麻烦，为此增加碱煮或碱爆工序。

型壳残余强度高的主要原因是莫来粉中的 Al_2O_3 含量高，可以从两个方面加以改进：

① 在满足型壳强度的前提下，尽量减少“预湿”的层次。

② 背层的耐火粉料以，莫来粉为主体，适量加入熔融石英粉或石英粉。

具体的耐火粉料配为（质量分数）：70%的莫来粉＋15%的熔融石英粉＋15%的精制石英粉，黏结剂仍采用大粒径硅溶胶，各层次的原粉液及原黏度值不变，从第二层就开始用混合耐火粉浆料。

(10) 树脂砂型芯两次烧结工艺　树脂沙型芯应用于熔模铸造呈日趋发展，为了简化砂芯的强化过程，更加有效地提高砂湿强变，以及充分发挥砂芯适合于熔模铸造的性能，采用两次烧结法工艺配方：50～80目莫来砂＋呋喃树脂为（Ⅰ）＋固化剂为（Ⅱ），（Ⅰ）＋（Ⅱ）＝1∶1，混合均匀。制作采用射芯机，也可以手工打制，砂芯必须经过8h自然干燥。然后，对砂芯刷一层较稀的硅溶粉面层浆料，升温至800℃，保温20min。

将经过第一次烧结的砂芯，放置到压型中去射蜡，并按正常工艺进行组树、制壳、脱蜡、焙烧、浇注。

(11) 零功率测温　熔炼工序的最后一步操作是测温，钢液温度必须达到工艺规定的浇注温度，方可浇注。

比较了满功率状态、保温功率状态与零功率状态测温数据误差，测试试验结果，见表2-13。

表 2-13　不同功率测温数据比较

功率状态	250kg 中频炉	150kg 中频炉	100kg 中频炉
满功率	1680℃	1685℃	1689℃
零功率	1671℃	1676℃	1680℃
保温功率	1625℃	1607℃	1685℃
零功率	1616℃	1597℃	1678℃

为何在不同功率状态下测温数据会有偏差，究竟何种状态测温的误差最小，要从两个方面认识：

① 测温计是以热电偶作为测温元件，热电偶先测得钢水的塞贝克温差电动势，通过对温度信号的放大转换成电信号，就是所谓的热电动势，根据热电动势的大小，显示出钢液温度的高低。零功率可以理解为无电流输入，此时，温度肯定变低。

② 中频感应电炉的特性具有"集肤效应"，从而使钢液产生"涡流"，若无电流输入，涡流现象消失，瞬间钢液的表面温度趋于下降。工艺要求在断电状态时出钢浇注，所以，零功率测温得到的数据更合乎实际，误差小，能防止测温温度高于实际温度。

(12) 浇注前炉内金属液覆盖石棉　测定钢液温度并经过调整功率之后，再次测温合格后就可以开始浇注。不管是采用叉壳浇注还是抬包浇注，浇注时间一般为 3～5min，这段时间因为没有覆盖剂，炉内的金属液全部敞开暴露，与空气直接接触，很容易发生二次氧化，经过除渣和脱氧的金属液会再次形成金属氧化物、夹杂物和吸入大量气体，产生夹砂、夹杂物、渣孔和气孔等铸件缺陷。为了减少缺陷、努力提高钢液的纯度，在出钢前必须控制炉内金属液的二次氧化。

预先准备好一块石棉，厚度为 10～15mm，剪成圆形，直径略小于炉膛口直径，浇注前，覆盖在金属液的液面上。这样，石棉块可以捂住钢液中没有除尽的少许细小的炉渣，另外，对钢液还有保温作用，当然，最主要的还是隔绝空气，阻止金属液吸入空气，实施这项工艺不仅操作简单，费用很少，而且十分有效。

(13) 变扣箱为盖箱　碳钢、低合金钢和耐热钢件浇注之后，要在还原气氛下缓慢冷却，一般采取扣箱的方法，扣箱操作不但劳动强度大、还原气氛容易泄露，而且容易发生事故。

从图 2-64 可以看出，制作 2 至 3 组铁桶（组的概念是浇注一炉的型壳，一只铁桶内可以存放 3～4 串型壳），叉壳浇注之后，将型壳直接放到铁桶内，浇注完毕，撒上 15g 左右废蜡屑、碳粉或木屑，盖上盖子。

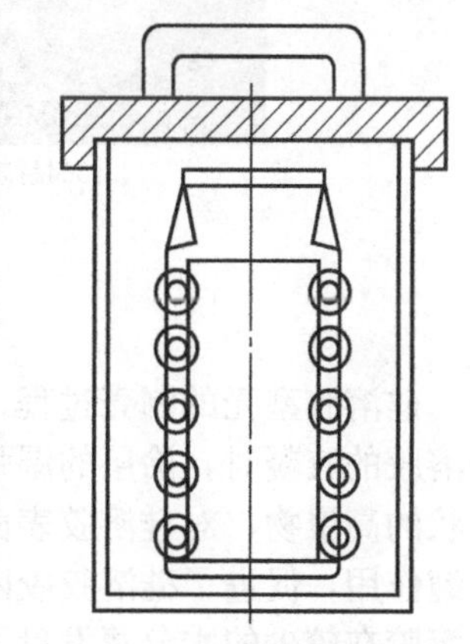
图 2-64　加盖装置示意图

冬季缓慢冷却时间为 1h，春秋季节为 40min，夏季为 0.5h。304 材料的精铸件，浇注后加盖，在还原性气氛中缓慢冷却，对铸件表面品质有显著改善（要增加一倍的废蜡用量）。

(14) 硼酐替代硼酸　硼酸是中频感应电炉常用的筑炉黏结剂，用硼酸做黏结剂其实是不科学的。硼酐是两个硼酸分子失水缩合成一个硼酐，是硼的氧化物，属于中性物质，既没氧化性，又无还原性，硼酐才是碱性炉衬需要的黏结剂，硼酐为冰糖状的无色结晶。使用前要将其捣碎，粉碎成 30～60 目的粉粒。原筑炉材料中的镁砂和镁粉的型号及配比不变，硼酐的加入量为 0.80%～1.1%，混合均匀，采用干式打结炉衬法筑炉，新筑炉衬仍必须按原工艺进行烘烤烧结。

采用硼酐黏结剂的效果：炉衬耐火度高，高温强度高，耐蚀性好，炉壁光滑。炉壁产生裂纹的概率大大下降，使用过程中炉衬不用修补，炉子使用寿命长。

酸性炉也可以采用干式打结炉衬法，石英砂配比：6～10 目占 10%～15%、10～20 目占 15%～30%、20～40 目 25%～30%、270 目石英粉占 25%～30%、硼酐占 1.10%～1.50%，混合均匀，认真打结，须烘烤烧结，炉子的使用寿命得到大幅提高。

2.3.14 对熔模铸造现行制壳工艺的改进和讨论

中温模料硅溶胶制壳工艺是目前国内、国外的主流工艺，然而，此工艺生产周期长，而且存在因面层型壳缺陷导致铸件缺陷的问题。采用了面层浆料加入防裂剂、面层大风力干燥、面层采用大粒径硅溶胶、取消涂二层前预湿、取消涂面层前沾硅溶胶的工艺举措。结果表明，面层型壳的强度得到了提高，面层型壳的缺陷减少，涂层干燥时间缩短，铸件一次性合格率增大。

中温模料硅溶胶结壳工艺适合生产表面粗糙度值小、尺寸精度高的精密件，已经成为主流工艺被广泛应用。该制壳工艺生产周期长，尤其是面层型壳开裂、剥落、鼓起、分层的缺陷造成铸件表面产生缺陷。

本节针对以上问题提出了相应的改进措施，并取得了满意的效果。

(1) 面层浆中加入防裂剂　在面层锆英粉浆料中加入占硅溶胶质量分数 8%的防裂剂，搅拌均匀。也可用 3.3～3.4：1 的粉液比，按加硅溶胶→粉料搅拌 8h→防裂剂搅拌 5h→润湿剂搅拌 2h、消泡剂搅拌 1h 的加料顺序配制面层浆。

模组沾浆后，撒 100 目锆英砂或 100 目白刚玉砂，在温度 23℃，相对湿度 60%的面层干燥环境条件下，吹风，风速 4～6（m/s），面层干燥时间≤2h。

经吹强风干燥的面层，不仅大大缩短干燥时间，涂层无龟裂、无开裂、无脱落、无鼓起，无分层，面层的湿强度明显提高，而且模组的内腔与外形同时干燥，浇注出来的铸件表面质量，见图 2-65。

(a) 304材质的壳体外形

(b) 304材质的壳体内腔

图 2-65　面层加防裂剂吹强风的铸件

硅溶胶型壳的制壳过程，实际上是在型壳内建立强度的过程，当涂层得到充分干燥，完成硅溶胶的胶凝时，涂层的湿强度就建立起来。向面层浆料中加入的防裂剂是一种分子形态为长键状的高聚物，对硅溶胶表面进行改性和保护，在脱水胶凝的过程中，由于高聚物分子链相互纠缠作用，促进了硅溶胶胶团彼此靠近，从而加快了胶凝速度。生产证明，在高聚物作用下，硅溶胶在较少的水分蒸发量下，SiO_2 胶体胶凝过程就得以迅速开始，实现了面层的快速干燥。铸件经清理之后，尺寸检测结果，见表 2-14。

聚物分子链相互纠缠作用，促进了硅溶胶胶团彼此靠近，从而加快了胶凝速度。生产证明，在高聚物作用下，硅溶胶在较少的水分蒸发量下，SiO_2 胶体胶凝过程就得以迅速开始，实现了面层的快速干燥。

表 2-14 铸件尺寸检测对照表

项目	图纸尺寸/mm	铸件尺寸未加防裂剂/mm	铸件尺寸加入防裂剂/mm
最大外径	65	65.10	65.12
孔中心距	64	64.05	64.06
总高	112	112.15	112.18
方孔长度	86	86.04	86.10
方孔宽度	45	45.05	45.10

同时，由于高聚物本身也是黏结剂，可以在硅溶胶胶凝过程中对面层起到物理增强的作用。由于有机高聚物优秀的成膜性，使得黏结剂在型壳的耐火材料之间形成均匀而连续的胶膜，最终使型壳建立与背层相同的常温强度。

再则，高聚物分子键的良好柔韧性能，可以改善黏结剂在粉、砂中的包覆状况，有效地防止和降低产生面层开裂、起鼓、分层的倾向，起到对面层的保护作用。

目前，添加防裂剂工艺正在不断被精铸厂家所应用。

(2) 预湿处理　面层型壳经充分干燥后，放入硅溶胶中浸一浸，然后，进行第二层型壳的涂制，这是传统的硅溶胶预湿处理工艺。

预湿的目的是在面层上增加硅溶胶的质量，从而加大面层的高温强度，防止因面层缺陷而产生诸多铸件表面缺陷。但预湿带来了不可忽视的负面影响。

① 面层的干燥是在严格的温度、湿度环境条件下，经过很长时间的自然干燥而获得。干燥的面层型壳浸稀释的硅溶胶后（SiO_2 质量分数为 25%），使面层整体全部受潮，恢复到面层未干燥时的涂层初始状态，在现场控制中，第二层的干燥时间往往要比面层的干燥时间增加许多，实际上对二层型壳的干燥来说，不仅要将二层自身充分干燥透，而且还要把受潮的面层重新干燥，所以，延长二层的干燥时间是必然的。

② 硅溶胶涂层在干燥硬化的过程中，存在失水胶凝硬化，受湿凝胶返溶软化的可逆物理变化的特性，被预湿后的面层型壳在重新干燥过程中存在着无法观测和发生型壳缺陷隐患的变数。

笔者认为，涂制二层前做预湿处理弊大于利，应予改进。改善的思路和方法：第二层型壳一般称作过渡层，此层不仅对面层起到加固和保护的作用，而且是面层和背层的连接层，对于防止面层硅溶胶返溶，预防面层型壳产生缺陷，具有十分重要的特殊意义。

二层浆料可以是莫来粉，也可采用刚玉粉，浆料的黏度值控制在 17～18s（4＃詹氏杯测量），甚至是 16～17s，这和做预湿的二层同类耐火粉料的浆料相比，黏度值要低许多，即浆料变稀。因为较稀的二层浆料更容易渗透到面层型壳的粒度较大的砂层之中，既增加了面层砂的强度，又可以对面层的浆层起到有力的支撑作用。二层的撒砂采用 60～80 目莫来砂或者 60～80 目刚玉砂，在面层干燥环境条件下，吹风，风速 4～6m/s，若产品结构不算太复杂，无深孔，二层的干燥时间 8～10h 为宜。

然而，应用于背层的预湿处理是相当有必要和可行的。

(3) 熔模沾硅溶胶　有些精铸厂家在模组未沾面层浆之前，先浸沾硅溶胶，理由是好操作，对此，笔者持否定态度。

对模料有三项基本要求，热物理性能、力学性能和工艺性能，就工艺性能而言，较好的涂挂性与制壳密切有关，是要追求的。

无论是蜡基模料还是树脂基模料，它们的共同特点就是憎水性，树脂基模料的憎水性表现得尤为突出，模料的涂挂性用熔模与黏结剂的接触角来考量。

水玻璃黏结剂的表面张力为 60（10^{-3}N/cm），水玻璃＋非离子型润湿剂的表面张力为 37

(10^{-3}N/cm)。

硅溶胶粘结剂的表面张力为71.6 (10^{-3}N/cm)，硅溶液胶＋非离子型润湿剂的表面张力为37 (10^{-3}N/cm)。着重指出的是，无论是水玻璃还是硅溶胶，它们都是水溶性的黏结剂，含有相当的水分。显然，润湿剂对降低黏结剂的表面张力起着重要的作用，润湿机理是：面层硅溶胶浆料中加入非离子型活性剂后，亲油基一端为熔模所吸引而定向排列，亲水基被水分子吸引而留在浆料界面，形成由表面活性剂分子组成的单分子膜，从而使浆料-熔模间的界面张力降低，使浆料与熔模结合起来，实现了较好的涂挂性。

通过上述分析，模组沾硅溶胶此举没有达到改善硅溶胶浆料与熔模的润湿作用，相反会降低浆料局部的黏度值，熔模沾上的硅溶胶与面层浆料接触后，还是要依靠面层浆中的润湿剂和熔模起亲和作用，感觉到好操作，只不过是局部浆料瞬时变稀，流淌性好一点而已，涂挂性的改善不是硅溶胶，而是靠润滑湿剂。生产实践证明，3.3～3.4：1粉液比的面层浆料，润湿剂的加入量为0.04%～0.042%为适宜，计算公式：

润湿剂% = 润湿剂质量分数/(硅溶胶质量分数＋粉料质量分数)×100%。

(4) 大胶粒硅溶胶应用于面层　硅溶胶的物化指标除重视SiO_2质量分数、pH值、运动黏度外，胶体粒子直径，就是常说的硅溶胶的粒径，也是我们十分关注的参数。

SiO_2含量决定型壳强度，pH值决定浆料的稳定性，运动黏度决定粉液比，粒径既决定浆料稳定性也决定型壳强度，对于胶粒来说，一般认为，粒径大，浆料的稳定性好，粒径小，胶凝快。所以多年来国内多数厂家倾向于面层用小粒径，背层用大粒径，笔者对此持不同观点。

国内生产的硅溶胶粒径平均值大数是8～20nm，也有8～15nm，美国12 nm和22 nm，日本830为8 nm，1430为14 nm。以日本硅溶胶在国内精铸厂家的应用为例，面层用1430，背层用830居多，据资料介绍，日本多数精铸厂也按此粒径配浆和应用。

对于面层浆料来说，浆料的稳定性好是要放在首位来考虑，因为面层直接决定铸件的表面质量，从这个意义上讲，面层采用大胶粒硅溶胶是正确的。至于胶凝时间的快慢，大胶粒与小胶粒差距微小，可以忽略不计。关于硅溶胶胶体粒子直径大，型壳强度低的理论与实际生产控制存在偏差，国内与国外的应用也真好是相反。

从面层自然干燥演变成吹风干燥，国内精铸厂家在工艺规程上，对背层用大胶粒硅溶胶，面层必须用小胶粒硅溶胶在工艺上已经不再硬性规定，目前面层采用大胶粒的厂家渐增。

(5) 结果及探讨

① 面层浆中加入防裂剂，吹风干燥，可以克服面层型壳的缺陷，干燥时间缩短，大幅提高一次合格率。

② 取消涂二层前的预湿，能起到对面层的保护和强化作用，有助于消除面层型壳的缺陷隐患。大胶粒硅溶胶应用于面层浆对铸件表面质量，无碍。

③ 模组制壳前先沾硅溶胶，对面层型壳质量，无益。

2.3.15　熔模铸造负压充型-加压凝固工艺生产发动机叶轮

缩孔、浇不足、疏松是熔模铸造常见的铸造缺陷，采用负压充型-加压凝固工艺浇注发动机叶轮，不仅能消除上述缺陷，而且生产薄壁件、复杂件和大型精密件的效果更为显著，具有良好的充型能力，铸件的完好性为普通重力铸造所无法比拟，铝合金铸件的密度高，金相组织和力学性能大大提高。

目前国内许多精铸厂普遍存在精铸件一次成品合格率不高的弱处、产品档次较低的劣势和附加值高的现状，精铸要做大做强，除了着力提高工艺过程控水平外，同时，必须走工艺创新、装备改进的发展道路。

(1) 铸件结构分析　军工产品发动机叶轮的结构形状，见图 2-66，其主体分别由内、外两个圆柱体组成，两个圆柱的壁厚相差无几。圆柱内有两道叶轮，小圆柱内均布 16 条叶片，大圆柱内均布 22 条叶片，叶片形状呈曲面，叶片厚度 1.2mm，叶片的薄截面要保证其高尺寸精度，叶片粗糙度 R_a3.2，叶轮高度尺寸为 164mm，大圆外径 350mm。铸件单重为 9kg。

发动机叶轮材料铝合金，牌号为 A356，铸件的质量要求除无铸造缺陷外，蜡模叶片上不允许修补，铸件叶片上不允许焊补，每片叶片需 100%经过荧光探伤。

此件结构的最大难点是壁厚不均匀，叶片特别薄，叶片呈隔层分布，叶片数量又多，充型的完好性成问题。若采用离心浇注，由于叶片曲面的旋角方向不一致，难以实施。常规的重力浇注根本无法保证质量要求，废品率相当高。分析论证认为，必须采用负压充型-加压凝固的浇注工艺才能满足军工产品的质量要求。

(2) 组树及模头　发动机叶轮的蜡模采用低温模料制模，组树方案见图 2-67。叶轮的上部和底部采用“十字形”横浇道，横浇道与吸铸棒相连。叶轮的内腔有四根竖立的直浇道，直浇道的一端连接内腔的直径为 202mm 的圆柱平面，另一端连接到上部横浇道上。

在叶轮内腔下部中央，有一段 82mm 高，直径 50mm 的锥形圆柱实体，竖立的直浇道与该锥形圆柱实体平面连接，直浇道（即负压充型棒）的另一端与上部的横浇道相连。

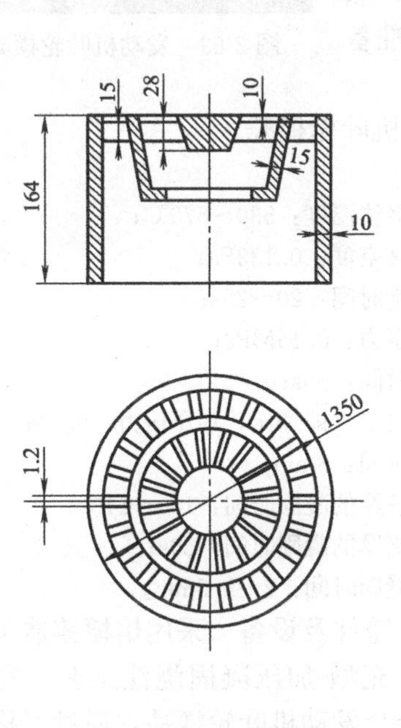

图 2-66　发动机叶轮简图

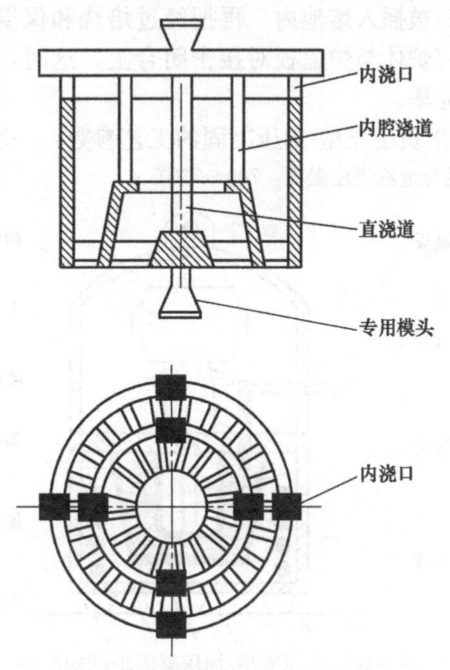

图 2-67　发动机叶轮组树图

负压充型棒在中心位置，“十字形”横浇道与它相连成一体，整个模组具有良好的刚性。

负压充型工艺所用的充型棒（即熔模铸造常用的浇口棒、模头），其特点是两端有两个浇口杯、两支木柄，浇棒的中间呈正方形或圆形。

发动机叶轮在组树前，将负压充型棒截成两段，分别焊接在实体锥形圆柱的上、下部。组树方式：1 件/组。

负压充型-加压凝固专用模头见图 2-68。发动机叶轮在组树前，将负压充型棒截成两段，分别焊接在实体锥形圆柱的上、下部。组树方式：1 件/组。

(3) 制壳及焙烧　制壳采用常规的全硅溶胶结壳工艺，用锆英粉浆、撒锆英砂涂制双面层，面层浆料粉液质量比为 3.9∶1，第二层锆浆黏度值 25s，预浸。从第三层开始用莫来粉

图 2-68 负压充型-加压凝固专用模头

浆、撒莫来砂涂制。此件通常涂制六层半模壳强度就够了，但是采用负压充型-加压凝固工艺，其涂层必须要八层半。

(4) 制壳及焙烧 制壳采用常规的全硅溶胶结壳工艺，用锆英粉浆、撒锆英砂涂制双面层，面层浆料粉液质量比为3.9：1，第二层锆浆黏度值25s，预浸。从第三层开始用莫来粉浆、撒莫来砂涂制。此件通常涂制六层半模壳强度就够了，但是采用负压充型-加压凝固工艺，其涂层必须要八层半。见图2-69。

模壳焙烧温度1030℃，保温时间≥30min后，模壳转移至保温炉，保温温度为540～570℃，供连续浇注用。

(5) 负压及加压

① 负压充型-加压凝固炉结构。从图2-70来看，负压充型-加压凝固炉分为上、下两部分，炉盖板以下属于炉子的下半部(即熔池部分)，上部为炉子的炉体部分。铝合金的熔炼、变质、精炼、调整元素成分、金属液的保温都在下部熔池内完成，待纯净的铝合金液制备好后，将炉盖板盖在熔池炉面上，负压管也同时被插入熔池内，再把经过焙烧和保温的模壳放置好，然后，将炉体与炉盖板对接密闭合上，这时，负压充型前的准备工作完毕。

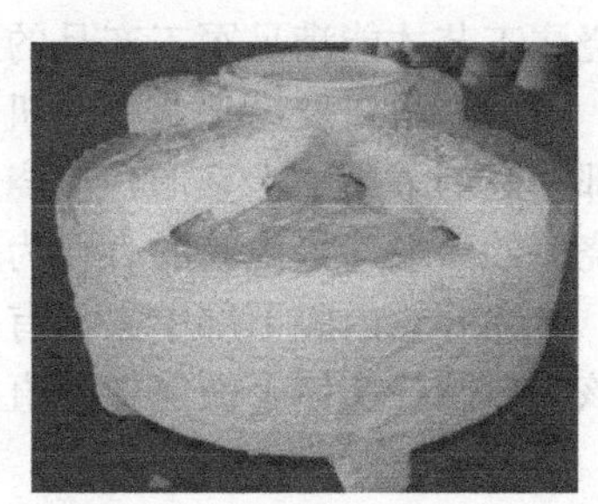
图 2-69 发动机叶轮模壳

② 负压充型-加压凝固的工艺参数：一次浇注一件发动机叶轮模壳

铝合金液浇注温度：700～730℃；

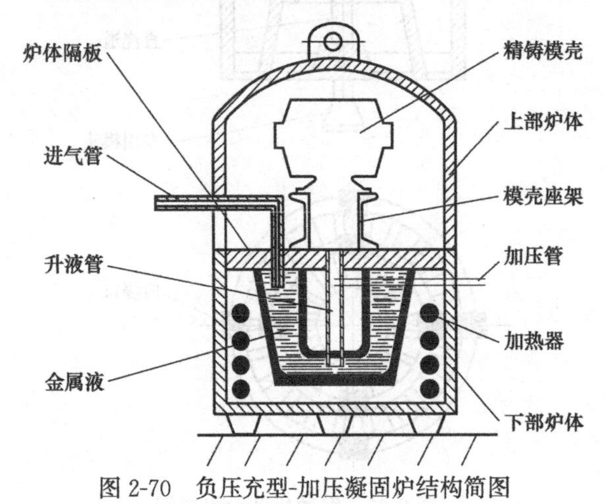

图 2-70 负压充型-加压凝固炉结构简图

模壳浇注温度：530～570℃；
工作真空度：0.133Pa；
抽真空时间：20～25s；
负压压力：0.15MPa；
充型时间：60s；
充型完毕立即加压，加压压力：0.5MPa；
加压时间：8min；
最大壁厚的凝固时间：100～110s；
最小壁厚的凝固时间：30s；
全部凝固时间：2～2.5min。

(6) 铸件及设备 采用熔模铸造工艺制壳、负压充型-加压凝固浇注工艺，完美地浇出铝合金发动机叶轮样品，通过严格的质量验收，并且稳定地投入批量生产，铸件见图2-71。

浇注后的脱壳没有困难，按正常工艺处置。因为采用锆英粉浆料和撒锆英砂做双面层涂制，所以模壳易清理，不粘砂，抛丸，切割掉浇注系统，磨掉内浇口，喷砂，无表面质量问题，不需补焊和打磨（叶片上不允许补焊），所以，铸件一次成品合格率95%以上。

美标铸造铝合金A356属Al-Si系列，合金元素含量较低，Cu≤0.25%、Mn≤0.35%、Mg 0.20%、Zn≤0.35%，密度为2.68g/cm^3，由于采用负压充型-加压凝固设备浇注的发动机叶轮内部结构紧密，铸件密度达到2.70g/cm^3，敲打铸件时，发出钢铁一般的清脆声音。

负压充型-加压凝固炉是自行设计的自制设备，造价低，使用和维护方便，图2-72是移动

(a) 下端

(b) 上端

图 2-71 发动机叶轮铸件

式上部炉体。适合生产中、小件的分别为 6 支、4 支充型管的炉体盖板，金属利用率高，生产效率高，一次能浇注多件产品，见图 2-73。

图 2-72 负压充型-加压凝固炉上部炉体

图 2-73 负压充型-加压凝固炉的充型管

2.3.16 面层喷浆

带有小模数齿形的铸件以及各种齿轮，一般都要求将齿形铸出来，并且对齿形的完整性、尺寸精度和表面粗糙度的要求比较高，而生产这类铸件常会在齿的啮合面发生铁豆、铁刺、缺损等铸造缺陷，其原因多数与面层涂料的涂挂性有关。由于齿轮的模数小，节圆到齿根圆、齿顶圆的距离短，渐开线伸展到齿顶圆，使齿变得尖细，再加上齿宽比较狭窄，受涂面积小，所以尽管熔模用清洗剂洗过，并且面层浆料中有润湿剂，涂挂性还是不理想。

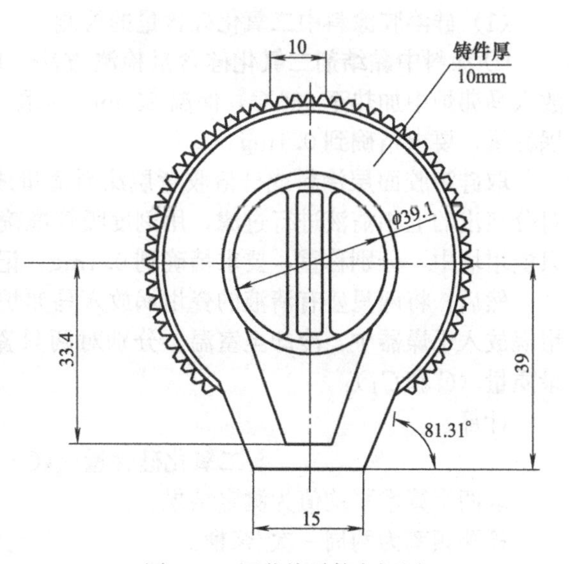

图 2-74 调节块零件主视图

图 2-74 为调节块零件主视图，304 材质，该件要求难度如上所述，采用“面层喷涂”工艺，不仅精确复制出齿形，常见的铸造缺陷也得到控制，零件（R 为 0.2mm）的内、

外角均见轮廓清晰，表面光洁。

具体操作如下：

① 表面层涂料的粉液比、消泡剂及润湿剂均按正常比例配制，仅黏度值控制得稍低一点，为 30s。

② 采用喷油漆用的小型喷壶，装入表面层浆料，接上压缩空气后，向图 2-74 中齿形处均匀地喷一层面层浆料（此时不会有大、小气泡产生）。

③ 将整个模组放入 L 形搅拌机内沾浆，注意要去除气泡。撒砂、干燥仍按原工艺不变。

2.3.17 复合型壳工艺

初期的硅溶胶-水玻璃黏结剂复合工艺采用低温模料，第一层锆英粉＋硅溶胶，撒 100 目锆英砂。第二层涂料为水玻璃＋石英粉，撒 50～70 目石英砂，氯化铵硬化，以后涂料为水玻璃＋耐火泥粉和石英粉，撒颗粒砂，氯化铵溶液或结晶氯化铝溶液硬化，850℃焙烧。由于某种原因在石英砂从低温 β 晶型向高温 α 晶型转变时，体积不稳定，引起型壳分层，高温强度低。

选取高岭石耐火材料，尤其经过高温煅烧的上店土和莫来石，代替石英砂、粉，可以使型壳尺寸稳定，提高型壳强度。高岭石耐火材料中，Al_2O_3 的质量分数在 40%以上，SiO_2 的质量分数在 50%以上，主品相组成为莫来石、玻璃相、石英，承受高温时具有良好的化学稳压电源定性，型壳的抗变形能力和高温强度高，线膨胀系数低。复合制壳采用上店粉的主要工艺参数：

第一层，硅溶胶加 320 目锆英粉，流杯黏度 31～33s，撒 100 目锆英砂，恒温干燥 4～6h。

第二层，硅溶胶加 270 目上店粉，流杯黏度 18～20s，撒 30～60 目莫来砂，恒温干燥 8h。

第三层，在密度为 1.33～1.34g/cm^3 的水玻璃＋200 目上店粉，流杯黏度 26～28s，撒 16～30 目莫来砂，在密度为 1.17～1，18g/cm^{3}的结晶氯化铝溶液中硬化。

第四层和第五层，流杯黏度提高到 35s，撒 10～20 目莫来砂，然后封层，蒸汽脱蜡，1000～1050℃焙烧。这种复合工艺生产时间缩短，成本低，接近于全硅溶胶工艺的水平，能生产出尺寸精度要求高、薄壁、带小孔的复杂精铸件。

2.3.18 硅溶胶涂料的质量控制及管理

(1) 硅溶胶涂料中二氧化硅含量的检测

① 涂料中黏结剂二氧化硅含量检测方法：取两只干净的瓷坩埚，做好标记（A 和 A_1），放入马弗炉中加热至 980℃，保温 20 min 后取出，放置在干燥器中，冷却至室温后，将瓷坩埚称量，要求精确到 0.1mg。

取硅溶胶面层涂料或硅溶胶背层涂料适量放入离心管中，开动离心机，转动 1～1.5min，对分离出的上相清液进行过滤，用刻度吸管准确地吸出 2mL 经过滤的清液，分别置于上述两只瓷坩埚中，分别称重，要求精确到 0.1mg，记录质量 B 和 B_1。

然后，将两只盛有清液的瓷坩埚放入马弗炉中，加热至 980℃，保温至少 30min，取出瓷坩埚放入干燥器中，冷却至室温，分别对两只瓷坩埚及存留物称量，要求精确到 0.1mg，记录质量（C 和 C_1），

计算：

$$二氧化硅含量=(C-A)\times100/(B-A)$$

取两个算术平均值为测定结果。

检测频率为两周一次/浆桶。

② 管理要点：每天定时、定量向浆料中加入蒸馏水，目的是使涂料中的黏结剂（二氧化

硅）含量控制在一定的范围之内。面层涂料中的二氧化硅控制在30%～34%，过渡层涂料和背层涂料中的二氧化硅控制在30%～36%

（2）涂料中硅溶胶的pH值

① 稳定范围：一般认为pH值在9.2～10之间浆料保持稳定，pH值在9.0～9.2之间时需将pH值调高。

② 调整方法

调整浆料的pH值有两种方法，一是加氨水，二是加氢氧化钾，加氨水的缺点是有刺激气味，时间长了会分解，优点是容易被浆料吸收。

③ 测量方法：将待测浆料用离心机进行分离，分离后的上清液经过过滤后，分成两份，倒入两个干净的烧杯中，用pH计进行测量（建议可以用精密pH试纸测定），取两个测量值的算术平均值为测量结果。

④ 检测频率：每周一次/浆桶。

（3）快速胶凝实验检测浆料寿命

① 检测方法及结果评定：取待测涂料用离心机分离后，取上清液，过滤。

② 方法：将上清液分别放入两个50mL带磨口瓶塞的三角烧瓶中，每个三角烧瓶各放入30mL经过滤的清液，盖上瓶塞，在三角烧瓶的外表面将上清液的水平位置做标记。

其中一瓶保持在室温状态，另一瓶放置在(60±3)℃的恒温箱中，在恒温炉中保持24h后从箱中取出，冷却到室温，观察样品的流动性与室温下的样品比较。

③ 结果分析：如果样品的黏度没有变化，说明黏结剂的稳定性是好的（黏度有没有变化，用肉眼观察难以辨别，建议用10mL的刻度吸管，准确吸取10mL上清滤液，即刻度吸管的上0位线，然后将上清滤液流入原瓶中，放流开始计时，测定其秒数）。

如果样品的黏度发生明显变化，黏结剂可能已经凝胶，必须对浆料的使用过程加以监控。如果样品已经凝固或像蜂蜜一样黏稠，该浆料的寿命已非常可疑，浆料应该淘汰掉。

④ 检测频率：一周一次/浆桶。

（4）涂片质量检测　取40mm×40mm×2mm厚的不锈钢片，表面要求平整、光洁，在一角处钻一只1mm的小孔，小孔要求尽量靠边，用细铜丝穿进小孔内，做成一个铜丝圆环，圆环直径25～30mm。

① 检测方法：先将不锈钢片（包括铜丝环）在分析天平上准确称量，精确到0.001mg，记下质量数据（W）。

取浆料若干，一定要把浆料搅拌均匀，手拿铜丝环，将不锈钢片浸入浆料中，小孔和铜丝环不能沾到浆，浸约5s，取出滴浆，1min之后，仍在分析天平上准确称量，精确到0.001g，记下质量数据（W_1）。

说明：在滴浆的1min后，如有浆料滴下，其质量也应算入W_1。

② 计算方法：W_1-W。

③ 检测频率：一天一次/浆桶。

（5）纸片质量检测

① 制备。取硬板纸裁剪成70mm×40mm，用游标卡尺测量硬板纸的厚度，记下厚度数据（S）。

取浆料若干，一定要把浆料搅拌均匀，将硬板纸浸入浆料中，浸入40mm，浸约5s，取出滴浆，不计时间，将纸片挂起来，在恒温室内干燥2～3h，浆料硬化后用游标卡尺测量浆料的厚测，记下厚度数据（S_1）。计算方法：S_1-S。

② 检测频率：一天一次/浆桶。

（6）浆料中加蒸馏水。由于涂料中黏结剂的水分每时每刻都会蒸发，会导致涂料黏结剂组成发生改变，即含水量减少，二氧化硅含量增加。当二氧化硅浓度达到一定值时，涂料胶凝化倾向就会变得明显，每天定量定时补加蒸馏水，将涂料黏结剂二氧化硅含量控制在一定范围内，直径 80cm 的面层沾浆桶，每天应加 200～300mL 蒸馏水。

如果是一班生产，每天所使用的浆料量又不多，那就更必须要加水，并且要摸索出失水数量的规律，将水加足，不要担心加水后会降低浆料中黏结剂含量，更没有必要担心涂层强度差。

(7) 耐火粉料与涂料黏度、流动性的关系　耐火粉料的粒度直接影响涂料的黏度和流动性，如果黏度和流动性不好，则涂料的涂挂覆盖性就差，涂料层厚度也不均匀，对于面层则铸件的表面质量就差，面层粉料特别强调粒度级配，粉料进厂一定进行检测。

在制壳涂料工作开始前，必须测定黏度值，当黏度值符合工艺要求时方能涂料（面层、背层都是如此）

检测频率：二次/班/浆桶。

(8) 硅溶胶的粒径检测　分别用两种粒径的硅溶胶，面层用小粒径硅溶胶（8～10μm），背层用大粒径硅溶胶（10～20μm），硅溶胶进厂一定进行检测粒径。

(9) 涂料的保鲜和保洁　硅溶硅浆料犹如食品一样，也有一个“保鲜”的问题，这里所说的保鲜，是指沾浆桶内的浆料不能减少了就添加，天天加，日日加，许多工厂从来就没有保鲜意识，加料当然是必要的，保鲜更重要。如何保鲜，方法很简单，面层浆料使用满一个月，必须将沾浆桶内的浆料取出，取出后不是扔掉，而是放到过渡层去用。背层浆料使用满两个月，必须将沾浆桶内的浆料取出，取出后不是扔掉，而是放到最后的只沾浆不撒砂的封浆层去用。

浆料的保洁，就是每班制壳工作结束后，除了操作场地要清扫保洁，对浆料同样也要做保洁工作，用 200 目的分样筛过滤掉浆料中的砂粒、杂物、污物，尤其是面层浆料更是用心保洁和维护好。

检查频率：一次/班/浆桶（班长下班前每天检查，公司每月抽查）。列入日常的检查、考核内容。

(10) 有关工艺范围的参考数据

涂料中黏结剂二氧化硅（SiO_2）的含量控制：面层 30%～34%，背层 30%～36%。

涂料 pH 值的控制：面层 8.8～10，背层 9.2～10。

2.3.19 有气密性要求的精铸件工艺

散热器有气密性要求，精铸生产有一定的难度。对铸件的结构作了详尽的分析，从浇注系统设计、充型速度、型壳的浇注温度、钢液过热度等方面分别提出相应的工艺措施，从而改善了铸件的气密性能，减少焊补，提高铸件成品率。

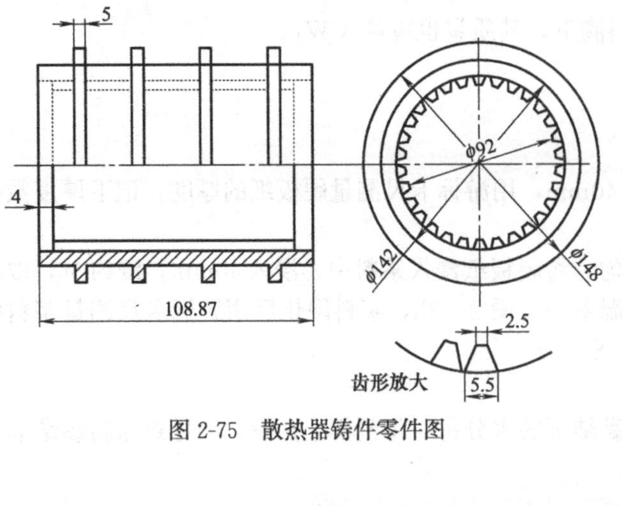

(1) 散热器铸件的缺陷分析

散热器铸件（见图 2-75）材质是耐热钢，牌号为 Cr25Ni20。

一般由 2～3 个如图 2-75 所示的铸件焊接起来，组成一个散热器体。装入四通阀体内，成为加热器设备的重要部件。

图 2-75　散热器铸件零件图

散热器的质量标准，除无气孔、缩孔、浇不足、冷隔等铸造缺陷外，还须经过 0.3～0.5MPa 的压力试验检测无渗漏，而且，对氩弧焊接起来的散热器整体亦需进行压力试验，要求无渗漏。

发生渗漏缺陷的部位两处：

① 渗漏大多数集中在散热器的上部，以靠近内浇道下沿最为常见，而中部、下部较少发生。

② 外圆与内圆上横条交叉处的渗漏，占全部渗漏点的85%以上。

(2) 浇冒口设置的影响　在散热器的生产过程中，为了减少渗漏、焊补，尝试过多种浇注工艺，见图2-76。

图(a)设置2只内浇道，两侧焊两根排气筋。图(b)设置4只内浇道，内浇道的形状及尺寸同图(a)。图(c)设置2只内浇道将叶片平面垫高，使之与平面相齐，两侧放两根排气筋。图(d)也是将叶片平面填高，使之与上平面相齐，外圆上增设浇道补贴，两侧仍有两条排气筋。在上述几种浇注系统中，图(a)比较简单，所以，在实际生产中应用得最多。

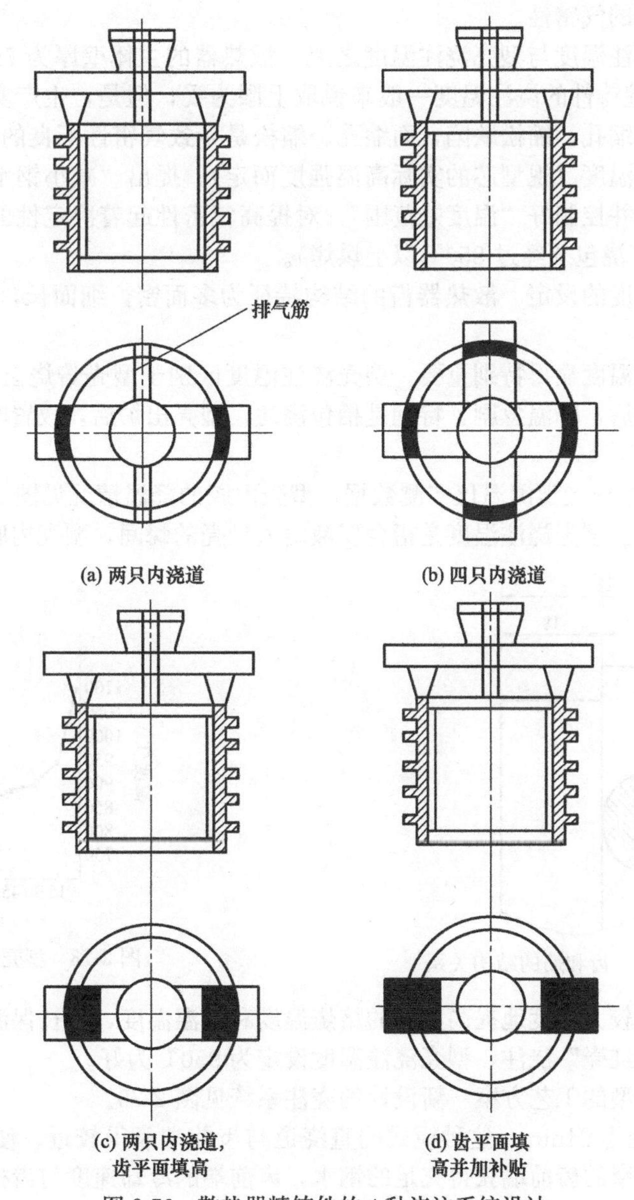

图2-76　散热器精铸件的4种浇注系统设计

综合分析上述 4 种浇注系统，虽然在具体样式上有所变化，但从总体上讲，金属液注入方式同属于顶注，浇注系统的设计大同小异，故而，提高气密性的效果不是太显著。

(3) 散热器铸件结构的特点　以前总认为，散热器的形状不算复杂，忽视了铸件的结构分析，因而造成铸件气密性达不到要求，图 2-77 为散热器壁厚、齿和筋的三者结构关系。从图中可以看出：

① 散热器壁厚差不算太大，但是，外圆上有 4 道筋，筋与壁厚交汇处，用内切圆法作图，明显地看到热节存在，务必考虑采取补缩措施。

② 从筋的外圆至齿的前端距离总长为 28mm，壁厚是筋的厚度的 2.3 倍，齿的高度是壁厚的 2.6 倍，而且齿的前端很窄，宽度仅为 2.5mm，应对这样的特殊结构，齿前端的温度梯度必须要小，金属液的充型尤其要缓和、平稳。

36 条齿，齿长 186mm，齿高达 18mm，并且齿根部厚 5.5mm，顶端厚度仅为 2.5mm，技术要求规定，齿上不允许产生浇不足的缺陷，尤其是齿的根部不允许有缩孔和缩松缺陷，因为这直接影响到铸件的气密性。

(4) 缩小钢水浇注温度与型壳浇注温度之差　散热器的主体壁厚为 7mm，齿前端的宽度为 2.5mm，此类薄壁铸件的浇注温度一般来说取上限为妥，但是，生产实践表明，钢水浇注温度偏高，容易产生缩孔、缩松缺陷，而缩孔、缩松是导致气密性不良的最重要因素。为此，应大幅降低钢水浇注温度（视型芯的实际高温强度而定）。提出“减小钢水浇注温度与型壳浇注温度差”的方法，并控制好“温度差范围”，对提高气密性起着决定性的作用，故钢液浇注温度设定为 1540℃（浇包须经过 850℃以上烘烤）。

(5) 型壳浇注温度的设定　散热器齿的结构特征为多而密，细面长，薄而阔，在 128mm 的内径上均匀分布。

确定型壳的浇注温度显得特别重要。型壳浇注温度区别于型壳焙烧温度、型壳保温温度，型壳从焙烧炉内取出后，降温急剧，特别是抬包浇注，型壳出炉后，放置时间长一点，温度会降得更低。

根据 UX70P 型红外光学测温仪实测数据，型壳内腔的降温情况见图 2-78，而型壳外部的降温要高于内部许多。型壳浇注温度是指金属液浇入型壳的瞬间，型壳内腔的温度。

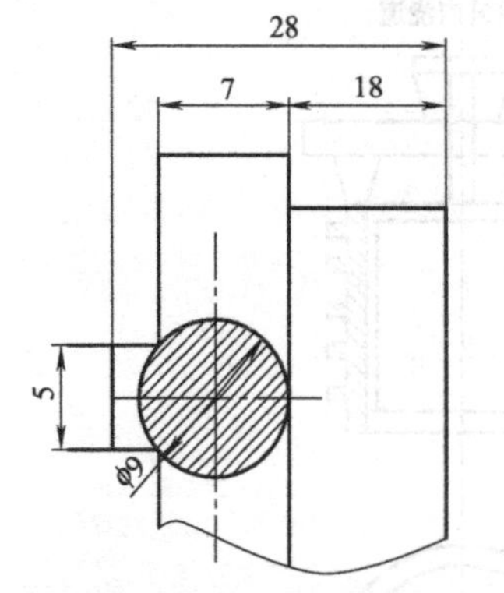

图 2-77　散热器壁厚、齿和筋的结构关系

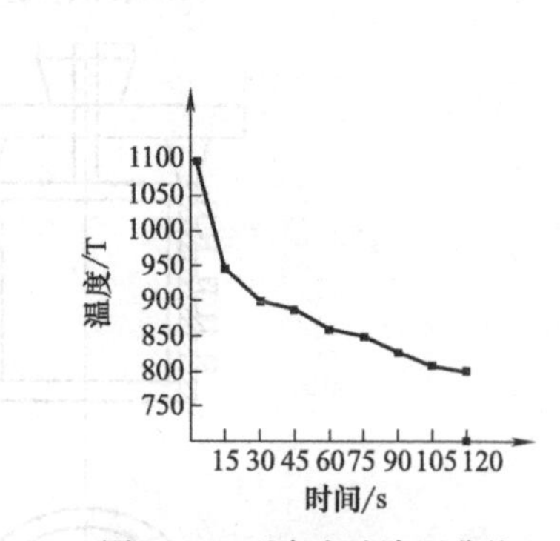

图 2-78　型壳内腔降温曲线

相应的措施是：较大幅度地提高型壳的焙烧温度和保温温度，延长保温时间，型壳出炉后应立即浇注，确保“红壳”浇注，型壳浇注温度设定为 950℃为好。

(6) 采取底部充型的工艺方案　新设计的浇注系统见图 2-79。

① 直浇道：直径为 24mm，这种模式的直浇道与齿前端靠得较近，使齿前端的型壳浇注温度得到保障，使狭窄的齿前端获得充足的钢水，齿前端的冷却速度与齿根的冷却速度趋向一致，有效地防止了缩孔、缩松缺陷的产生。

② 横浇道呈“十”字形，由直浇道而来的金属液，分成4个方向，平缓地流向内浇道。

③ 内浇道：在散热器的下部设置4只内浇口，并且内浇道的截面较小，具有缝隙式的特征。

该浇注系统使金属液流动平稳，不发生涡流，减少了气体的卷入，遏止气孔、针孔缺陷的产生。该浇注系统的设置要求浇注速度快一些，这非但对充型有利，而且有防止钢水的二次氧化。钢水的二次氧化，对于厚壁铸件来说影响不是太大，若是薄壁铸件，尤其是高合金钢金属液应引起重视，钢液表面会产生氧化膜，这一层微细的氧化膜也会使铸件气密性下降。

设置排气筋有2根，排气道的位置设在冒口上方两侧，除了排气作用之外，还有两个作用：一是作为金属液流向冒口的一条旁道，确保冒口中的金属液来源；二是连接蜡模，使其形成整体，增强组树模组的强度。

（7）实际效果　采用了新设计的浇注系统生产出来的散热器，经过压力试验，80%无渗漏，20%还需求焊补，但是焊补的点数大大减少，通常只有1～2个渗漏点，该项工艺取得比较满意的效果，满足了出口件的品质及交货期要求。

熔模铸造制壳工艺作如下比较。

目前国内精铸件生产中广泛采用的制壳工艺有以下4种：

（1）低温模料水玻璃型壳　这种工艺国内已有近五十年的生产历史，水玻璃制壳工艺的优点是：制壳成本低，生产周期短，清砂较方便。缺点是：Na_2O含量高，型壳高温强度、抗蠕变能力不及硅溶胶型壳，铸件的表面粗糙度、尺寸精度、成品率、返修率等均比其他三种制壳工艺差。

水玻璃制壳生产设备简陋，环境条件差，劳动强度大，面层和背层的耐火材料价低质次，采用氯化铵等进行化学硬化，所以铸件的性价比较低。

改进方向：

① 采用二氧化硅含量高的硅微粉（砂）替代二氧化硅含量低的硅石粉（砂），SiO_2含量要求99.5%的标准，面层粉料的粒度要求双峰级配，用密度为$1.28g/cm^3$的水玻璃配制的面层涂料，粉液比达到1.4∶1。

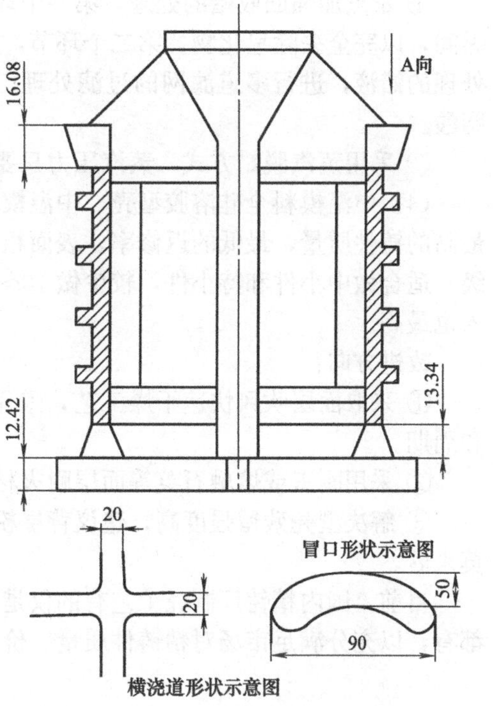

图2-79　新设计的浇注系统

② 加强制壳工序的现场质量管理，首要的是将制壳操作场所与型壳干燥室加以分离，尽可能地增加操作场所的除尘设备和制壳设备，尽可能地改善制壳干燥间的环境温度和环境湿度。

（2）低温模料硅溶胶-水玻璃复合型壳　第一层或第一、二层用锆英粉浆料，撒锆英砂，背层仍然采用水玻璃工艺。优点是：铸件表面粗糙度R_a值降低，铸件的表面缺陷减少，返修率降低，可浇注不锈钢、耐热钢等高合金钢件，制壳生产周期比全硅溶胶工艺短得多，比水玻璃工艺稍长一点。性价比高于水玻璃工艺，低于全硅溶胶工艺。缺点是：复合工艺只能算是水玻璃工艺的改进版，从本质上说，还是属于水玻璃制壳的范畴。型壳整体高温强度、抗蠕变能力和尺寸精度远远不及硅溶胶型壳；复合型壳的焙烧温度不能超过950℃，必须要遵循从低温到高温的焙烧原则，不能直接进入1000～1200℃的焙烧炉，由于焙烧温度较低，保温时间不够足，常会造成铸件气孔、浇不足和冷隔等缺陷，至于壁厚≤3mm的铸件很难应用，生产小件及特小件≤50g的铸件，更会暴露出复合工艺的弱项。总体质量稳定性差。制壳成本与硅溶胶工艺相比，价格优势并不是十分明显。

改进方向：

① 提高铸件表面质量不一定非要用锆粉锆砂不可，对于低温模料来说，可以采用纯度相对较高的硅粉硅砂，生产实践证明，石英-硅溶胶浆料，可以替代锆英砂-硅溶胶浆料。

② 加强背层制壳的质量管理及环境改善。背层应当采用质量稳定、高温性能优良而成本相对低廉的耐火材料，同时要兼顾与面层型壳耐火材料的膨胀性相匹配，例如，背层采用耐火黏土-石英粉涂料（各 50%），撒颗粒砂。或者，采用耐火黏土-颗粒粉涂料（3∶7），撒颗粒砂。

(3) 低温模料全硅溶胶型壳　低温模料全硅溶胶工艺比复合型壳质量稳定，尤其是尺寸精度高，抗蠕变能力强，薄壁件、复杂结构件、中小件几乎都能应用，特别是生产 5kg 以上的中大件，不要用高压射蜡机，设备投资少，蜡模表面质量与中温蜡蜡模相比差距不是太大，这是该工艺的最大优点。

改进方向：

① 重点加强回收蜡的处理，第一个环节，用 3%～5%盐酸加热至沸腾，保证足够的沸腾时间，以完全去除皂化物。第二个环节，蜡液要有足够的沉淀时间。第三个环节，对经过沉淀处理的蜡液，进行多道滤网的过滤处理。第四个环节，定期测定模料的酸值，并及时补充硬脂酸。

② 采用蒸汽脱蜡方式，蒸汽压力只要 0.2～0.4MPa，温度只要 120～130℃就能满足。

(4) 中温模料全硅溶胶型壳　中温模料全硅溶胶结壳是国际上通用的精铸生产工艺，具有最高的铸件质量，最低的返修率，表面粗糙度值达到 R_a0.8～3.2，尺寸精度达到 CT3～CT5 级，适合做中小件和特小件，较少做 10～50kg 的大件，当然，生产成本也是最高的，设备投入也最高。

改进方向：

① 采取面层吹风快速干燥工艺，采用真空干燥，采用快干硅溶胶等方法，缩短制壳时间和周期。

② 采用刚玉或熔融石英等面层耐火材料替代锆英石，降低面层制壳成本。

③ 解决型壳残留强度高，建议背层粉料采用 50%莫来粉＋50%石英粉的混合浆料，仍撒莫来砂。

目前，国内精铸厂制壳工艺有的仅是某一种型壳，有的是二种制壳工艺，还有的四种工艺都有，以充分满足市场对精铸件质量、价位的不同需求，提高企业市场竞争力和适应力。

第3章 熔模铸造表面层耐火材料

3.1 精铸专用砂（粉）替代锆英砂（粉）的应用实践

从20世纪80年代末开始，中温蜡、硅溶胶-锆英粉浆料-锆英砂面层结壳、蒸汽脱蜡工艺在国内推行以来，对生产精密铸件发挥了极大的作用。

锆英砂（粉）我国资源有限，价格昂贵，成本居高。本章介绍以精铸专用砂（粉）替代锆英砂（粉）的结壳方法，其铸件表面粗糙度和尺寸精度可以与锆英粉浆料-锆英砂面层结壳铸件相媲美，生产成本大幅下降。

3.1.1 迎接挑战挖潜降成本

因对锆英砂（粉）价格居高不下，采用郑州大禹化工产品有限公司生产的精铸专用砂（粉）来替代锆英砂（粉）涂制面层，在不降低铸件表面质量的前提下，达到降低成本的目的。

3.1.2 精铸专用粉浆料的配制

① 精铸专用粉是一种以粒度320目为主体的级配粉料，能配制出较高的粉液比浆料，满足熔模铸造面层浆之工艺性能要求。

② 配制浆料所用的硅溶胶，选用粒径较小的面层硅溶胶为好（胶粒平均直径7～8nm），二氧化硅质量分数为30%。

③ 如果粉液质量比为3.33∶1时，经过24h的搅拌，黏度值为10s。继续加入粉料，粉液比达到3.66∶1，经过搅拌之后，黏度值为32s。再继续加入粉料，使粉液比为3.83∶1时，经过搅拌之后，黏度值为45s，这时，黏度值趋向稳定。也就是说，3.83∶1的粉液质量比为最佳，达到锆英粉浆料同样的粉液比，见图3-1。

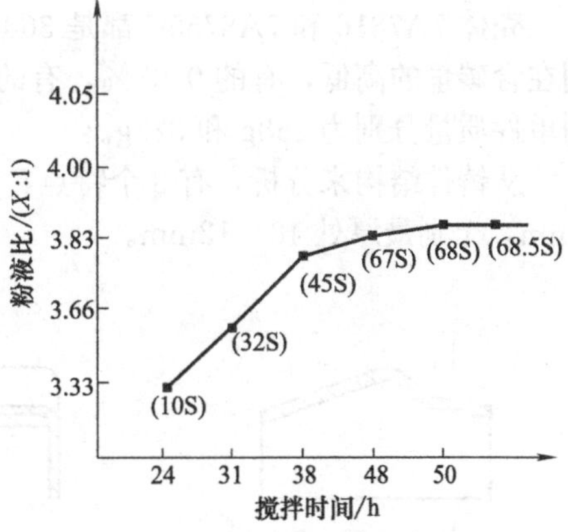

图3-1 精铸专用粉配浆粉液比、搅拌时间、黏度值曲线图

④ 测量黏度值，用詹氏5#流杯（容量44mL，出口孔直径5.20mm）。

⑤ 渗透剂加入量要比锆英粉浆料多一点，为0.15%。

⑥ 消泡剂加入量要比锆英粉浆料多一点，为0.10%。

⑦ 新浆料配制好之后，涂料黏度值较稳定，在45～47s为妥。

⑧ 操作时，只需一次沾浆，涂挂性好，工人反映好做。配浆工艺归纳见图 3-1。

3.1.3 精铸专用粉浆料的特性与维护

① 精铸专用砂（粉）实际上是在电熔刚玉质材料的基础上，再次进行深加工，熔融提纯，增大氧化铝质量分数，较大幅度地去除杂质含量，严格分筛，控制砂的粒度。粉是按照级配粉各粒径的比例，充分混均。

由于刚玉的粒形为尖角、片状，见图 3-2，所以，精铸专用粉配制的涂料在长时间的搅拌过程中，因颗粒之间相互剪切摩擦，使浆料温度升高，因而硅溶胶中的水分蒸发量相应较多，导致黏度值上升，这是精铸专用粉-硅溶胶黏结剂浆料的特性所在。

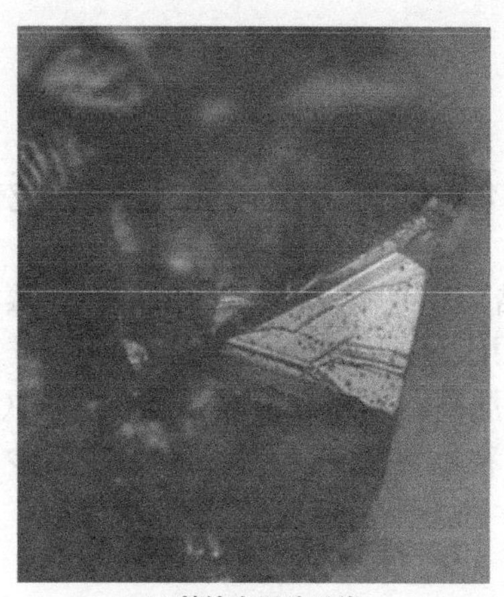

(a) 精铸专用砖形貌

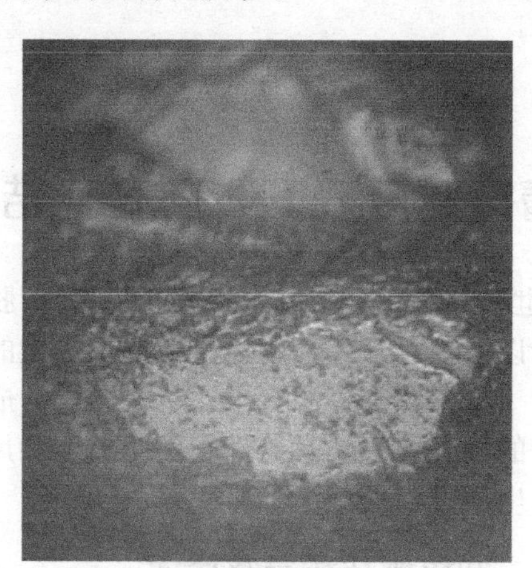

(b) 锆英砂形貌

图 3-2 不同耐火材料的形貌特征金相显微镜照片

② 精铸专用粉浆料黏度上升时，不能加硅溶胶调整，要用蒸馏水或者纯净水调整，从而降低浆料黏度值。

③ 精铸专用粉浆料黏度上升的规律：若生产量较小，每天仅生产 50 串模组之内，24h 黏度值上升 2s 左右。

④ 精铸专用粉浆料不能长期存放，保质期 15 天之内。若每天生产量较大，应及时添加粉料和硅溶胶，这样，则浆料不存在保质期限的问题，正常循环使用。

3.1.4 精铸专用砂（粉）的生产应用

壳体 7A7816 和 7A8755C 都是 300 系列奥氏体不锈钢，铬和镍的含量差别不大，主要区别在含碳量的高低，有的 0.08%，有的 0.03%，不允许超过 0.08%，见图 3-3、图 3-4，铸件的单件质量分别为 258g 和 322g。

从铸件结构来分析，有 3 个特点：具有较大的平面；都是穿孔；壁厚还算均匀，主体壁厚 3mm，个别最厚处 10～12mm。

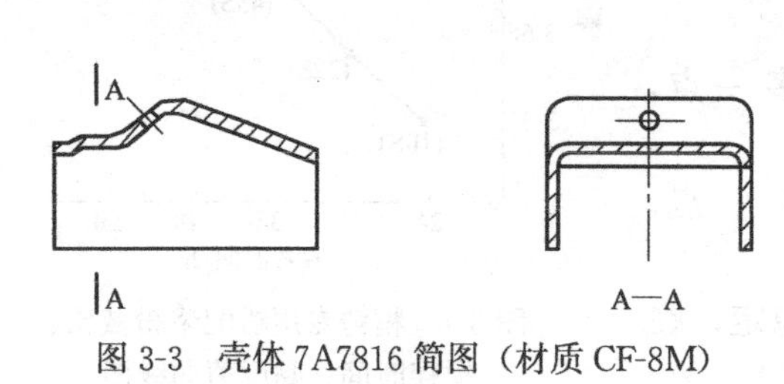

图 3-3 壳体 7A7816 简图（材质 CF-8M）

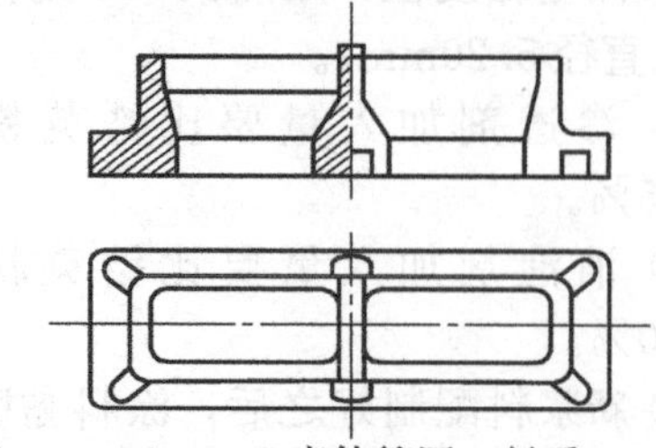

图 3-4 7A8755C 壳体简图（材质 CF-3M）

壳体 7A8755C 和 7A7816 的模壳焙烧温度 1050℃，模壳浇注温度 1000℃，钢水烧注温度 1620℃。

壳体 7A8755C 和 7A7816 的零件见图 3-3 和图 3-4，铸件表面粗糙度对比见图 3-5，尺寸精度对比见表 3-1。

连接座和法兰板两种产品是沉淀硬化型的不锈钢，这种材料是高铬低镍，并且含 4%～5%的铜。零件简图见图 3-6 和见图 3-7。铸件的单件重量为：158g、164g。从铸件结构来分析，有 2 个特点：

一是，尺寸精度要求较高。

二是，内型腔面的交接处大多呈锐角，要求棱角清晰无毛刺。主体壁厚 3～4mm，个别最厚处 10mm。连接座焙烧、浇注工艺类似壳体件。法兰板的模壳焙烧温度 1050℃，保温 30min，降温至 850℃，并且在此温度下保温，模壳浇注温度 830～840℃，钢水烧注温度 1600℃。铸件法兰板表面粗糙度见图 3-8。

图 3-6 是低合金钢类的铸件，这种材料含低铬低钼，含碳量在 0.25%～0.35%。铸件的单件质量分别为 95g、189g。铸件结构分析：摇臂形状较复杂，尺寸精度要求高；夹块带有深孔，主体壁厚 4～5mm。

摇臂简图见图 3-9。夹块简图见图 3-10。生产铜、铝精铸件，浇注出来的产品表面质量不逊色于采用锆英粉浆-锆英砂涂层，说明精铸专用砂（粉）之涂层不与活泼金属液发生反应。

壳体 7A7816、7A8755C、法兰板、连接座、低合金钢和铜、铝件的结壳工艺及质量情况见表 3-2。

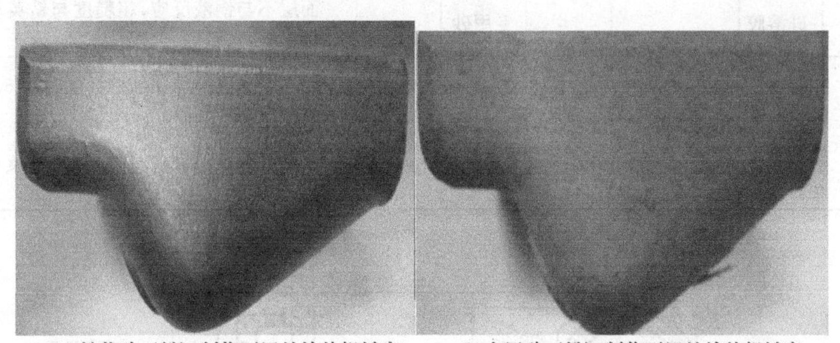

(a) 锆英砂（粉）制作面层的铸件粗糙度　　(b)专用砂（粉）制作面层的铸件粗糙度

图 3-5 壳体 7A8755C 的铸件表面粗糙度对比

表 3-1 锆英砂（粉）与精铸专用砂（粉）制作面层的铸件尺寸对照表

产品件号	品名称	面层材料	检验结果
7A7816	壳体	锆英砂、粉	1.30Φ19.96 2.03 39.67 Φ7.10 3.70 44.34 21.71
7A7816	壳体	专用砂、粉	1.30Φ20.00 2.10 39.90 Φ7.10 3.68 44.32 21.71

表 3-2 锆英砂（粉）与精铸专用砂（粉）制作面层的制壳工艺对照表

产品名称	产品材质	面层浆料	粉液比	黏度值/s	面层砂/目	面层干燥/h	第二层及以后的结壳工艺质检情况
壳体		锆粉	1∶3.8	65	120	8	第二层：硅溶胶-莫来浆，撒莫来砂 60～80 目，黏度 20s，干燥 8h；
7A7816		-硅溶胶	4#	詹氏	锆英砂		三层：硅酸乙酯水解液，撒莫来砂 30～60 目，黏度 10s，干燥 4h；
7A8755	CF-3M						四层：硅溶胶-莫来浆，撒莫来砂 30～60 目，黏度 10s，干燥 12h； 五、六、七层：仅改 13s、16～30 目，其余同三、四层

续表

产品名称	产品材质	面层浆料	粉液比	黏度值/s	面层砂/目	面层干燥/h	第二层及以后的结壳工艺质检情况
同上	316	刚玉粉	1∶3.85	45	120	8	从第二层开始,结壳工艺同上
		-硅溶胶	3.85	5#	刚玉砂		轻微粘砂
法兰板	15-5	专用粉	1∶3.83	45	120	8	第二层:硅溶胶-莫来粉浆料,撒专用砂,从第三层开始,结壳同7A7816,无粘砂此件
		-硅溶胶	5#	詹氏	专用砂		采用了两层专用砂,原工艺一、二层锆英砂
连接座	15-5	专用粉	1∶3.83	45	120	8	结壳工艺同壳体7A7816和7A8755
		-硅溶胶	3.83	5#	专用砂		铸件粗糙度与锆英粉(砂)相媲美,尺寸精度满意,无粘砂
夹块	35CrMo	专用粉	1∶3.83	45	120	8	结壳工艺同壳体7A7816和7A8755
摇臂	35CrMo	-硅溶胶		5#	专用砂		取不正当的手段铸件粗糙度与锆英粉(砂)媲美,内内孔光滑
推进器	铝合金	专用粉	1∶3.83	45	120	8	结壳工艺同壳体7A7816和7A8755
		-硅溶胶		5#	专用砂		面层不与铝液反应,粗糙度与锆英粉(砂)接近,尺寸精度好,无粘砂
弯管	铜合金	专用粉	1∶3.83	45	120	8	结壳工艺同壳体7A7816和7A8755
		-硅溶胶		5#	专用砂		面层不与铜液反应,粗糙度与锆英粉(砂)接近,尺寸精度好,无粘砂
叶轮	铜合金	专用粉	1∶3.83	45	120	8	结壳工艺同壳体7A7816和7A8755(涂第三层前,对狭窄流灌专用砂)
		-硅溶胶		5#	专用砂		面层不与铜液反应,粗糙度与锆英粉(砂)接近,不跑火,不涨壳

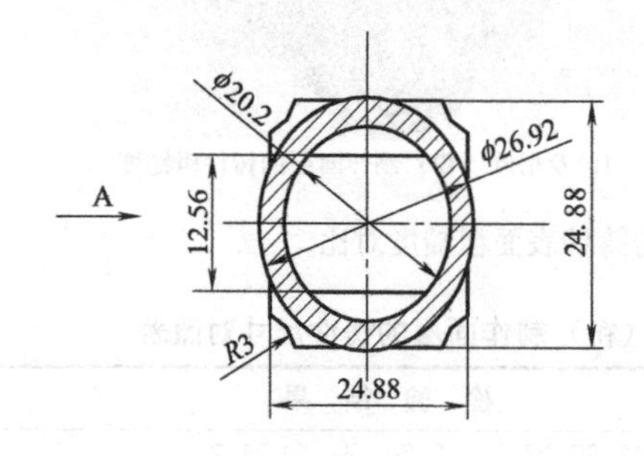

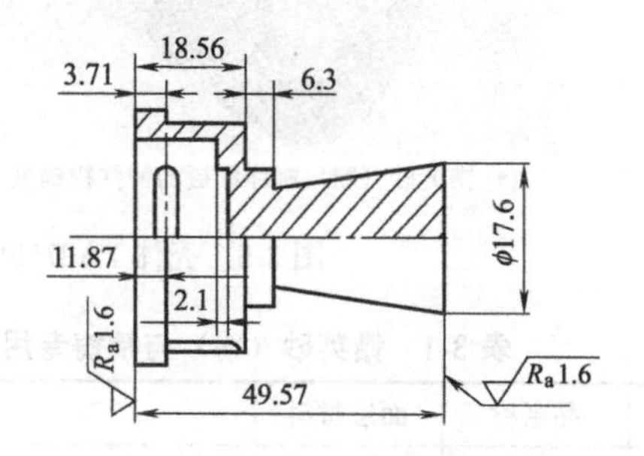

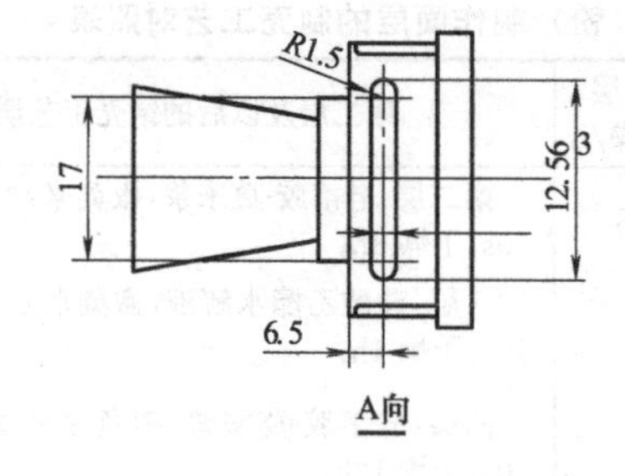

图 3-6 连接座简图(材质 CF-8M)

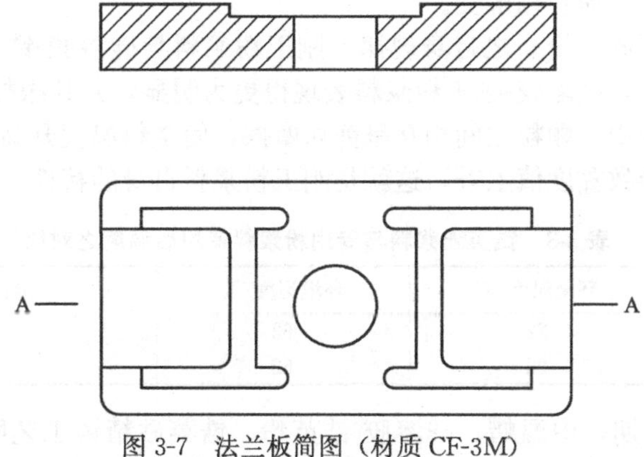

图 3-7 法兰板简图（材质 CF-3M）

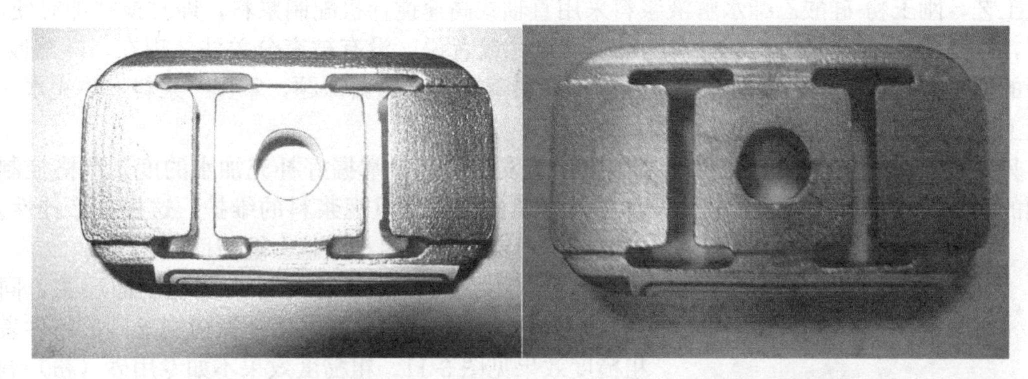

(a) 专用砂、粉面层的铸件粗糙度　　(b) 锆英砂、粉面层的铸件粗糙

图 3-8 不同耐火材料制作面层法兰板铸件的粗糙度对比照片

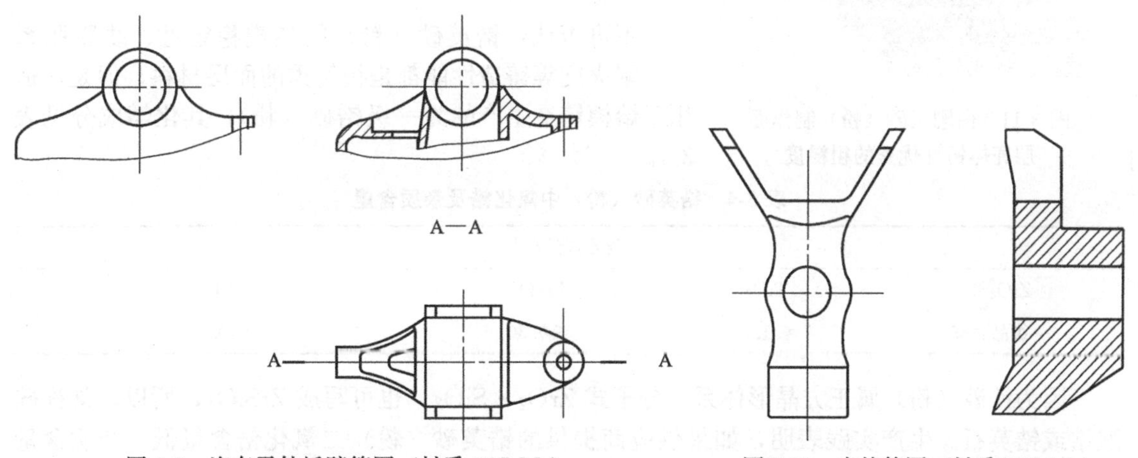

图 3-9 汽车零件摇臂简图（材质 35CrMo）　　图 3-10 夹块简图（材质 35CrMo）

3.1.5 结果与讨论

（1）精铸专用砂（粉）替代锆英砂（粉）成事实　精铸专用砂（粉）是在电熔刚玉 α-Al_2O_3的基础上，进一步高温熔融、提纯除杂，提高刚玉质的致密度，改善颗粒形态，优化粒径级配，使热膨胀性小且均匀，热稳定性和高温化学稳定性更佳。

用精铸专用砂（粉）作面层，浇出的不锈钢铸件、低合金钢铸件、碳钢铸件之表面粗糙度和尺寸精度能与锆英砂（粉）相媲美。

（2）遵循精铸专用砂（粉）之自身规律　刚玉粉浆料与硅溶胶-锆英粉浆料一样，都有搅拌蒸发失水的物理现象，硅溶胶-刚玉粉浆料表现得更为明显，究其缘故，刚玉的粒形为尖角、片状，浆料在搅拌过程中，颗粒之间相互呈剪切摩擦，使浆料温度升高，浆料中的水分相对来说要蒸发得快一点，导致黏度值上升，这就是刚玉粉浆料自身的特性，见表 3-3。

表 3-3　锆英粉浆料与专用粉浆料使用后温度之对比

面层浆料类型	环境温度/℃	环境湿度/%	搅拌桶内浆料温度/℃
锆英粉-低粒径硅溶胶	22	62	25.5
专用粉-低粒径硅溶胶	22	62	28.5

20 世纪 80 年代后期，中温蜡、硅溶胶-锆英粉、锆英砂精铸工艺刚刚在国内起步，在此之前，低温蜡、刚玉粉-硅酸乙酯水解液浆料、刚玉砂、氨硬化工艺是生产精密耐热钢铸件的顶级工艺，刚玉粉-硅酸乙酯水解液浆料采用直轴式高速搅拌机配制浆料，即时搅拌即时使用，所以，刚玉粉浆料蒸发失水的物理现象不明显，或者说，没有被充分关注，现在，硅溶胶-刚玉粉的搅拌方式变换了，我们要去重新认识浆料蒸发失水的新课题，掌握“浆料发热失水—黏度值上升—稳定黏度值”规律之必然。

只要摸索出硅溶胶-精铸专用粉浆料搅拌的发热规律，掌握好补充加水的度，严格控制渗透剂的添加量，采取合适的粉液比，加强黏度值的测定，重视浆料的维护，这样，涂挂性差、黏度值不稳定、清理困难等就会迎刃而解。

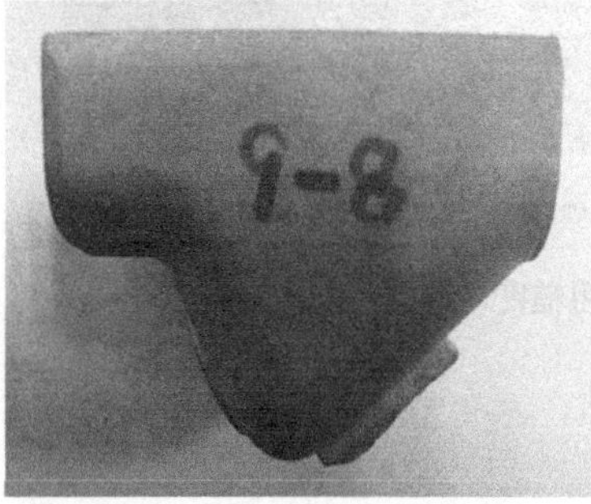

笔者曾用白刚玉粉-小粒径硅溶胶配制面层浆，同样存在浆料黏度值上升的共性，面层撒白刚玉砂，铸件表面粗糙度效果见图 3-11。粗糙度效果不如专用砂（粉）制作的壳体，说明经过提纯除杂的刚玉材料更为优秀一些。

图 3-11　白刚玉砂（粉）制作面层壳体铸件优秀的粗糙度

3.1.6　经济效益分析

不可否认，锆英砂（粉）的热震稳定性、线膨胀系数、耐火度等铸造性能都是很优秀的面层材料，但是，适用于熔模铸造生产的为一级锆砂（粉），其化学成分见表 3-4。

表 3-4　锆英砂（粉）中氧化锆及杂质含量

	杂质含量/%		
ZrO_2%	TiO_2	Fe_2O_3	P_2O_5
一级品≥65	≤1.0	≤0.30	≤0.30

因为锆砂（粉）属正方晶形体系，分子式 $ZrO_2 \cdot SiO_2$，也可写成 $ZrSiO_4$，所以，常称硅酸锆或锆英石。生产实践表明，如果供应商提供的锆英砂（粉）二氧化锆含量低、杂质含量高，不仅仅是性价比不合理，而且会大大影响铸件表面质量和影响尺寸精度。

刚玉砂（粉）属氧化铝（Al_2O_3）的同质异像变体，尤其是熔模铸造常用的白刚玉，它是 α-Al_2O_3 单一晶形称作电熔刚玉，三氧化二铝≥98%，密度大、熔点高、结构致密、热膨胀小、导热性好，刚玉属两性氧化物，在高温下呈弱碱性或中性，型壳面层不与氧化性元素发生反应，铸件表面光润，尺寸稳定。

在保证质量的前提下，降低生产成本，是企业的希望和追求，这样会给企业带来经济效益，两种面层耐火材料的价格明细，见表 3-5。

表 3-5　锆英砂（粉）与精铸专用砂（粉）的价格对比

锆英粉/(元/t)	锆英砂/(元/t)	精铸专用粉/(元/t)	精铸专用棕砂/(元/t)
9400(含税)	9100(含税)	8000(含税含运费)	5100(含税含运费)

3.2　改性刚玉粉脱壳性改善的应用研究

精密铸造面层材料在近年多了一种刚玉材料的选择，但是在实际生产过程中，由于刚玉粉型壳对结构复杂不锈钢等材质铸件的脱壳性影响较为严重。因此，对于刚玉粉硅溶胶面层脱壳性改善的研究显得非常重要，本节提出了新的研究方向和工作思路，以求解决刚玉粉面层脱壳性难题，同时为广大面层材料的开发和应用做以参考。

3.2.1　刚玉粉面层脱壳性差的缘由

钢液在冶炼和浇注过程中不可避免受到氧化，在与型壳的界面处生成少量的 FeO，并同刚玉发生反应：

$$Fe+O_2 \xrightarrow{\text{高温}} FeO(\text{液}),\text{熔点}1370℃$$

$$FeO(\text{液})+\alpha\text{-}Al_2O_3 \xrightarrow{\text{高温}} FeO\cdot Al_2O_3(\text{固}),\text{熔点}1780℃$$

所有生成的 FeO 均参与了反应，在型壳同钢液的界面上生成固体灰绿色的铁铝尖晶石 $FeO\cdot Al_2O_3$，温度越高反应越充分。

铸件凝固后高强度的铁铝尖晶石 $FeO\cdot Al_2O_3$ 作为隔离层同型壳及铸件表面连接起来，形成机械粘砂，主要体现在复杂铸件的内腔及拐角部位，见图 3-12。

(a) 粘砂在拐角处形成

(b) 粘砂在内腔形成

图 3-12　机械粘砂

3.2.2　利用面层材料内部相变机理降低残留强度的方法探讨

在刚玉粉中引入了添加材料，在浇注的过程中，型壳面层内部发生烧结结合反应，引起反应前后的体积变化，导致型壳面层内部产生微裂纹（肉眼观测不到），从而在铸件凝固冷却的过程中降低面层残留强度，微裂纹显微镜照片，见图 3-13。

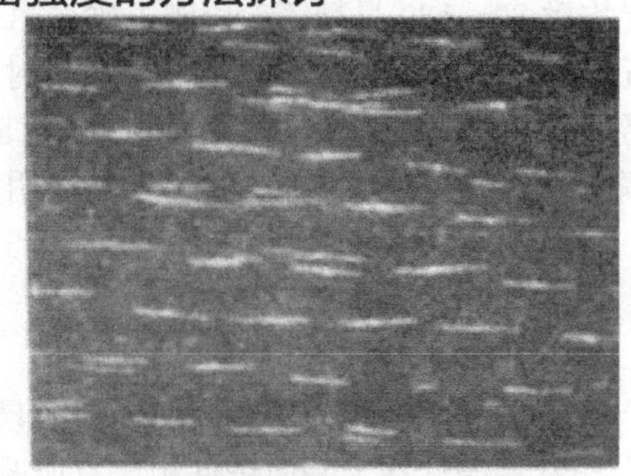

图 3-13　面层产生的微裂纹照片（×400）

相变机理的方法经过长期试验及大量客户的实际应用，脱壳效果有明显改善，但不彻底，原因如下：

① 细粉料的相变不太明显；

② 面层为非致密结构，相变的质点体积变化产生的微裂纹作用有限；

③ 可利用粗颗粒相变效果明显增大，但是同铸件表面粗糙度产生矛盾。

3.2.3 锆砂不锈钢面层及熔融石英碳钢面层脱壳性良好的原因及启示

（1）锆砂面层＋不锈钢：

$$Fe + O_2 \xrightarrow{\text{高温}} FeO(L)\text{，熔点}1370℃$$

$$ZrO_2 \cdot SiO_2 \xrightarrow{1540℃} ZrO_2 + SiO_2$$

$$SiO_2 + FeO(L) \xrightarrow{\text{高温}} FeO \cdot SiO_2(L)\text{，熔点}1205℃$$

$$SiO_2 + Na_2O \xrightarrow{\text{加热}} Na_2SiO_3(SiO_2 \cdot Na_2O)$$

通过上述反应，得到如下结论：铸件同型壳面层之间的隔离层为 FeO（黑），$FeO \cdot SiO_2$（棕黑），Na_2SiO_3（无色），3 种物质强度均不高，且为缩松层或呈玻璃态。

（2）熔融石英面层＋碳钢：

$$SiO_2 + Na_2O \xrightarrow{\text{加热高温}} Na_2SiO_3(SiO_2 \cdot Na_2O)$$

$$SiO_2(\text{熔融石英}) \xrightarrow{1000℃} \alpha\text{-方石英} \xrightarrow{180\sim240℃} \beta\text{-方石英}$$

铸件同型壳面层之间的隔离层为 Na_2SiO_3（无色），为玻璃相，加上熔融石英在铸件冷却过程中的强烈相变的体积效应，大大降低其残留强度。

启示：在铸件和型壳表面能生成适量 FeO，或玻璃态物质，或整体产生大的相变，不管是锆砂面层还是熔融石英面层均符合防粘砂理论。

3.2.4 严格按防粘砂理论对刚玉粉进行改性处理

① 防粘砂理论核心：防止型壳面层同 FeO 进行反应或反应消耗 FeO 的速度小于 FeO 的生成速度，或者界面生成少量液相隔离层（根据冶金物理学：金属等氧化物液相同金属液体不会互溶）。

② 刚玉粉中改性物的加入就是为了有选择性地反应消耗完氧化铝以使没有氧化铝再同 FeO 反应，同时生成少量液相。

③ 理论上最新的方案将会使得在铸件及型壳面层之间形成全部或主要以 FeO 及玻璃相为组成的隔离层，这样将彻底改善刚玉粉的粘砂问题。

④ 新改性的刚玉粉面层将发生如下反应：

$$A + \alpha\text{-}Al_2O_3 \xrightarrow{\text{高温}} B \cdot Al_2O_3(S) + C(L)$$

⑤ 在浙江某精密铸造公司进行实际试用：铸件材质 304，壳体面层涂料分别为锆粉（代号 a），精铸专用刚玉粉（代号 b），试验改性刚玉粉（代号 c），见图 3-14。

面层涂料粉液比：a，1∶3.4；b/c，1∶3.2。浆料黏度值：a，42s；b，35s；c，36s。面层均撒 80～120 目精铸专用刚玉砂，第二、三层做预湿，采用莫来粉浆料，撒莫来砂；第四、五层采用莫来砂材料；最后用莫来浆封层；模壳焙烧温度 1100℃；浇注温度 1620℃；脱壳难易：a，b，c 无明显差别，见图 3-14（a）～（c）。铸件表面质量：良好，a，b，c 无明显差别；隔离层晶相组织：扫描电镜显示 d 有明显玻璃相，见图 3-14（d）。

3.2.5 试验结论

根据防粘砂原理及实际生产验证：

① 改性刚玉粉面层对铸件表面质量无不利影响；

② 脱壳性在大平面铸件相比有所改善；

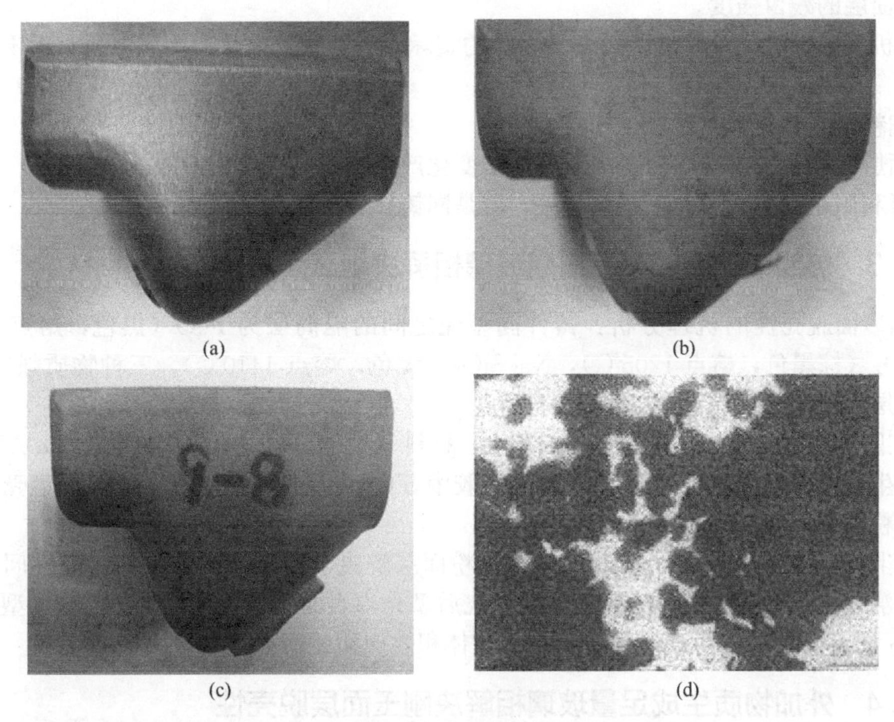

(a) (b) (c) (d)

图 3-14 试验结果

③ 改性刚玉粉对结构复杂铸件脱壳性的影响需继续扩大生产试验范围后再作定论。

3.3 降低烧结温度及玻璃相对刚玉面层脱壳性的影响

刚玉材料虽然在我国分布广泛，取材方便，成本低廉，但由于其在制作精密铸造硅溶胶面层时残留强度高，导致型壳脱壳性较差，因此使用广泛度受限。怎样解决刚玉面层脱壳性不好的难题，是业内一直在探讨和研究的课题。本节结合锆砂、刚玉、耐火材料、钢铁冶炼等原理，在长期大量试验的基础上，作了进一步深入的研究。

图 3-15 粘砂部位

3.3.1 刚玉面层脱壳性差的机理

金属液在冶炼和浇注过程中不可避免受到氧化，在与型壳的界面处生成少量 FeO（熔点 1370℃），并全部同刚玉发生反应，在型壳同金属液界面上产生灰绿色的铁铝尖晶石 FeO・Al_2O_3（熔点 1780℃），温度越高反应越充分。铸件凝固后，高强度的铁铝尖晶石 FeO・Al_2O_3 作为隔离层同型壳及铸件表面连接起来，形成机械粘砂，主要体现在复杂铸件的内腔和拐角部位，见图 3-15。

3.3.2 材料内部相变微裂纹机制解决刚玉与面层脱壳性

在刚玉粉中引入了添加材料，在浇注的过程中，型壳面层内部发生烧结结合反应，引起反应前后的体积变化，导致型壳面层内部产生微裂纹（肉眼观测不到），从而在铸件凝固冷却过程中降低面层的残留强度。

相变机理的方法经长期试验及大量客户的实际应用，脱壳效果有明显改善，但不彻底，原因如下：

① 细粉料的相变不太显著。

② 面层为非致密结构，相变的质点体积变化产生的微裂纹作用有限。

③ 可利用粗颗粒相变效果明显增大，但是同铸件表面粗糙度产生矛盾。

3.3.3 仿照锆砂面层高温形成玻璃相解决刚玉面层脱壳性

① 锆砂面脱壳性的机理分析：铸件同型壳之间的隔离层为 FeO（黑色，熔点 1370℃），$FeO \cdot SiO_2$（棕黑色，熔点 1205℃），Na_2SiO_3（无色，熔点 1410℃），三种物质强度均不高，且为缩松层或玻璃态。

② 在刚玉粉中引入铝硅（富硅）材料 B，材料 B 中的 SiO_2 同刚玉中的全部 α-Al_2O_3 在高温下先发生反应，以阻止刚玉同 FeO 及硅溶胶中 SiO_2 的反应，从而使得铸件同型壳面层界面具有同锆粉面层相似的物质成分。

③ 实际生产证明，添加了 B 材料的刚玉粉面层解决了复杂结构铸件的脱壳性问题，但铸件表面光洁度略有下降，经过分析为型壳焙烧后型壳内表面粗糙所致，其原因为在型壳焙烧过程中 SiO_2 同 α-Al_2O_3 发生反应形成莫来石时体积效应而使得型壳内表面粗糙。

3.3.4 外加物质生成足量玻璃相解决刚玉面层脱壳性

这种方法并不降低铸件表面光洁度，具体工艺操作如下。

① 确定外加物质 C，首先物质 C 在整个高温过程中不和刚玉发生任何反应，以保证型壳内表面微观形状不产生变化，从而保证铸件表面质量，其次物质 C 在型壳焙烧过程中也不能熔化，最后必须保证位于型壳内表面层的 C 物质在铸件浇注后冷却过程中必须熔化成液相（玻璃相）隔离层，以使铸件和型壳具有良好的剥离性。

② 高温试验炉烧结试验，1200℃以下，添加了 C 物质的刚玉粉没有任何变化，也没有产生液相；在 1250～1500℃添加了 C 物质的刚玉粉产生烧结表面有液相出现（闪光，半透明状的玻璃相）；冷却到 950℃以下时，表面玻璃相同刚玉粉结合成固体。

③ 实际生产性试验：

配浆粉液比　175kg C 刚玉粉：58kg 硅溶胶＝3.01：1

黏度值 39s（量杯 100mL、孔径 6mm）

黏度值 54s（4＃詹氏量杯）

产品应用实例——连接套，见图 3-16～图 3-19。

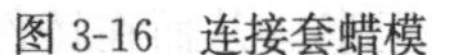

图 3-16　连接套蜡模

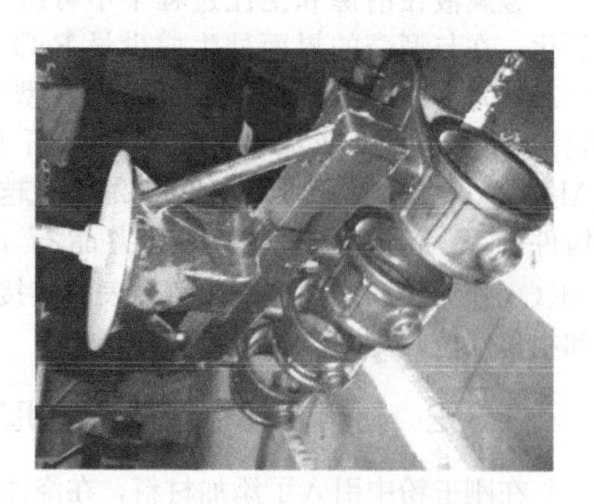

图 3-17　连接套组树图

图 3-18 腰形法兰蜡模

图 3-19 腰形法兰组树图

制壳工艺：

面层，沾 C 刚玉粉浆料，撒锆刚玉砂，干燥时间 21h。

二层，莫来粉浆料，撒 30～60 目莫来砂，干燥时间 12h。

三层，莫来粉浆料，撒 16～30 目莫来砂，干燥时间 12h。

四层至五层，同三层用的浆和砂，干燥时间 14h。

浇注后清理情况见图 3-20～图 3-23。

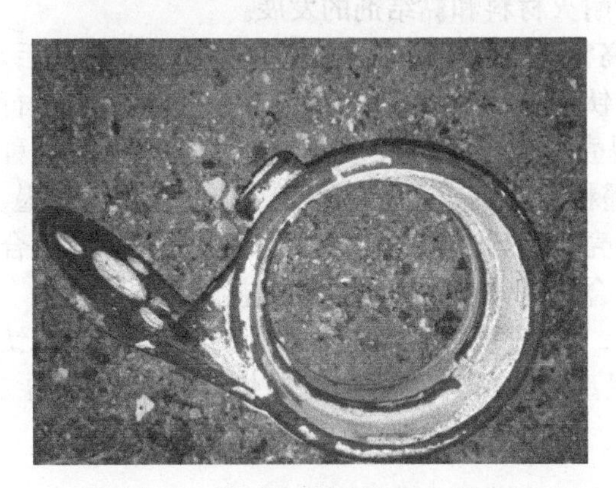

图 3-20 连接套震动之后的状态

图 3-21 连接套抛丸之后的状态

图 3-22 腰形法兰震动之后的状态

图 3-23 腰形法兰抛丸之后的状态

④ 试验结果：连接套，抛丸 17 件，10 件全部抛干净，7 件内圆及尖角处砂没有抛干净，腰形法兰，抛丸 17 件，17 件凹陷处砂没有抛干净，喷砂后 2 件不干净。表面粗糙度与锆英

粉、锆英砂同样水平。

⑤ 分析评估：根据批量生产结果表明加入C物质的原理和方向正确，但型壳抛丸后仍有部分不干净，说明C物质加入量需要继续增加，以增加玻璃相数量。

3.3.5 结论

高温下形成的玻璃相对刚玉面层的脱壳性有直接的改善作用。

刚玉面层中的玻璃相形成数量的控制是难点，太少剥离不彻底，太多对铸件表面光洁度有不利影响。

3.4 钛合金熔模铸造耐火材料的研究

3.4.1 早期的研究——以石墨材料为主的阶段

钛和钛合金熔模精密铸造是为了满足航天航空技术发展的需要而发展起来的。

熔融钛具有很高的化学活性，与铸造高温合金常用的耐火材料都会发生反应，致使钛和钛合金熔模精密铸造在长时间未能实现产业化。1965年美国发布了第一个钛的熔模精密铸造技术专利，此后，钛和钛合金熔模精密铸造技术逐步得到了工业生产应用。铸造钛合金的发展史从某种程度也可以说是型壳的发展过程，主要包括耐火材料和黏结剂的发展。

自从美国冶金矿山局于1954年采用机加工的高密度石墨型成功地铸造出第一个钛铸件后，世界一些工业发达国家，如美国、苏联、日本等对钛和钛合金铸造，尤其是熔模精密铸造进行钛合金的研究。美国Howme公司对熔模石墨型壳进行了研究，推出Monograf法，这种Monograf法，就是在蜡模表面反复涂覆由细小石墨粉与有机或无机黏结剂（硅胶、胶体石墨、合成树脂）组成的涂料浆，直至形成一定厚度的型壳，然后干燥、脱蜡、焙烧、浇注钛及钛合金。熔模石墨型壳在20世纪90年代成为俄罗斯钛合金精铸件生产的主要工艺。

熔模石墨型壳缺点是：在焙烧时必须排除氧气；型壳浇注温度受限，不宜浇注大型复杂钛合金铸件；铸件表面容易形成钛、碳反应层；石墨型壳收缩率高，是普通熔模陶瓷型壳的2倍，直接影响了石墨熔模钛合金铸件的精度。

3.4.2 中期的研究——以钨面层为主的多种材料和工艺阶段

为了解决石墨型壳存在的问题，美国PCC公司采用ThO_2作面层材料浇注钛合金精铸件。随后又用钨的化合物渗透普通的陶瓷型壳，在还原性气氛下，如氢气状态中焙烧，将钨的化合物还原，生成钨和钨的氧化物，这样就在耐火材表面包覆了一层钨。这种型壳在一定程度上减少了钛的反应，但是仍然存在氧化物的问题。

美国Rem公司发展起来替代石墨型壳的陶瓷型壳，也就是钨面层熔模陶瓷型壳。钨面层熔模陶瓷型壳的主要特点是：在陶瓷型壳面层制备一个对熔融钛稳定的高熔点金属钨面层。钨面层熔模陶瓷型壳主要用于生产表面无α脆性性的航空用钛合金精密铸件，后来德国和中国都发展了这种工艺，生产出各种大型复杂的精铸件。

钨面层熔模陶瓷型壳具有强度高、收缩小、铸件表面沾污小（$\leqslant 0.02$mm）的特点，适合制造各种尺寸的精度高、表面光洁、内部致密的大型复杂航空钛合金精密铸件。但这种工艺的缺点是：金属陶瓷面层导热性高，铸件容易产生冷隔缺陷，另外，制壳材料价格也比较高。

3.4.3 近期的研究——以Y_2O_3为主的熔模陶瓷型阶段

早在1976年，Schuyler公司就开始了Y_2O_3陶瓷型壳的研究，使用颗粒粗大的Y_2O_3作型壳耐火材料，分散在硅酸钾胶体溶液中制成面层，但是，表面不光、焙烧时出现破裂和剥落和产生气孔。

后来，Richerson 研究以 Y_2O_3 为主，混入少量稀有重金属氧化物，制成陶瓷坩埚和铸型，这种方法比较成功，但存在工艺反复、成分复杂、高费用的缺点。Richerson 的 Y_2O_3 面层具体组分见表 3-6。

表 3-6 Y_2O_3 面层组分（质量分数）

组分	Y_2O_3	D_2O_3	Yb_2O_3	Er_2O_3	Gd_2O_3	CeO_2	Eu_2O_3	La_2O_3
含量/%	58～63	5～12	5～7	5～7	3～6	1～5	1～3	1～6
组分	S_2m_3	Nd_2O_3	Pr_2O_3	其他稀土元素氧化物		非稀土元素氧化物		
含量/%	1～2	1～2	0～1	1		6		

目前，Y_2O_3 陶瓷型壳工艺已经比较成熟，常用于铸造工业的 Y_2O_3 颗粒可以有很大的变化范围，在熔模铸造工业中 Y_2O_3 的平均粒度通常都小于 44μm，另一种粒度尺寸标准是指 325 目的 Y_2O_3 粉，即熔模用的粉体至少 95%的颗粒要通过 325 目的筛孔，这样才能保证有光滑的铸件表面。

与 Y_2O_3 相似，可以作为铸型组分、涂层的耐火材料或填料还有：熔融 Y_2O_3、（CaO、MgO、Sc_2O_3、镧、铈、镝、镨、钕、钐及其他稀土元素氧化物）、氧化锆、Y_2O_3 其他耐火材料组成的化合物，上述材料都不可以与 Y_2O_3 混合配制成涂料，也可以是一种功几种混合使用。

3.4.4 耐火材料的发展

用 Y_2O_3 作面层材料的钛铸件价格都比较高，如何降低面层材料的费用，是当今钛合金铸造用耐火材料的主要研究方向。CaO 是潜在的钛及钛合金的面层材料。目前对 CaO 陶瓷型壳的研究正在进行中，采用碳酸钙预制涂料浆制备氧化钙面层涂层，对碳酸钙涂层加热至 1000℃，使转化成氧化钙涂层，进行浇注，氧化钙不与钛反应。

第4章 熔模铸造的型芯

熔模铸造中，当铸件的内腔形状过于复杂或内腔窄小，无法用常规的涂浸浆料和撒砂工艺来完成时，则些类复杂的铸件内腔须使用预制的型芯来形成，型芯受熔融金属液的包围，然后在金属液浇注后，在铸件的清理中给予清除，还考虑到型芯应能否受脱蜡时热水或蒸汽的蒸煮，以及较长时间的高温烧烤。所以，型芯在熔模铸造中起到关键性的作用。

4.1 熔模铸造对型芯的要求

(1) 耐火度高　型芯应具有较高的耐火度，以保证在浇注时和铸件凝固过程中不软化和不变形，一般情况下型芯的耐火度应达到1400℃以上，在定向凝固和单晶铸造时则要求达到1520～1600℃，工作时间不少30min。

(2) 热膨胀率低、尺寸稳定　型芯在加热过程中热膨胀系数小且无相变，以免造成型芯的开裂和变形。一般来说其热膨胀系数以小于4×10^{-6}/℃为宜。

(3) 化学稳定性好　型芯与金属液接触的过程中不应发生化学反应，防止铸件表面产生化学反应或反应性气孔。

(4) 足够的强度　型芯应具有足够的强度，在压射蜡模时不折断，浇注时能承受高温金属液的冲击的压力。

(5) 易脱除　为了便于脱除，熔模铸造用型芯必须有相当大的孔隙率（20%～40%），体积密度比真密度也要小许多。

4.2 熔模铸造用型芯的分类

熔模铸造用型芯可以分为热压注法陶瓷型芯、传递成型陶瓷型芯、灌浆成型陶瓷型芯、水溶型芯、硅砂制型芯等。

4.3 熔模铸造型芯的应用实践

4.3.1 自制型芯

硅溶胶结壳工艺所生产的铸件经常有小的通孔或盲孔、窄小且深的槽、复杂的空心内腔等，这些都要依赖型芯去完成，见图4-1。

对熔模型芯又有特定要求，如型芯与金属液接触不应发生化学反应；耐火度要求达到1400℃以上；型芯耐火材料在加热过程中无相变、热膨胀系数小，不能开裂和变形；有足够的室温强度及高温强度以及溃散性要好等，所以须选用陶瓷型芯。但是陶瓷型芯要以热塑性材料为增塑剂配制陶瓷浆料，经热压注成型并高温烧结，目前国内绝大多数精铸厂缺乏热压设备和烧结设备。

由于以上制约因素的存在，陶瓷型芯的使用率不高。而模具制造成本低，溃散性优良、工艺简单的树脂砂替代换型芯很少见到应用。

成都高新区新型精铸材料厂专利生产浇注成型的陶瓷型芯，该芯料由耐火粉料、黏结剂和固化剂等配制而成，使用时只要按比例加入自来水，搅拌后灌浆，短时间内就能硬化，并且具备型芯的各项性能要求。自制叶轮型芯的工艺：

① 材料：JXP 型浇注成型自硬型芯粉料。

② 装模：将检验合格并清洗干净的叶轮熔模装入金属托架压型模中，见图 4-1（叶轮件的铸造难点是流道仅 4.2mm，叶轮内有 6 条圆弧形的叶片）。

③ 制浆：按照 100g 粉料，加 20mL 水的比例调制浆料，在室温下手工搅拌 2min，浆料开始有流动性，搅拌 8min 流动性最佳。刚开始搅拌时比较干，随着搅拌时间的延长，流动性越来越好。掌握好适宜的流动性，主要把握住两个因素，一是气温，二是加水量，加水量多流动性好，气温高，加水量少。

④ 灌浆：浆料从灌浆口处浇入熔模中，浇入时要转动金属托架压型，使浆料浇足熔模内腔，特别要浇满型芯头位置，并且可以轻轻击打金属托架压型。

⑤ 硬化：室温时灌浆 20min 后初始化结束，此时可以脱模，2～3h 终硬化结束，随着室温的提高，初、终硬化时间还会缩短。

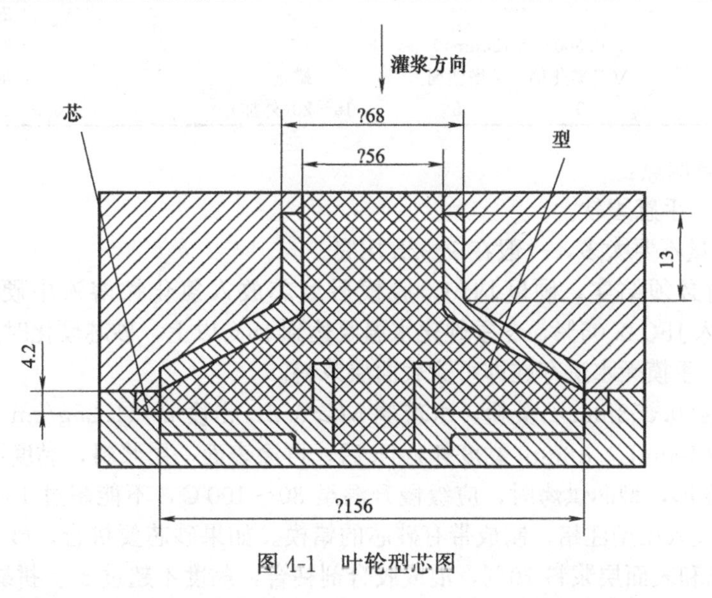

图 4-1　叶轮型芯图

⑥ 脱蜡：按全硅溶胶黏结剂工艺结壳，模组可以用蒸汽脱蜡也可以用热水脱蜡，型芯的各项性能指标不受影响。

⑦ 清理：浇注后，型芯溃散性比较好。铸件放在小台钻削，就像钻石膏一样轻松，拐角、凹槽等难以清理处，经过碱洗，内腔清洁度十分理想。

⑧ 型芯强化：如遇到薄而小的型芯，可以进行强化处理，方法是：将终硬化后的型芯在硅溶胶中浸一浸立即取出，时间不要超过 3s，再在 400～600℃烘 0.5h，干燥后的型芯装入压型中注蜡，型芯的性能更好。

⑨ 制作型芯过程中，最大的质量问题是型芯表面有不规则的凹陷，这是搅拌浆料时产生气泡所致（肉眼看不出浆料中的气泡）。为了消除浆料中的气泡，可以自制搅拌罐，罐盖与罐

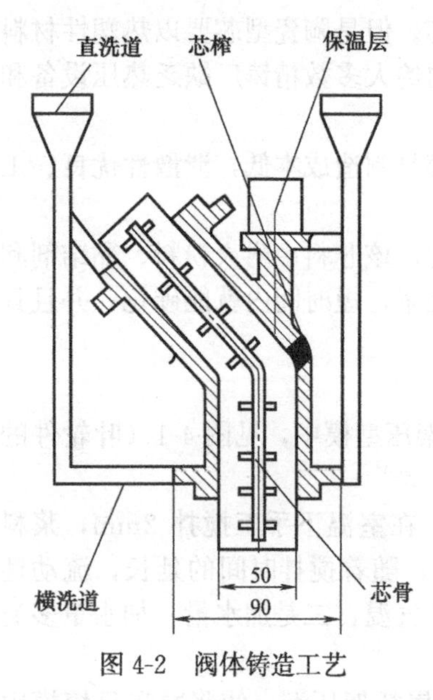

图 4-2 阀体铸造工艺

体必须密封，抽真空后，在真空状态下搅拌浆料，从源头上杜绝气泡的产生。还可以自制简易的振动台，在振动平台上完成灌浆操作，确保灌浆充足到位。

4.3.2 采用处理后一般型砂工艺生产精铸件

图 4-2 所示阀体，质量 45kg，高度最大尺度 300mm，中间有 ϕ80mm 通孔，由于弯道直径小，流道长，挂浆撒砂和干燥时稍有疏忽就会造成铸造缺陷。故对精铸工艺作较大的改进。

(1) 砂芯的工艺处理

① 铸件内腔采用型砂制芯，砂芯型砂配方见表 4-1。混砂时按比例准确称量。

石英砂、石英粉和耐火泥粉干混均匀后，加入水玻璃湿混，一定要混均匀。表 4-1 中的配方 1，为了减少型芯的脆性，用 1g 硼酸和 10mL 工业甘油配成硼酸甘油溶液加入 0.08%，如果室温达到 35℃时再加 0.1%的水。

表 4-1 砂芯配方（质量分数） 单位：%

	石英粉 0.053μm	石英砂 0.425μm		耐火黏土 0.075μm	水玻璃 $M\geqslant3.2$ $d<1.32\mathrm{g/cm^3}$
1	55	40		5	2～3
2	55	0.300～0.150μm40		5	2～3
3	刚玉粉	ACS 矿化剂	增塑剂	蜡基	油酸
	20W95	5	5	15～20(外加)	0.5～1(占粉料)

此砂芯要注意两点：

a. 砂混好后，手感柔软。

b. 每次混砂量不要太多，一般在 1～2h 用完。

② 砂芯打制必须结实，硬度均匀，脱模后型芯放入氯化铵溶液中硬化，氯化氨浓度 20%～24%，加入 JFC 0.05%，冬季硬化水温要达到 15℃以上，砂芯硬化时间在 25min 以上，取出风干 1～2h，手摸无水迹存在即可涂表面层浆料。

③ 浆料配制：0.053mm 石英粉，水玻璃 $M\geqslant3.2$，密度 $d<1.25\mathrm{g/cm^3}$，粉液比 1.28：1，黏度 8～9s，(100mL，ϕ6mm 黏度杯) 1h 后，再涂表面一层浆料，黏度调整到 7～8s，放置 12h。为防止变形，型芯烘烤时，应缓慢升温至 80～100℃，不能超过 100℃，总烘烤时间 1h，冷却后即可放入压型注蜡，制成带有砂芯的蜡模。如果砂芯要拼合，砂芯在放置 12h 后，用 SJ-1 胶水 80%和表面层浆料 20%，混成胶合剂粘合，黏度不超过 8s。拼缝处如有缺陷，加少许石英粉，提高胶合剂黏度，嵌补到缺损部位，修型后再烘烤。不锈钢铸件的芯砂，见表 4-1 中配方 2 混砂方法，制作过程同上，区别在于石英砂粒度变细，砂芯烘烤后施涂硅溶胶浆料，浆料配制：>0.053μm 锆英粉，硅溶胶 30% SiO_2，黏度 10s，涂刷一层，自然干燥，8h 即可使用。关于自制陶瓷砂芯配方，见表 4-1 配方 3，砂芯制作好后，放入马福炉内加热到 1250℃，保温 30min。

④ 芯骨的设置。阀体弯道砂芯较长，为了有足够的强度，分别在上、下型芯各放 1 根，如图 4-2 所示的芯骨，主骨 Φ10mm 钢筋，骨刺 Φ6mm 钢筋，以确保砂芯经得起 98℃热水浸泡，900℃焙烧以抵御钢液的冲击。

⑤ 芯撑的工艺处理。由于砂芯呈 60°弯曲，仅靠 2 只泥芯头定位在砂芯拐弯处 (R110)

会下沉，为此专门设计1副芯撑模具，见图4-3。

下芯之前，先在下压型中放上半圆形的蜡质泥芯撑，托住砂芯，然后压制熔模。结壳时，随着涂层的增厚，型壳包牢熔模及泥芯头形成一个整体，脱蜡后砂芯不会偏移。

(2) 放置冷铁　图4-1所示蝶阀整体壁厚较均匀，但下侧1个凸台会形成热节，在精铸生产中取一段圆钢，用502胶直接粘合在大熔模上，面层浆料涂挂到金属表面，振动脱壳时圆钢自行脱落，消除局部热节，简便奏效，冷铁安放位置见图4-4。

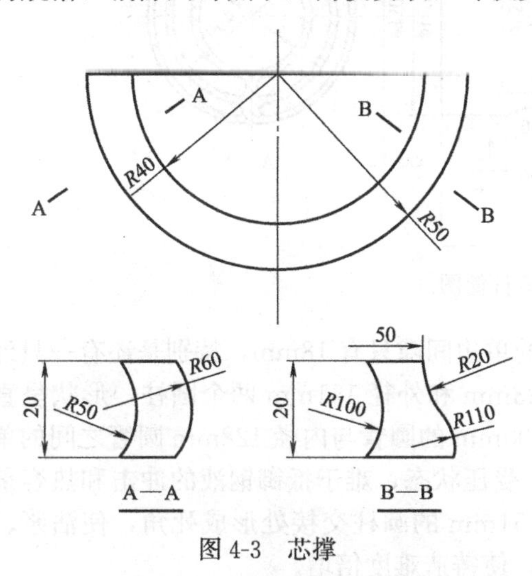

图4-3　芯撑

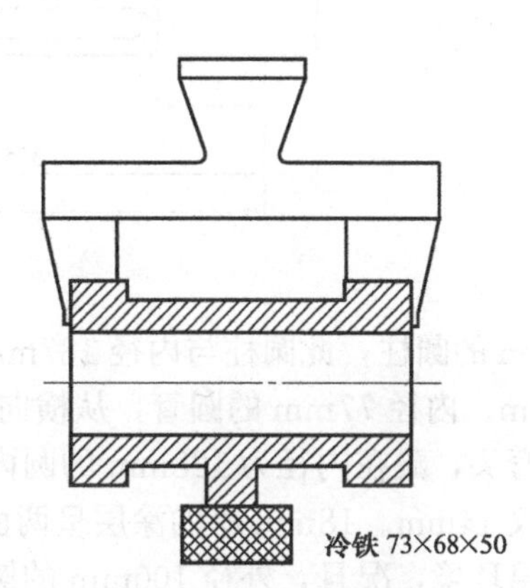

图4-4　冷铁安放位置

(3) 型芯排气　熔模直接焊到浇口棒上，浇注出气始终是熔模铸造的一个问题。解决的办法是：在横浇口上增设2条斜筋，连接直浇道和横浇道可有效的排气，有时斜筋将横浇道和铸件连接也是为了排气。一般型砂用于精铸这个问题尤为突出，一定要解决好。图4-5所示闸阀体，上端孔若不铸出，非但压力小和补缩不足，而且铸体会形成气泡，在横浇口上焊2块蜡块，待结壳完毕后，把蜡块上方的结壳层敲掉（涂色部分），敲到露出蜡面止，浇注时不但气体排出迅速，而且补缩有保证，杜绝了铸件气孔缺陷。

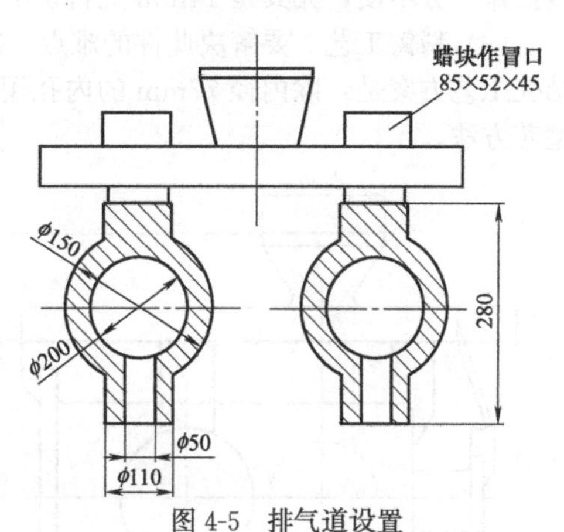

图4-5　排气道设置

4.3.3　自硬型芯工艺在异型铸件生产中的应用

针对异型铸件（指有狭窄缝隙、结构形状特殊、难于用常规涂料工艺进行结壳），本节介绍灌浆式自硬型芯的制作过程，提示模具开设的要点，着重分析浇注、补缩系统的设置等精密铸造工艺的要素，使自硬型芯工艺成功地在较大异型精铸件生产上得到应用。

(1) 问题的提出　一家大型钢铁公司进口数台加热设备，其中有一关键四通零件（图4-6）损坏后，需要用新备件加以替换。从国外进口该零件，价格昂贵，为降低成本，实现国产化，无锡市某合金钢铸造厂进行了试生产，结果取得了成功。

(2) 铸件结构　根据用户提出的水玻璃黏结剂结壳、材料用“304”（美国钢号）要求，对上述四通铸件的结构进行了仔细分析。此件表面看起来较简单，基本形状为外径223mm的圆柱体，前后左右四个方向连接着4只直径不同的法兰，铸件总长566mm，最大法兰直径330mm。然而，其内部结构较复杂，在直径187mm的圆内，有一道外径为151mm、内径为

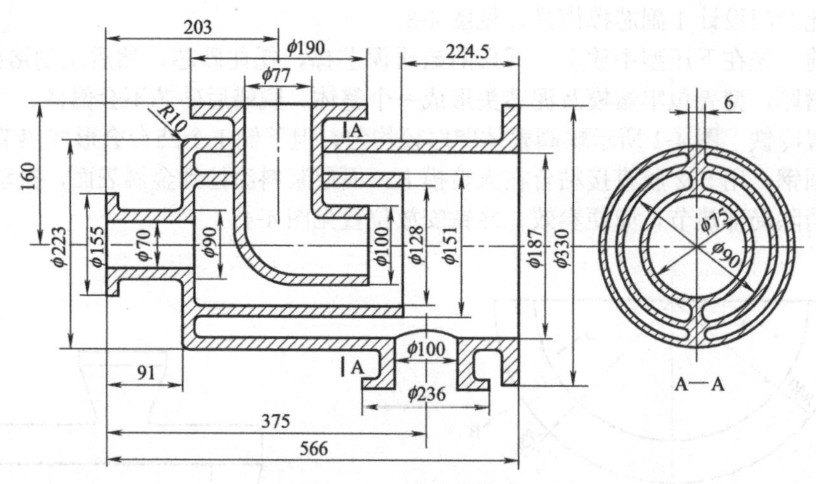

图 4-6 四通零件简图

128mm 的圆柱，此圆柱与内径 187mm 的圆之间的单边间隙只有 18mm，特别是还有一只外径 100mm、内径 77mm 的圆管，从横向穿过外径 223mm 和外径 151mm 两个圆柱，形状呈直角圆弧弯头，藏在内径为 128mm 的圆内，该外径 100mm 的圆管与内径 128mm 圆管之间的单边空隙仅 14mm。18mm 厚的涂层呈两面四周受热、受压状态，难于抵御钢液的冲击和热容量大的高温环境，况且，外径 100mm 的圆管与直径 151mm 的圆柱交接处形成死角，使沾浆、撒砂操作十分不便，尤其是 14mm 处特别窄的空隙，使铸造难度倍增。

(3) 精铸工艺 要解决此件的难点，须突破常规水玻璃黏结剂的涂敷方式，所采取的总体结壳工艺方案是：除内径 77mm 的内孔用常规涂层方法涂敷外，其他孔穴采用灌浆浇注自硬型芯方法。

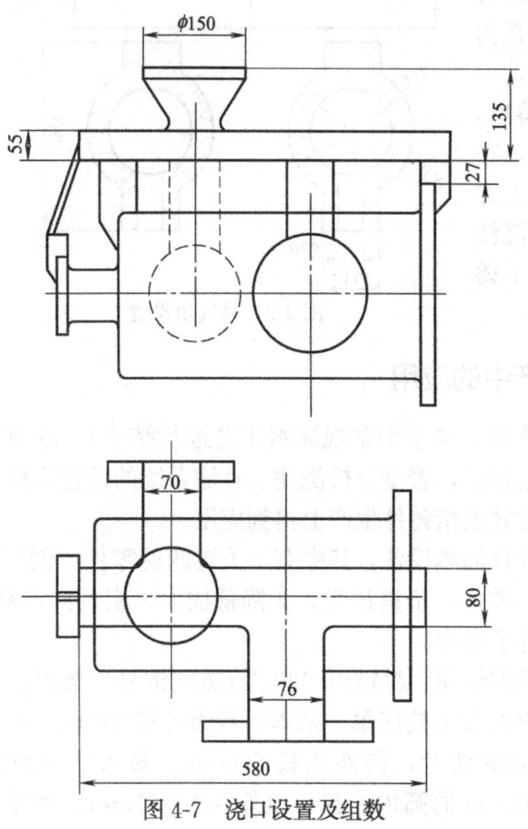

图 4-7 浇口设置及组数

此件的热节分布在 91mm 平面尺寸的圆周上，再则，外径 100mm 的弯管仅靠直径 190mm 的法兰处供给钢液，显然钢液流的距离太长、压力减小，弯头有浇不足的隐患，所以，须在 91mm 尺寸的平面与外径 223mm 圆的交接面上另行开设内浇道，以便给予充足的钢液，这样就得摒弃原来“顶注竖浇”的方案，采用“4 叉横浇道”的浇注、补缩系统：1 个叉设置在直径 223mm 的外圆上，另外 3 个叉分别与法兰直径为 190mm、236mm、330mm 处相连贯。至于直径为 155mm 的法兰，只要从横浇口的端面引出一个流道便可以解决补缩。切忌将横浇口的 4 个叉连接 4 只法兰，见图 4-7。

(4) 浇注方式及补缩 原先考虑此件较大（铸件重 70kg，并且要承受压力测试），想用顶注竖浇，浇注流畅，利用自身的重力进行补缩，经过细致地分析，顶注竖浇后两侧法兰特别是藏在内腔的弯管难以浇足，热节部位也不易补缩。经过 CAD/CAE 流场、应力场计算机模拟，浇注系统决定采用横浇道，设四叉内浇口较为妥当。

(5) 模具的开设 压型中心线分型，上、下模合型，压型材料采用铝合金。制作压型难点是外径100mm、内径77mm的弯管，此处的型芯必须从X轴、Y轴两个方向分别抽出，型芯壁厚为11.5mm，分为内、外两层，分为X轴、Y轴两个方向相交，外层直径100mm、内层直径77mm，内、外层都须切成10根活块条拼合起来，脱模时，从X轴、Y轴方向拔出内层抽芯，再拔出外层抽芯。内径70mm的孔抽芯是没有问题的，但是，与直径128mm圆构成一个内台阶型腔，所以，必须按上述介绍弯管之方法制作多条抽芯活块，并与弯管的形腔相吻合连接。此件质量为70kg，属大型精铸件，而且抽芯结构复杂，为了节省模具费用，所以不考虑再开设型芯模具，利用了熔模自身的内型腔，直接灌入型芯浆料。

(6) 型芯浆料的水溶液配制 为消除型芯浆料在搅拌过程中产生的气泡，提高铸件表面质量，在灌浆之前预配制0.05%～0.10%的正辛醇水溶液（溶剂可用自来水）。

① 型芯浆料的配制。采用成都型芯材料厂出品的JXR-2-T11型自硬型芯粉料，按每100g粉料加23mL正辛醇水溶液的比例配浆，快速搅拌2～3min，在浆料流动性最佳时开始灌浆。夏天要将熔模、正辛醇水溶液放在15～16℃环境条件下先降温一段时间，然后再配浆灌浆，因该型芯在硬化过程中稍有发热。

(7) 型芯的定位 由于型芯没有型芯头，考虑到外径187mm、内径151mm、长度为240.5mm的大型芯，这个呈圈形的又长又大的型芯呈横跨状悬挂在模组中，若没有支撑定位措施必然要出问题。

所以，未灌浆之前，在91mm尺寸的底平面上钻4个直径4mm的孔，再插入长45mm、直径4mm与铸件同材质的不锈钢棒，棒的一端与型芯浇注在一起，另一端弯成“L”形，暴露在91mm尺寸的平面的一侧，待型芯坚硬后，用铁丝将4只呈“L”形的棒连扎起来，在结壳时，起到稳定型芯位置和连接强化涂层的作用，见图4-8。

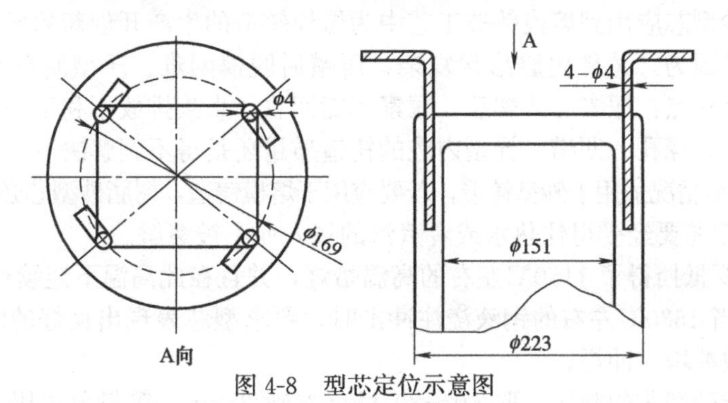

图4-8 型芯定位示意图

灌浆前，还须做一项准备工作，即将直径155mm法兰的平面用封箱带粘贴起来，使型芯浆不外溢，起到封闭用。

(8) 熔模的灌浆 型芯浆料搅拌好，当流动性最佳时应立即向熔模灌型芯浆。将粘贴着封箱带的外径为155mm法兰平面朝下，大口朝上，平放稳妥后，先灌内径187mm与外径151mm之间的空穴，灌浆后约15min方可硬化，所以，要在型芯将要硬化前，向型芯内均布插入长70mm，直径4mm的铁棒6根，留出35mm在型芯外，类似于图4-8所示的状况。2h过后（夏季室温要降至15～16℃），再浇灌内径128mm、外径100mm、连同内径70mm的空穴全部灌浆，操作要“一气呵成”。

同样，在型芯即将硬化前，向型芯内均布插入6根长70mm、直径4mm的铁棒，留出35mm在型芯外，类似于图4-8所示的状况。在型芯硬化之后，用铁丝将4根外露的铁棒连接起来。内径77mm的弯管内型腔不要灌浆，用常规涂层涂制就可以解决问题。型芯硬化后不需要烘烤。上述全部操作完成，1h后就能开始按水玻璃工艺制壳涂料。

(9) 结壳涂料工艺　表面层浆料用密度为1.28g/cm³的水玻璃加石英粉，夏季黏度控制在45s，撒70～100目石英砂。第二层黏度降至27s，撒50～70目石英砂，均在氯化铵溶液中硬化。从第三层开始用原水玻璃加耐火黏土与石英粉各半配浆，撒过渡层砂、撒粗砂，在结晶氯化铝溶液中硬化，共涂制7层，最后加封浆层，采用热水脱蜡（自硬型芯能经受热水脱蜡）。

(10) 模壳的焙烧　该模壳内部属多层结构，焙烧时应注意：从空炉升温至400℃要缓慢加热，在400℃处须保温20min。升温至900℃，务必在900℃保温40～50min，确保内腔涂层焙烧透（自硬型芯不怕长时间的高温焙烧）。

(11) 铸件清砂　若浇注后作简易固溶化处理，建议：外模砂清掉后，将铸件放入焙烧炉内烘烤，再清理型芯砂。型芯的残留强度不高，溃散性较好，型芯清理不成问题，就是铸件内腔尺寸深了一点，可能操作起来有点麻烦。若炉前加入免固精炼剂，浇注后，模壳不要入水，这样对清理外模砂、型芯砂都较有利。

(12) 应用结果　首批试浇注5只，一次成功，成品率达100%。灌浆浇注的自硬型芯耐火材料，经不断对配方组分进行改进，从原先的小型芯适合做小件，转向大型芯适应生产较大的铸件。

生产实践表明，此种型芯既适合水玻璃工艺又适用于硅溶胶工艺，尤其是型芯的溃散性明显改善。

4.3.4 熔模铸造工艺应用树脂砂型芯

熔模铸造生产中，经常会碰到深孔、凹槽、窄道等特殊的和异型的内型腔，许多精铸厂家由于生产设备条件有限，唯一的办法只能靠增加表面层的涂制层数，这样，内部虽然得以填充，往往外层却因干燥过度而出现涂层开裂、剥落等缺陷，结壳时间延长，质量上不去，生产效率不高。树脂砂型芯应用到熔模铸造工艺中为熔模铸造的生产开创新的局面。熔模铸造常采用尿素型芯，这是因为，铸件内腔形状复杂，压蜡后脱模困难、压型制造费用高等。应该看到，尿素芯有几个缺点：尿素芯溶解后，尿素不能回收，直接排放不利于环境保护；熔模的复杂内腔仍然要涂料，深孔、凹槽、异型内腔的铸造质量还是得不到解决。

树脂砂型芯一般情况适用于砂型铸造，若要应用于熔模铸造，树脂砂型芯必须要过3个“关”：

① 脱蜡关，型芯要经受得住热水或者蒸汽的侵入而不被溶解。

② 焙烧关，要抵挡得了1150℃左右的高温焙烧，并且在此高温下连续长达2h以上。

④ 浇注关，当1630℃左右的钢液浇注冲击时，要求型芯表现出良好的耐高温性能和高温强度，型芯不能被冲垮、冲烂。

(1) 精铸树脂砂型芯的制作　取60～80目莫来砂25kg，等量分成甲、乙两堆。在甲堆砂中加入呋喃树脂XYX90-2型（苏州兴业铸造材料公司出品）1kg，充分混合均匀。在乙堆砂中，加入0.35kg固化剂（对甲苯磺酸），充分混合均匀。

将泥芯盒清理干净，芯盒内腔涂上呋喃树脂砂专用的脱模剂（江苏宜兴产），然后对钢制模具进行预热，温度60～80℃为宜，放置待用。

从甲、乙两堆原砂中，以1∶0.5～0.8的质量百分比配制型砂，快速混合均匀，要用多少砂，就混制多少砂，即混即用。将混合均匀的型砂快速装入泥芯盒，舂制砂芯。

树脂砂型芯打制结束，硬化5～10min就可以脱模，从芯盒中取出型芯。将树脂砂型芯放在室温中自然干燥2～3h，或者放置过夜。

图4-9为精铸呋喃树脂砂型芯应用于熔模铸造的三通管零件简图。

(2) 精铸树脂砂型芯的强化　利用呋喃树脂的固化原理，使型芯在较短的时间内迅速成型并且具有一定的湿强度。如前所述，要使精铸树脂砂型芯不怕热水、不惧高温焙烧、能抵御钢水的冲击，必须对树脂砂型芯作强化处理，这是关键的特性工艺。

(3) 高温强化剂的配制 高温强化剂的主要组分是硅酸乙酯水解液，它是由正硅酸乙酯水解而得。

硅酸乙酯的水解方法：取蒸馏水165mL、10mL 盐酸和 5mL 醋酸加入到水解器中，搅拌 1min 形成酸性水，然后加入 612mL 乙醇，继续搅拌 5min。

在不断搅拌的条件下，将 1000mL 正硅酸乙酯呈细流水状流入水解器中，与酸性水反应，整个水解反应过程的，温度始终控制在 45～50℃范围内。当硅酸乙酯加入完毕，仍然要继续搅拌，待温度降至 40℃以下方可停止搅拌，当温度降至 30℃时，方可装瓶封存，放置过夜，次日使用。

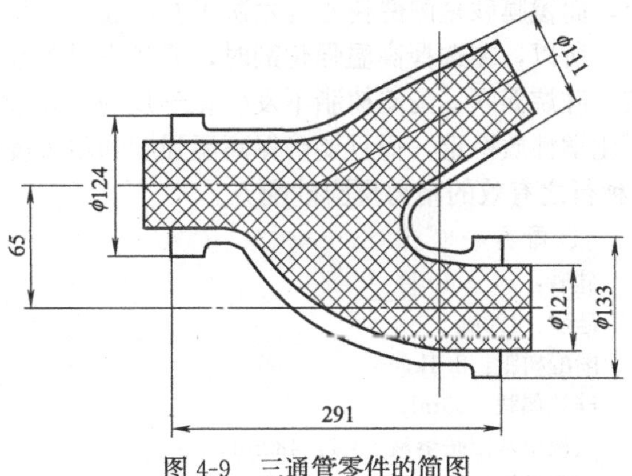

图 4-9 三通管零件的简图

水解后，要确保硅酸乙酯水解中 SiO_2 的质量分数为 18%～20%。

实时提示：硅酸乙酯水解液应在 15～27℃阴凉处存放，有效时间 7 天。根据 7 天的实际需要量，按照上述介绍的配比，分别先算出乙醇、盐酸、蒸馏水、硅酸乙酯的用量，做到定量配制，现配现用，限时使用。

(4) 高温性能添加剂 为了提高树脂砂型芯的高温强度在混合莫来砂与呋喃树脂的 A 堆砂中，加入一种高温性能添加剂，是自制复合无机黏结剂（型号为 P-a-1），这种高温性能添加剂非但不与呋喃树脂、固化剂、硅酸乙酯水解液发生化学反应，并且在焙烧时会使型芯建立起高温强度和提高耐火度。高温性能添加剂的加入量为 0.05%～0.07%。

(5) 精铸树脂砂型芯的强化处理 将经过自然干燥的树脂砂型芯，浸入硅酸乙酯水解液中，此时可以看到有细小的气泡冒出并向上翻滚，浸渗时间 3min，取出，淋尽水滴，在恒温室内干燥 8h。

(6) 精铸树脂砂型芯的表面处理 预先准备一只喷壶，喷壶内装有黏度为 15～20s 的锆英粉浆料，喷壶接上压缩空气待用。将经过强化处理、干燥的树脂砂型芯，浸入黏度为 8～10s 莫来粉-硅酸乙酯水解液浆料中沾浆。

从沾浆桶内取出树脂砂型芯滴尽浆料，用准备好的喷壶对树脂砂型芯喷涂料，喷涂料操作时，一要喷得均匀，二是浆料不能堆积，若喷浆还未填满嵌平砂粒之间隙，等稍干之后（3～5 min）再均匀地喷一次。放在恒温室内自然干燥 8～10h。将经过干燥的树脂砂型芯准确地放入压型的泥芯座中，压蜡制得熔模，见图 4-10。按正常工艺修模、组树。

4.3.5 精铸覆膜砂型芯的开发应用

覆膜砂一般是应用在砂型铸造，大多数只能浇注灰铁、球墨铸铁等材质的铸件。精铸树脂砂型芯虽然能替代尿素芯在熔模铸造中应用，但是一般手工操作居多，要实现制芯机械化、要生产较大的型芯，势必采用壳型机制作型芯，所以，必须要开发出精铸专用覆膜砂。

(1) 高温强化剂的选择 精铸覆膜砂制型芯的硬化机理与呋喃砂型芯的硬化方法决然不同，呋喃树脂是糠醇与苯甲基磺酸在室温中的化学硬化反

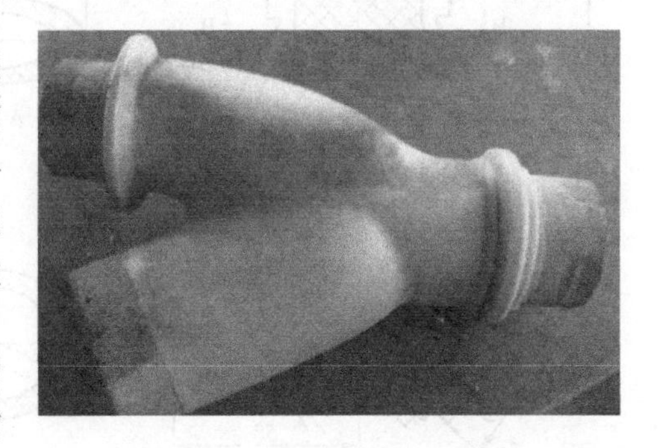
图 4-10 三通管树脂砂芯熔模

应，而覆膜砂是酚醛树脂与六次甲基四胺、硅烷偶联在加热状态下的化学硬化反应。

所以，在选择高温强化剂时，要考虑对覆膜砂在形成覆膜的过程中无影响，与六次甲基四胺、硅烷偶联、酚醛树脂不发生化学反应，使型砂保持呈偏碱性，不但在250～300℃的温度下化学性质稳定，而且要确保高温强度和耐火度性能不变。经过理论分析及大量试验，设计出3种行之有效的精铸覆膜砂配方。

① 配方一

硅砂：70～140 目

硅砂：120kg

酚醛树脂：2.4kg

硅烷偶联：50mL

六次甲基四胺溶液 1∶1：480mL

硬脂酸钙：40～50g

加固层硅溶胶（密度 1.29km^3）：6kg

② 配方二

硅砂：70～140 目

硅砂：120kg

酚醛树脂：2.4kg

硅烷偶联：50mL

六次甲基四胺溶液 1∶1：480mL

硬脂酸钙：40～50g

水玻璃（密度 1.36g/cm^3）：6kg

③ 配方三

硅砂：70～140 目

硅砂：120kg

酚醛树脂：2.4kg

硅烷偶联：50mL

六次甲基四胺溶液 1∶1：480mL

硬脂酸钙：40～50g

硅溶胶（密度 1.20g/cm^3）：1.2kg

水玻璃（密度 1.36g/cm^3）：4.8kg

采用上述3种覆膜砂配方的任何一种，都可以在制芯机（或者微电脑制芯机）上制作精铸覆膜砂型芯，笔者推荐配方三。图4-11是接口零件图，图4-12是精铸覆膜砂型芯接口组树图。

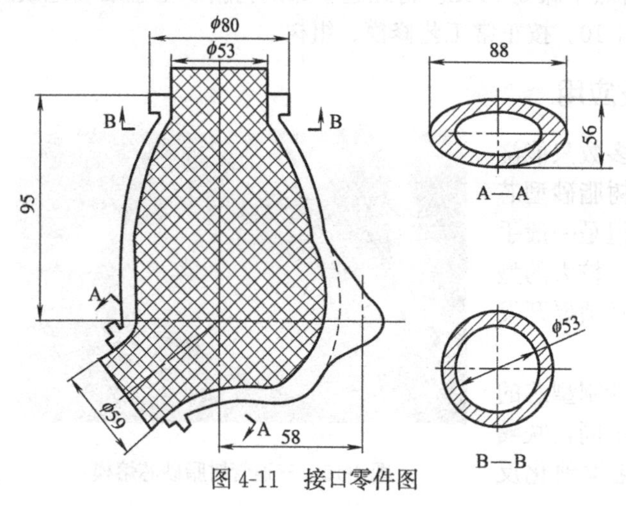

图 4-11 接口零件图

图 4-12 精铸覆膜砂型芯接口组树图

(2) 制芯工艺

搅拌方式：机械搅拌 6min。

烘烤温度：250℃。

烘烤时间：12min。

脱模后干燥：8h。

强化方式：

配方一　硅酸乙酯水解液 SiO_2 20%，浸渗 5min。

配方二　在 34%氯化铝溶液中浸泡 15min。

配方三　在 34%氯化铝溶液中浸泡 15min。

表面处理：

配方一　涂刷锆英浆或水解液莫来浆 15s。

配方二　涂刷锆英浆或水解液莫来浆 15s。

配方三　涂刷锆英浆或水解液莫来浆 15s。

表面处理后干燥时间：8h。

4.3.6 热压成型型芯

灌注式自硬型芯的问世，丰富了熔模铸造制芯结壳工艺的多样性。热压型芯就是在自硬型芯的基础上，针对自硬型芯表面易产生气泡、热膨胀性大、缺少芯头定位等不足，加以改进和开发了制芯新材料、新工艺。

(1) 制芯准备　根据变形弯管简图，见图 4-13，在设计压型模具的同时，对零件中的狭窄沟槽部位，或是复杂的深孔部位、整体内型腔，总之，将需要采用型芯的部分另行设计及开设一副包含型芯头在内的热压型芯模具。

制作热压型芯模具的材料，可以是锻铝，或钢材，笔者推荐钢材。以图 4-13 变形弯管为例。

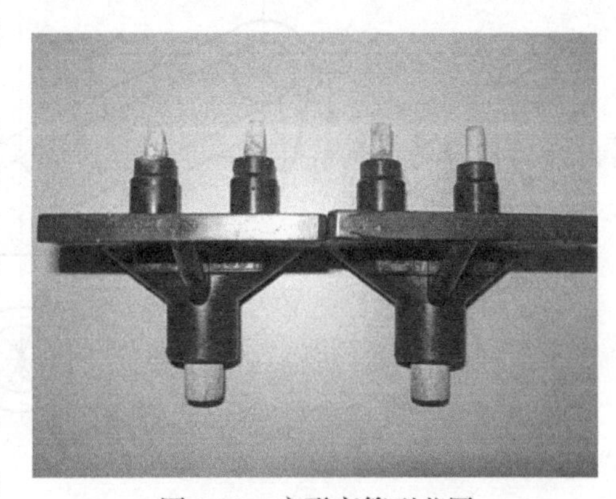

图 4-13　变形弯管型芯图

制造热压型芯需要添置一台 25kN 液压机，设备压力设定为 4～5.5MPa。型芯粉料由成都精芯铸造材料公司生产型芯粉料主要构成是：熔融石英等二氧化硅耐火粉料、磷酸盐高温黏结剂和有机增塑剂。

(2) 制芯工艺　压制型芯前，先将芯料加热到 85～90℃，保温时间必须大于 2h，使芯料充分加热并且受热均匀，芯料会变得柔软可塑，为热压奠定基础。但要注意避免过热，如果长时间超过 100℃会在压制前就固化失效。

将经过加热的芯料装入活塞式料筒中，利用液压机对活塞加压，把处于塑性状态的型芯粉料注入模具型腔，就像压制熔模操作一样压注、保压、脱模，取出型芯。

热压型芯模具采用变压器油作脱模剂。刚热压出来的型芯强度不高，高温强还没有建立起来，必须对型芯进行装箱低温焙烧。用钢板焊接制成匣把型芯以适当的间隔装入匣钵中，然后填满化铝粉末进行焙烧。可以用工业级氧化铝，粒度 100～200 目为宜，初次使用的氧化铝粉末须预先经 720～750℃焙烧 6h，目的是减少焙烧型芯时填砂粉的发气沸腾和收缩，确保具有约束型芯，防止变形的效果。

型芯焙烧分 3 个阶段：

第一阶段加热到 150℃保温 4h，分散有机增塑剂。

第二阶段加热到350～400℃，再保温4h，使型芯固化及分解增塑剂。

第三阶段加热到640℃保温4h后断电，分解有机物，形成微细的空隙，以利于下一步浸渍硅溶胶。2h后打开炉门降温，炉温降至300℃以下，出炉冷却。

然后，浸胶强化，将焙烧过的型芯清刷干净，浸在硅溶胶中0.5～1min，取出。（不要超过1 min）将取出的型芯放在恒温室内自然干燥1～2h，200℃烘干，烘干时间1h。将经过烘干的热压成型型芯放入压型的型芯座内，合盖上型，射蜡即可。

按精铸常规工艺组树，硅溶胶黏结剂浆料涂制6层半、蒸汽脱蜡、焙烧温度1100℃、熔炼35铬钼低合金钢，浇注温度1600℃（上述精铸树脂砂型芯和精铸覆膜砂型芯之结壳工艺基本与此类同）。

型芯清理并不困难，震动10～15s，绝大部分掉落干净。倘若有些零件在拐角、凹槽、狭窄缝隙中留有极少数残余芯料，可用碱煮工艺清除。

方架座零件同样采用热压型芯的工艺制作，效果显著，见图4-14。

4.3.7 二元复合型芯

尿素型芯已经在熔模铸造中得到广泛的应用，不过尿素型有3个弱点：一是，尿素的价格偏高。二是，尿素芯的表面粗糙度值大。三是，易吸湿，质脆。对有些要求内腔粗糙度值低的产品必须要加以工艺措施的改进。

图4-15为三通弯管铸件的尿素型芯，由于尿素的熔解温度和浇注温度都比较高，再则，目前还没有有效的脱模剂，所以，尿素型芯上流纹、裂纹、浇不足、缺损、凹陷、表面粗糙、飞边增厚等缺陷相当严重，修芯的工作量增大，图4-15中的红点部分就是采用修补蜡处理之处。

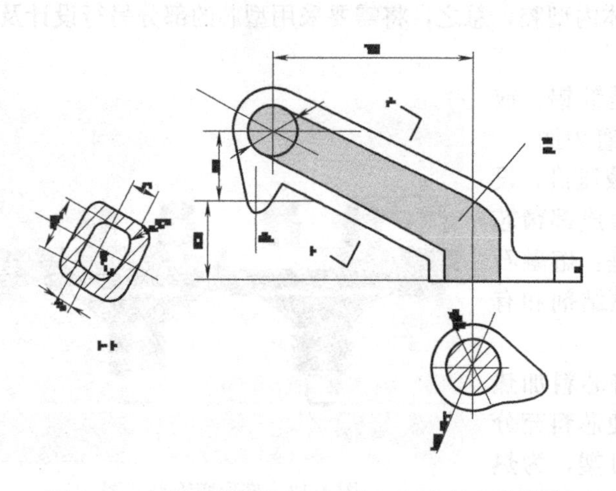

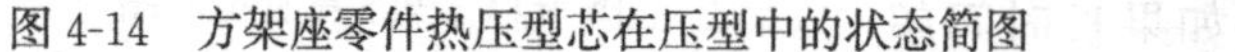

图4-14 方架座零件热压型芯在压型中的状态简图

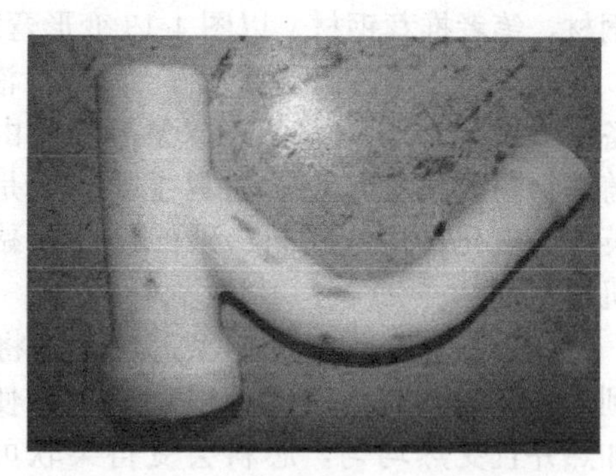

图4-15 三通弯管铸件的尿素型芯

在开设尿素芯模时，要开设两副模具，一副把尿素芯的整体尺寸缩小2～3mm。浇注出来的尿素芯肯定会出现上述各种各样的缺陷，不用修复缺陷，将尿素芯放入另外一副尺寸没有缩小的模具中，注入可溶性蜡，使可溶性蜡覆盖在尿素芯的表面，形成光洁、完整的可溶性蜡的蜡层，见图4-16所示。然后，将水溶性蜡包裹着尿素的复合型芯放入压型中进行压蜡，再将蜡模放入冷水中溶失可溶性蜡层和尿素，见图4-16。

采用水溶性蜡包裹尿素的复合芯工艺措施后，不仅铸件内腔尺寸形状复制完整，而且内腔与外形的粗糙度值能够保持一致，达到图纸规定的技术要求。涡轮泵内腔的成型完整性和粗糙度要求相当高，否则会影响到泵的流量、扬程和功率等性能指标，采用可溶性蜡覆盖尿素的复合芯已经投入大批量生产，铸件精密度等级得到提升。

图 4-16　水溶性蜡包裹尿素的二元复合型芯

4.3.8　砂浆自硬型芯工艺

本节介绍采用砂浆自硬型芯工艺制造带有深槽孔精密铸件的成功实例。自硬型芯粉料采用专业厂生产的 JXR 型粉料。自硬型芯用砂浆配制简便、铸件槽孔表面光洁、型芯清理方便。

硅溶胶黏结剂制壳生产中，经常要遇到带小孔、窄槽、盲孔的铸件，铸造这一类铸件是硅溶胶制壳工艺的优势所在（一般以孔径 3～5mm，通孔深度 5～10mm；不通孔深度 5mm；槽宽≥2.5mm，槽深≤5mm 为限）。

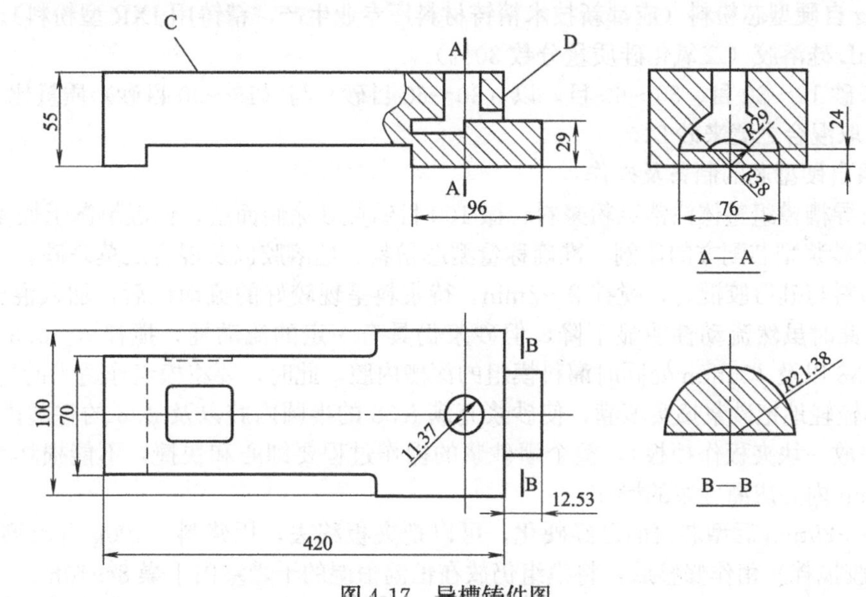

图 4-17　导槽铸件图

图 4-17 为导槽铸件，材质 20Cr13，质量约 15kg。从产品结构来分析，长度较长，壁厚不均匀，在全硅溶胶结壳的产品中属于大件，除此之外，难点在 $R38$ 的深槽，深度有 71mm。

(1) 原制壳工艺　在 C 平面上横向焊两只球型冒口，用横模头组树，见图 4-18。

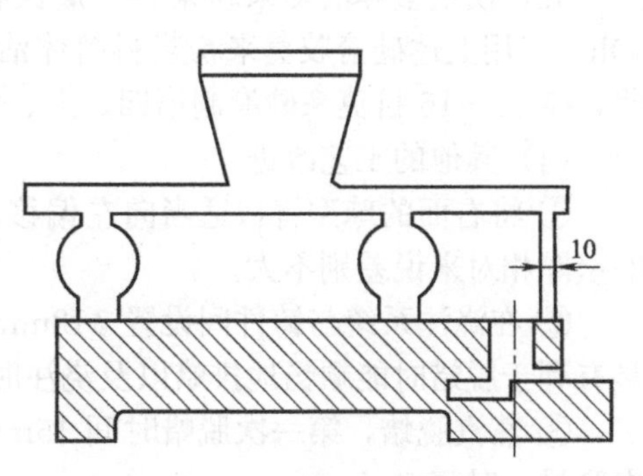

图 4-18　导槽铸件组树示意图

第一层，导槽模组整体沾锆英粉浆料（詹氏量杯黏度值 80～85s），撒 100 目锆英砂。

第二、三层，整体沾锆英粉浆（黏度值 30～

35s)，在96mm深槽处撒100目锆英砂，其他部位撒30～60目莫来砂，各层均干燥10h。第四、五、六层仅在96mm深槽部位局部沾锆英粉浆，撒100目锆英砂，各层均干燥10～12h。

第七层，整体沾莫来浆，不撒砂，特别要将$R38$与$R29$处用浆封严，干燥10h，再在$\phi36$圆内填莫来砂，并用莫来浆封闭，干燥10h。第八、九、十、十一层沾莫来粉浆撒16～30目莫来砂，各干燥12h。最后用莫来浆封层。共计涂制十二层，制壳时间7天。

(2) 原制壳工艺分析

① 由于槽内涂制了多层锆砂浆，型壳的透气性差，在$R38$处的深陷处易出现“憋气”，使铸件产生气孔缺陷。

② 深槽内虽然涂制多层，但毕竟是面层砂浆，其强度有限，往往会在脱蜡时断裂或发生“漏铁”缺陷。

③ 干燥周期长，易生铸件表面缺陷，生产效率低。

④ 由于右面的球型冒口靠近$R38$的深槽，钢水对准深槽冲击，落差高，压力大，形成新的热点，容易在$R38$与导槽本体厚壁处发生“缩孔”和“夹砂”，导致成品率不高。

(3) 采用砂浆自硬型芯　此件的关键是改进深沟槽处的结壳方法。一般来说，解决铸件上带有槽、孔、沟的方法是，连续用几层面层浆、砂涂制（第二层及以后，浆料黏度值要降低一点，撒100目锆英砂）。将深槽或深孔涂实填满：涂制1～2层面浆、砂之后，灌莫来浆，不撒砂，目的同样是将槽或孔填平涂实，而本例采取砂浆自硬型芯工艺。

① 砂浆自硬型芯的配方：

a. 100g自硬型芯粉料（成都新技术精铸材料厂专业生产，精铸用JXR型粉料）。

b. 20mL硅溶胶（二氧化硅质量分数30%）。

c. 莫来砂16～30目、30～60目，以（30～60目砂）与（16～30目砂）质量比为2∶1的比例混合，取混合之莫来砂20g。

② 砂浆自硬型芯的制备及操作：

a. 先将导槽模组整体沾锆英粉浆料，撒100目锆英砂涂制面层，恒温恒湿干燥4～5h。

b. 按照砂浆型芯配方的比例，准确称量型芯粉料、硅溶胶以及混合之莫来砂。

c. 将粉料与硅溶胶混合，搅拌2～3min，待浆料呈现较好的流动性后，加入混合莫来砂，继续搅拌，此时虽然流动性明显下降，但砂浆仍具有一定的流动性，搅拌4～4.5min之后，将砂浆从$R38$以及$\phi36$mm处同时灌科模组的深槽内腔，此时，要将模组作适当的晃动，并且用平的工具轻轻地把砂浆捣实填满，使砂浆充满$R38$的半圆内腔以及$\phi36$的整圆内腔（操作时在D面垫放一块夹板作挡板），整个灌砂浆的操作过程要细心和快捷，不能损坏表面涂层，在10～15min内完成灌砂浆的操作。

四，20～25min后型芯表面已经硬化，可以把夹板移去，用浆料（100g自硬型芯粉料加20mL硅溶胶搅拌）稍作修整后，将模组仍放在恒温恒湿的干燥室内干燥8～10h。

五，模组整体沾莫来粉浆料（詹氏杯35～40s），撒30～60目莫来砂涂制第二层，干燥10h。仍用上述硅溶胶莫来粉浆料整体沾浆，撒16～30目莫来砂涂制第三层。用上述浆料沾浆，撒12～16目莫来砂涂制第四、五、六、七层，最后用莫来粉浆封层。

(4) 其他的工艺改进

① 将右面的球型冒口适当向左偏移，一是为了避免浇注液直接冲击型芯。二是，此部位的壁厚相对来说差别不大。

② 在浇注系统与铸件间设置$\phi12$mm的蜡棒（见图4-18），蜡棒与横模头连成一体，目的是有利于脱蜡时能顺畅地排蜡以及浇注时排气。

③ 蒸汽脱蜡，第一次脱蜡时间15min，排气、水、蜡后，不打开脱蜡釜的门，进行第二次脱蜡，时间8min。

④ 因铸件较大，壁厚也大，故应适当降低模壳浇注温度，放慢浇注速度。

采用上述工艺浇出来的铸件，不但深槽内腔光洁、无铸造缺陷，并且砂浆型芯清理方便。

4.3.9　填料中氧化钠含量对陶瓷型芯质量的影响

随着航空发动机涡轮叶片气冷技术的发展，叶片内腔形状日趋复杂，因而对型芯质量提出更高的要求。目前广泛应用的陶瓷型芯是石英基型芯，北京航空材料研究院在研制某型号发动机定向空心叶片时，研制出 XD-1 型芯，本节将详细介绍焙烧该型芯时造型用的 Al_2O_3 填料中的碱土化合物的含量对型芯质量的影响。

（1）试验方法及过程　试验用型芯是 XD-1 陶瓷型芯，其主要成分为：SiO_2 60%～80%（质量分数，余同），$ZrSiO_4$ 20%～40%，外加少量添加剂。压制好的型芯用不同的 Al_2O_3 填料进行造型。在试验中选用 4 种 Al_2O_3 填料，见表 4-2。

表 4-2　焙烧型芯造型用的 Al_2O_3 填料

填料	状　　态
1#	1400℃×8h 煅烧处理的新填料
2#	1400℃×8h ＋ 1200℃×6h 加入陶瓷型芯两次焙烧后的填料
3#	1400℃×8h ＋ 1200℃×6h 多次加入陶瓷型芯焙烧后的填料
4#	已使用多年的旧填料

型芯造型后在 ZS-1 钟罩式焙烧炉中焙烧，其焙烧规程见图 4-19。

出炉后，采用 K 值法对型芯进行方石英含量分析，用 XL-50A 抗弯强度仪对试件进行室温抗弯强度测量。

（2）试验结果　取出焙烧后的陶瓷型芯试件后发现，采用不同 Al_2O_3 填料焙烧的陶瓷型芯试件的烧成率有明显差异，见图 4-20。填料中 Na_2O 含量高，烧成率低。

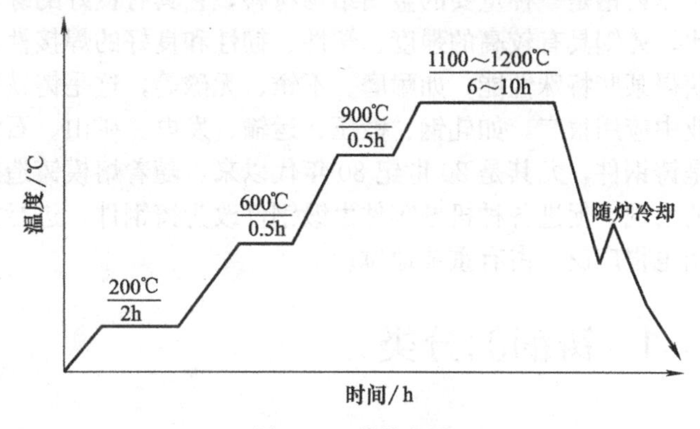

图 4-19　焙烧规程

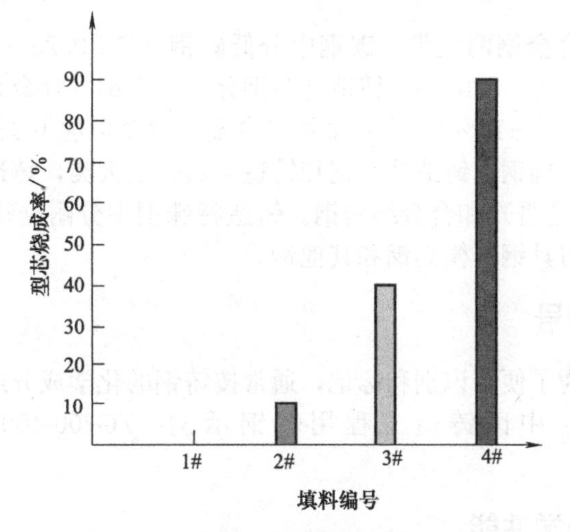

图 4-20　不同填料对型芯烧成率的影响

第5章 熔模铸造的熔炼

合金的熔炼与浇注是获得铸件最终的，也是较重要的工艺过程之一，当制成了合格的型壳后，还必须配有良好质量的合金液和正确的浇注工艺，方能获得高质量的铸件。

一种金属为基础加入一种或几种金属元素（也可以是非非金属元素），并熔合成具有一定特性的金属材料，称之为合金。

合金分为黑色合金和有色合金两大类，黑色合金通常指铁和铁基合金，有色合金是指除铁和铁合金以外的所有合金。

铸钢是一种重要的金属结构材料，它具有良好的综合力学性能和物理化学性能。与铸铁相比，铸钢具有较高的强度、塑性、韧性和良好的焊接性。如果往钢中加入某些合金元素，可以获得某些特殊性能，如耐磨、不锈、无磁等，这是铸铁所不及的。因此，铸钢在现代机械制造业中应用很广，如轧钢、锻压、运输、发电、矿山、石油、化工等设备中，许多零件的毛坯都是铸钢件，尤其是 20 世纪 80 年代以来，随着熔模铸造的不断发展和许多适用于铸造的新钢种的出现，促进各种机械零件由锻钢件改为铸钢件，进行大量生产。在国防工业中，铸钢件的应用也很广泛，占有重要地位。

5.1 铸钢的分类

5.1.1 按化学成分来分

有铸造碳钢和铸造合金钢两大类，碳钢中分低碳钢（C≤0.25%）、中碳钢（C 0.25%～0.60%）、高碳钢（C 0.6%～2.0%）。铸造合金钢分低合金钢（合金元素总含量≤5%）、中合金钢（合金元素总含量 5%～10%）、高合金钢（合金元素总含量 10%以上）。

按用途分，有铸造结构钢、铸造特殊钢和铸造工具钢三大类，铸造结构钢中分碳素结构钢（分高级Ⅰ、优质Ⅱ、普通Ⅲ）和合金结构钢。铸造特殊钢中分耐磨钢、不锈（耐酸）钢、其他钢。铸造工具钢中分刃具钢、模具钢和其他钢。

5.1.2 铸件的牌号

铸钢的种类很多，为了便于识别和标记，通常按铸钢的化学成分或力学性能给它起一个名称，叫做钢号或牌号。中国铸造工程用铸钢示例：ZG200-400；中国铸造合金钢示例：ZG1Cr18Ni9Ti。

5.1.3 铸钢的力学性能

所谓力学性能是指金属受到外力或载荷作用下，抵抗变形而仍不破坏的一种能力。从机械制造方面来看，铸钢材料力学性能最常用的指标是强度、塑性、硬度和冲击韧性。

（1）强度　强度是材料在外力——静载荷或动载荷的作用下，抵抗变形而不破坏的能力。抵抗外力的能力越大，则强度越高。根据受力状况不同，强度可分为抗拉、抗压、抗弯、抗扭和抗剪强度五种。应用最普遍的是抗拉强度，抗拉强度通过把材料（或标准试样）在材料试验机上做拉伸试验测得，计算方法是：

$$\delta_b = F_b / S_0$$

式中　δ_b——抗拉强度，MPa；

F_b——试样在外力作用下断裂前所受的最大载荷，N；

S_0——试样原横截面积，mm^2。

（2）塑性　金属材料在外力作用下产生永久变形而不被破坏，并在外力取消后仍能保持弯形后的形状的能力叫塑性。材料塑性高低用伸长率（δ）和断面收缩率（φ）表示。具体数值可以通过拉伸试验测定，计算方法是：$S_0 - S / S_0 \times 100\%$

拉断前伸长量越大，δ 值就越高，即材料的塑性越好。拉断后断面裂处的收缩量越大，φ 值越高，材料的塑性也越好。

（3）硬度　硬度表示金属材料抵抗在一定外力下所形成塑性变形的能力，所以常与材料的强度、塑性有一定的关系。一般来说，同一类型的金属材料中硬度高的，强度也高，而塑性则低。

合金的硬度是在硬度计上测得，它是一种不破坏工件的试验，简便迅速，可以在铸件上直接进行。硬度计种类较多，度量的数值也不同。生产中常用的有布氏硬度（HBS）试验法和洛氏硬度（HRC）试验法。

当材料硬度超过450HBS以上（或试样过小），不能用布氏硬度计测量时，改用洛氏硬度计测量。

（4）冲击韧性　冲击韧性是合金材料在冲击力作用下而不被破坏的能力，有些材料在通常情况下可以承受相当的力，但在受到冲击时就不行了。例如，做热处理炉炉底板的耐热钢，它可以装载相当重量的铸件而不破损，但受到较小冲击负荷时，就会开裂破损。所以受冲击的铸件，从凿岩机锤到曲轴、连杆、活塞销等，不仅要求材料有足够的强度，而且要有一定的冲击韧性。

材料的冲击韧性可用冲击试验测定，冲击韧性的大小，是以消耗于冲断试样单位横截面积上冲击功（A_k）的大小，即以冲击韧性（a_k）值来表示：

$$a_k = A_k / S_0 \ (J/cm^2)$$

式中　A_k——冲断试样所消耗的功，J；

S_0——试样断口处横截面积，cm^2。

以上四种力学性能是生产中经常要测定的，此外，还采用疲劳强度来表示材料抵抗交变载荷的能力。

不同种类的合金有不同的力学性能，同一种合金如果化学成分不同，其力学性能也不同。即使同一种合金的化学成分相同，但是冷却条件不同，其力学性能也不同。所以合理的力学性能是受到合金种类、化学成分和冷却条件三个因素的综合影响。

5.2 铸钢的熔炼

5.2.1 金属材料

金属材料包括生铁、废钢、回炉料、各种铁合金、纯金属和脱氧剂等，生产中必须了解各种金属原材料的规格及化学成分，才能在配料和炉前调整化学成分时做到心中有数。

准确地说，熔模精密铸造采用中频感应电炉重新熔融金属材料，然后，调整化学成分，对炉内金属液进行除碴、脱氧，浇注。

5.2.2 气体和非金属夹杂物对碳素钢力学性能的影响

钢中的气体和非金属夹杂物都是有害的，其危害的程度因它们在钢中存在形态和含量而不同。

(1) 气体 钢液中的气体主要是指氧、氢和氮。其中氢的危害最大，其次是氧和氮。它们主要来自金属炉料，同时在熔炼时，钢液也能直接从炉气中吸收气体。另外，烧结不良的炉衬、烘干处理不好的熔剂以及浇包未烘烤好、型壳未焙烧完全都会增加钢液中气体的含量。

钢液中存在大量的氢，在浇注和凝固过程中，氢因过饱和而析出，氢原子变为氢分子而成为气泡，积聚在铸件中形成气孔，这种气孔的特性是体积小而数量多，特征是呈现针孔，会使钢发脆。

氮被离解成氮原子，钢液中溶解的氮太多，金属液在降温凝固过程中，氮气析出，氮与硅、锆和铝等的化学亲和力较强，生成氮化物（Si_3N_4、ZrN、AlN），使塑性和冲击韧性显著降低。

氧在钢液中存在形态与氢、氮不同，它不是以原子、分子的形态存在，而是以它和铁的化合物即氧化亚铁（FeO）的分子形态存在，则在钢液凝固过程中产生气孔，这种气孔是由于钢液中的碳与氧化亚铁反应生成一氧化碳气体造成的，气孔还会使材料力学性能降低，所以，在钢液出炉前尽量去除残留的氧化亚铁，加强脱氧。

归纳起来，熔模铸钢件的气孔分为析出性、侵入性、卷入性 3 种，其中析出性气孔又分为过溶析出性和反应析出性两类。

析出性气孔由液体金属中析出的气体形成，此种气孔可以是球形，也可以是不规则的形状或针状，在凝固前期析出形成的气孔可能呈球形，在凝固后期，气孔的形状受凝固界面的影响较大，而呈不规则形状，此时的气孔与缩孔是孪生的，即形成所谓的气缩孔。

过溶析出气孔是由于溶入液体金属中的气体呈过饱和析出而形成，液体金属会吸收周围环境中的气体，气体在合金中的溶解量与该气体的分压以及温度等因素有关。对熔模铸钢件能产生此类影响的气体主要是氢和氮，氢和氮析出形成气泡，达到凝固温度时氢在液态钢中的溶解度（质量分数）约为 0.0025%，在固态钢中的溶解度（质量分数）约为 0.001%，因此当液态钢中含氢（质量分数）大于 0.001%时，凝固时就可能析出氢而产生气孔。氢不仅可能在钢中产生气孔，而且能引起裂纹，此种现象称为“氢脆”。钢中氢的来源主要是水分和铁锈，因此防止此类缺陷的主要措施是清洁炉料和保护炉体、浇包、炉料、铁合金和工具的干燥。

反应析出性气孔由液体金属中化学反应产生的气体析出而形成，对钢影响最大的是氧，氧在钢液中主要以 FeO 形式存在，当 FeO 含量超过平衡值时，FeO 与 C 发生化学反应生成 CO，CO 在钢中的溶解度很小，因此 CO 析出形成气孔。钢液在脱氧不良情况下，经常看到冒火花，此火花即是 CO 气泡外逸的结果。另外，含碳量的增加，FeO 在钢中的平衡值大大减少，所以浇注高碳钢熔模铸钢件更容易产生气孔，要更加注意充分脱氧。此类气孔呈现 3 种形态：

一是，气泡进入铸型后上浮，若上浮过程中铸件表面已凝固，则这些气泡将被留在铸件中而形成气孔，这类气孔形态近球形且一般出现在铸件的上方。

二是，当钢液脱氧不完全，浇注时虽并未产生 CO 形成气泡，但铸件凝固时，虽钢液温度降低，仍属放热反应，有利于生成 CO 方向进行，CO 将析出而形成细小针孔，此类气孔分布比较均匀，在铸件断面上呈较大面积分布。

三是，在钢液脱氧后残 Al 量不够，浇注后铸件局部表面位的钢液产生二次氧化形成

FeO，这些部位钢液中的 FeO 大于平衡值，在这些部位发生化学反应生成 FeO 而形成皮下针孔。皮下针孔附近的残 Al 量（质量分数）一般小于 0.0005%。熔模铸钢件普遍存在的表面脱碳就是铸钢件表面高温二次氧化的例证。熔模铸钢件烧冒口附近冷却缓慢，当其表面在凝固前产生氧化，使表层钢液中 FeO 含量增加，在残留铝量不足时就有可能产生皮下针孔。因此熔模铸钢件中，此类缺陷容易出现在浇冒口附近。

预防熔模铸钢件反应析出性气孔可采取以下措施：

① 清洁炉料，特别是铁锈严重的炉料应除锈处理。铁锈不仅带入 FeO，而且带入了 H_2O，其分解引起钢液吸氢。

② 缩短高温冶炼时间。

③ 充分脱氧，普通碳钢冶炼用 Al 终脱氧，既要必须保证 Al 量，又要避免过量，造成降低流动性、恶化铸件机加工性能。对于含 Mn 量较高的钢液，建议终脱氧剂采用 Al，Al 质量分数 ω_{Al} 为：

$$\omega_{Al}=[(0.55\%\sim0.60\%)-\omega_{Si}]/4$$

ω_{Si} 为 Si 的质量分数。终脱氧剂应事先称重，放在浇包底部，得与冲入的钢液搅拌。熔炼脱氧最好用网罩将脱氧剂压入。

侵入性气孔是浇注时，铸型由于受液体金属的热作用而发生的水分蒸发、有机物（蜡料）燃烧和盐分气化而产生大量气体，使金属液与铸型界面处气体压力增加，气体侵入液体金属而形成气孔。对于熔模铸造来说，型壳经过高温焙烧且是热型壳浇注，型壳的发气量很少，形成侵入性气孔的可能性较小。对于水玻璃型壳，产生气体的来源主要是 NaCl，型壳中 NaCl 的来源如下：

一是，水玻璃同 NH_4Cl 硬化反应时的产物 NaCl 残留在型壳内，脱蜡后放置较长时间的型壳表面长白毛就是残留在型壳内的 NaCl 随水分向外迁移到型壳表面，水分蒸发后，NaCl 析出。

二是，焙烧时 NH_4Cl 分解出的 HCl 与型壳中残留的 Na_2O 反应生成的 NaCl。此种 NaCl 属无定型，分散度大，化学活性大，高温焙烧时较易去除。晶体 NaCl 的熔点为 803℃，沸点 1413℃，虽然 865℃时晶体 NaCl 的蒸气气压仅 130Pa 左右，但是由于炉气中 NaCl 蒸气气压很低，型壳内外的 NaCl 蒸气气压不可能达到平衡，因此只要保证足够的保温时间，尤其是 803℃以上焙烧且保温充分是完全可以去除 NaCl 的。但是当焙烧温度低，保温时间短时，NaCl 则不能完全去除，此时出炉的模壳口上还可能冒出 NaCl 烟气。特别是制壳过程中涂料堆积、硬化不充分，脱蜡时皂化物去除不干净时，将在型壳相应部位残留较多的 Na 量，在这种情况下，焙烧充分时将在型壳这一部分出现泛绿、泛黄的玻璃相，浇注后铸件部位出现硅酸盐瘤，而焙烧不充分时这一部位发黑，残留的未挥发的 NaCl 等在浇注时气化，此时会在铸件相应部位形成低于铸件表面的凹凸不平，实际上是俗称的蛤蟆皮缺陷的另一种表现形式。

避免这类缺陷的措施：

① 受潮型壳不得浇注，应力求热壳浇注。

② 制壳时避免涂料堆积，硬化应充分。

③ 脱蜡时应保证脱蜡液有一定的 NH_4Cl 或者 HCl 浓度进行补充硬化，避免皂化，脱蜡后最好用一定浓度的 NH_4Cl 或者 HCl 水溶液清洗。

④ 焙烧充分，焙烧后的模壳口上不冒烟。

卷入性气孔，铸型型腔和浇注系统在未浇注之前是被大气占领的，浇注时不平稳的液体金属流很可能将型腔中的气体卷入而形成气孔。卷入性气孔的气体来源和形成过程均不同于侵入性气孔。卷入性气孔的气体来自型腔，主要是大气。侵入性气孔的气体主要来自铸型物质的发气。对于卷入性气孔，液体金属是主动的，气体是被动的。而侵入性气孔，气体是主动的。熔模铸造的浇注系统结构较简单，浇注时间较短，充型速度快，因而形成卷入性气孔的可能性较大。

另外，液体金属充满型腔时必须同时排出型腔中的空气，但是熔模铸造陶瓷型壳的透气性差，排气困难，因而增加了薄壁铸件的充型难度。为了保证铸件充型，必须增大浇注时金属液的压力，从而增加了卷入性气孔的可能性。随着型壳强度增加和型壳陶瓷烧结致密度的提高，型壳透气性下降，此类缺陷将更加突出。

卷入性气孔缺陷的防止措施：

① 铸造方案设计时应考虑到方便排气，尽量使液体金属能平稳有序地充型。

② 薄壁铸件充型末端建议设置集气包、溢气槽、排气边、出气口。有些铸件中间细薄，如果设计上下两个内浇道，夹在中部的气体不易排出而形成气孔。采用底注，上部设置集气包后克服气孔缺陷。

③ 在满足型壳强度条件下，应注意适当降低陶瓷型壳烧结致密度，提高型壳的透气性，要树立型壳的强度并非越高越好的观念。

(2) 夹杂物　钢中的夹杂物是指不溶解于钢的本体，而独立相存在的物质。

夹杂物分为两类：金属夹杂物和非金属夹杂物。

金属夹杂物主要是一些由炼钢原材料带入的高熔点的金属成分，在炼钢温度下未能熔化，凝固后保留在钢中，这类夹杂物在一般铸钢中为数是极少的。

大部分夹杂物是属于非金属夹杂物，其中主要是金属元素的氧化物，硫化物和硅酸盐。非金属夹杂物的来源既有外来的，例如：金属炉料带入的泥沙的杂质、从炉衬材料上剥落下来的碎粒以及在浇注过程中型壳被钢液冲刷下来的碎砂等，也有内部产生的，例如钢液中的元素被氧化生成的氧化物。

夹杂物的存在形式及其影响：

① 氧化物：FeO、Fe_2O_3、Fe_3O_4、MnO、TiO、Cr_2O_3、V_2O_3、Al_2O_3、SiO_2、MgO等，特别是氧化铝和氮化铝，含量过多时，便会带来尖角的夹杂物出现，削弱钢的本体，降低钢的力学性能，特别是冲击韧性。

② 硫化物：MnS、FeS等的熔点比钢液低，在钢中呈液态存在，表面张力较小，与钢液之间能互相润湿，在钢的凝固过程中，比钢迟凝固而被排挤至晶粒之间，呈网状，无序分布，削弱晶粒之间连接，降低钢的性能。

③ 硅酸盐：$FeSiO_4$、$MnSiO_4$、Mn_2SiO_4、$FeO \cdot Al_2O_3 \cdot SiO_2$、$MnO \cdot Al_2O_3 \cdot SiO_2$等，这类夹杂物的熔点比钢液温度低，在钢中呈液态存在，表面张力较大，与钢液之间不互相润湿，因此在钢液中积聚成球，钢液凝固后形成夹杂物，这种球形夹杂物削弱钢的性能的作用最小。

④ 磷化物：Fe_3P等。氮化物：AlN、TiN、ZrN、VN、Si_3N_4、BN等。非金属夹杂物对钢的性能有不同的影响，在少数情况下，例如当夹杂物的熔点高，颗粒细小，而且当它与钢中的结晶晶体结构相似时，可以作为外生晶核而起细化钢晶粒作用，效果是提高了钢的性能。但是大多数情况，非金属夹杂物起到降低钢的力学性能的作用，非金属夹杂物本身的强度和塑性都很低，它们在钢中的存在像孔洞或裂纹一样，割裂钢的本体，降低钢的综合性能。

熔模铸造中频感应电炉熔炼碳钢及合金钢时的元素烧损率见表5-1（计算炉料时要用到）。

表5-1　元素烧损率（质量分数）　单位：%

元素	碳	硅	锰	铬	钛	铝	钨	钒	钼	镍
酸性炉	5～10	0～10	30～50	5～10	40～60	30～50	3～5	～50	5～20	0
碱性炉		30～40	20～30							

5.3　铸钢熔炼的应用实践

5.3.1　炉底吹氩气精炼

熔炼一般碳钢、低合金钢、不锈钢大多采用无芯快速中频感应电炉，优点是功率大、熔化速度快、合金元素烧损少，并且可以减少重熔产生的气孔和夹杂物缺陷。但是，随着对铸件内在质量要求的不断提高，必须向熔炼纯净钢的目标前进。

得益于 VOD 或 AOD 的精炼法的推广，出现了优质炉料的快速重熔，使熔模铸造的熔炼水准向纯净钢的目标迈进了一大步。与此同时，国内许多精铸厂家探索采用惰性气体覆盖保护法的熔炼技术，尝试了滴入液态惰性气体（液氩或液氮），让它迅速汽化并扩散，替代熔池上方的空气层，形成惰性气体的保护层。有些试验了惰性气体（氩气）直接通过层栅状扩散器，在熔池表面水平方向形成气帘，达到阻拦空气的作用。可是，由于设备、设施、可操作性等原因，始终没有获得突破和在实际生产中应用。

（1）透气砖的筑炉方式　采用透气砖筑炉的改进之处：一是，感应圈的四周以及感应圈的底部不用石棉布覆盖，先用耐火胶泥涂嵌在感应圈的匝间，既保证感应圈的绝缘性能，又提高了感应圈的整体刚性。然后在感应圈的内壁涂一层 10～12mm 的耐火胶泥，此耐火胶泥涂层可以连续使用一年。二是，打筑炉底层前，在炉底石棉板的中心位置打一个 ϕ16mm 的穿孔，并加工成外径 110mm，内径 70mm 用来固定透气砖的型腔。

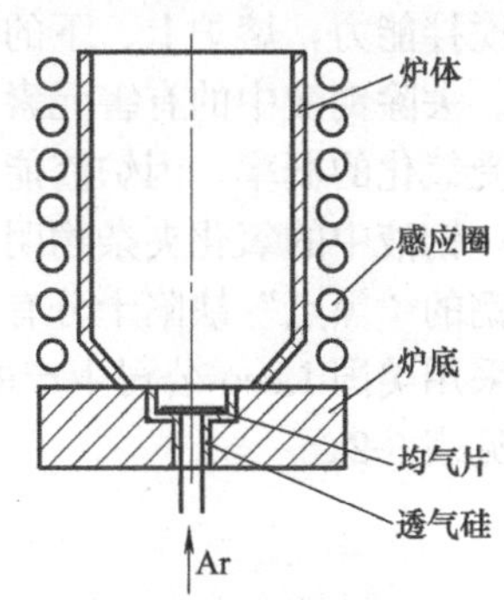

图 5-1　透气砖筑炉安装图

透气砖的中间部位有匀气片，厚度为 15mm，匀气片上布满 0.5μm 的微孔，匀气片的上面装有透气粉料，在匀气片下方的 ϕ16 的圆孔内，插上 ϕ16 的不锈钢钢管，供连接氩气瓶用，然后用耐火材料打筑炉底层，也就是说，将透气砖埋在炉底层的耐火材料中。在打筑好的炉底耐火材料层上面放置坩埚样模，再用同样的耐火材料打筑内圈层。透气砖的安装见图 5-1。透气砖的形状见图 5-2。透气砖结构见图 5-3。新打筑的透气炉炉衬仍然必需按照工艺规程进行烘烤、烧结。

图 5-2　透气砖内、外形状图片

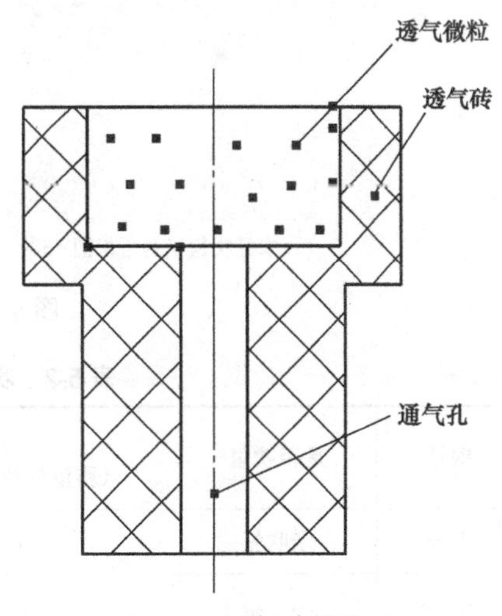

图 5-3　透气砖结构图

(2) 吹氩气的操作　做好开炉前的各项准备和检查工作，遵照熔炼作业指导书进行操作，同时要检查透气砖的烧结层是否阻遏氩气的流通。

氩气是一种无色、无味的惰性气体，对人体无害。分子量 39.938，元素符号 Ar，在标准状态下，其密度为 1.784kg/m³。氩气发生泄漏，遇明火不会引发爆炸。

当炉料全部熔化完毕，开启氩气。氩气纯度为一般常用的 99.95%，氩气从中频炉的炉底向上吹入，氩气流量以钢液呈现波动，但不飞溅为宜，此时进行脱氧、除渣操作，取出炉前样后，加除渣剂覆盖炉面，在等待炉前光谱分析的时间内，将中频电炉功率降为 0，对钢液进行精炼静置处理，时间控制在≥3min，炉前分析报告出来后，添加合金元素，再次除渣，调整好钢水浇注温度后，关闭氩气，开始浇注。

炉内可以剩余适量钢液，继续加料熔炼。但是，浇注完当班的最后一炉时，一定要将炉内的钢液倾倒干净，炉体保持倾斜与地面成 30°角，15min 后，炉体方可恢复垂直状态。透气砖熔炼炉的炉龄一般使用 13 个班，每班开 15 炉，考虑到初始使用阶段，确保安全第一，所以，这个数据应该说还是比较安全稳妥的做法。其实，当透气粉料上面的烧结层为≥30mm 时，用氧熔棒将烧结层清除掉，可以继续熔炼。实际生产证明，熔炼 304 和 316 不锈钢，炉龄的平均寿命达到 240～250 炉，最高达到 275 炉。氩气每瓶约 58 元，算起来精炼一炉钢水仅花费几毛钱。

(3) 吹氩气的效果　由于直接从透气砖熔炼炉的炉底向上吹氩气保护气体，增强了钢水自身的搅拌能力，熔炉上、下的钢液温度更趋均匀。有效地减少了偏析的倾向，使化学成分更加稳定。去除钢液中的有害元素 O、H、N 的能力倍增，脱氧效果尤其明显，大大减少和保护钢液免受氧化的概率。因炉渣能迅速上浮到炉口，所以除渣效果更为充分，通过金相显微镜放大观察，钢液中的氧化夹杂物明显减少，弥散度扩大，当量粒径从 15μm 变小到 8μm，对于消除不锈钢的“黑点”缺陷十分有利，见图 5-4。

采用美国 Leco 公司生产的 TOH600 氧氢氮自动分析仪测试钢液中的有害元素对比分析结果，见表 5-2。

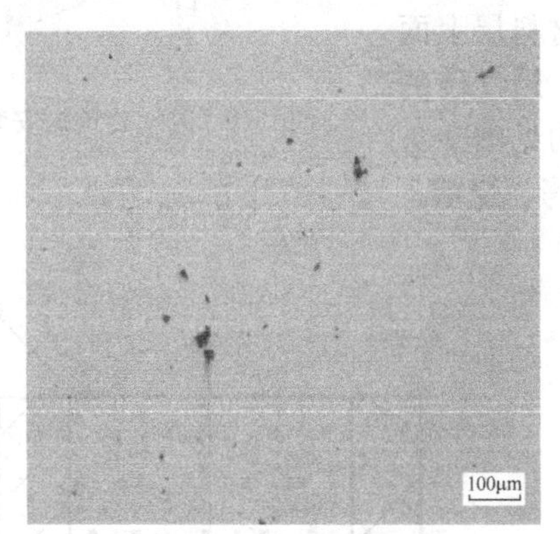

(a) 未经吹氩气的金相图×300

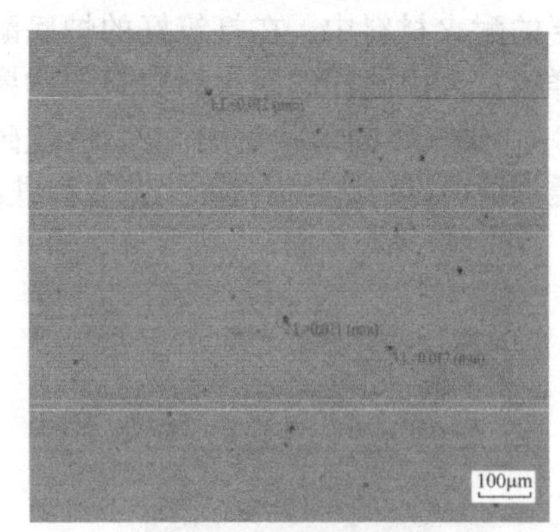

(b) 经过吹氩气 金相图×300

图 5-4　吹氩前后夹杂物的金相图

表 5-2　吹氩前后钢液中有害元素的对比表

钢号	是否吹氩	O_2（质量分数）/$\times10^{-6}$	氧化夹杂物（平均）/μm	氧化夹杂物的弥散性
CF-8C	未吹氩	54.2	13.22	集中
CF-8C	吹　氩	21.1	7.5	扩散

氩气保护气体本身不参与冶金反应，但从钢液中上升的每个小气泡相当于一个个“小真空室”（气泡中 H_2、N_2、CO 的分压接近于零），具有“气洗”作用，在精炼时可以搅拌钢水，均匀钢液温度、均匀化学成分，促进钢液中夹杂物上浮，加快钢水脱氧，钢液中全氧含量明显下降。由于氧含量的减少，钢液中氧化夹杂物也随之减少，其关联的方程式：

$$y=10+2x$$

式中 x——为氧含量；

y——为夹杂物总量。

说明钢液中的氧含量与夹杂物总含量呈线性关系，所以减少钢液中氧含量也就减少了夹杂物的总量。

通过半年的生产实践，采用透气砖筑炉吹入氩气精炼钢液，对于消除铸件表面、近表面的“黑点”缺陷相当明显，实现了向熔炼高品位纯净钢的目标前进了一大步。可以预示，随着透气砖熔炼炉吹氩工艺在黑色金属的推广应用，必将会延伸到铝合金液、铜合金液的变质、除气和净化之中，促进有色合金铸件品质和档次的提升。

5.3.2 对中频感应电炉脱氧的再认识

熔模铸造使用的中频感应电炉不同于炼钢感应电炉，区别在于冶炼氧化期的脱氧工艺，中频感应电炉仅是将废钢包括浇冒口炉料进行重新熔化，然后调整元素成分、脱氧、除渣、浇注。

(1) 沉淀脱氧　钢中有害元素主要是硫、磷，其次是氧、氢，由于中感应电炉中的碱性炉衬在熔化炉料的过程中有遏制磷的作用，所以，钢液中的氧含量成为影响精铸件品质的重要因素。

中频感应电炉熔炼时脱氧剂撒在钢液表面，从本质上看，脱氧剂与钢液中的溶解氧，在钢水表面或者近表面进行氧化-还原反应，是一个典型的沉淀脱氧过程。

(2) 改变脱氧反应方式　中频感应电炉虽有电磁搅拌作用，但是由于感应集肤效应而产生的“驼峰”现象，使非金属夹杂物、氧化夹杂物难以上浮到钢液面上来，再加上现行大多数精铸厂家，打筑的坩埚炉膛直径与炉膛深度之比一般为 1.0∶(2.5～2.7)，氧化夹杂物上浮就更为不易。

传统的脱氧操作是将脱氧元素撒在钢液上面，其缺点是氧化还原反应仅在合金液表面进行，吸气多、损耗大、反应不彻底。针对于此，为了改变传统的脱氧方式，使用脱氧管，将脱氧元素放置在薄壁金属管内，制成精铸专用脱氧管。脱氧时，将脱氧管插入炉内合金液中，能取得吸气少、损耗少、脱氧剂氧化还原反应完全的效果，特别是脱氧元素在合金液中反应产生物化动能，带动钢液向上翻滚，使夹杂物容易上浮、更容易清除。

将采用脱氧管脱氧的炉前试样及炉后试样，在美国 Leco 公司生产的 TOH600 氧氢氮分析仪上测试氧的含量，见表 5-3。

表 5-3　脱氧管在炉内沉淀脱氧的效果

牌号	w_{O_2}	
	脱氧前	脱氧后
35CrMo	0.006240	0.005691
15-5PH	0.019690	0.018568

35CrMo 未脱氧前，夹杂物呈大颗粒状，部分晶粒较粗，无序混乱［图 5-5 (a)］。采用脱氧管在炉内沉淀脱氧的铸件金相组织，夹杂物呈球状，为网状珠光体，均匀细腻［图 5-5 (b)］。15-5PH 未脱氧前，夹杂物颗粒大，氧化物呈气泡状，晶界上有铁素体析出［图 5-5 (c)］。采用脱氧管在炉内沉淀脱氧的铸件金相组织，夹杂物颗粒较小，聚集在一起，晶粒度变得细小［图 5-5 (d)］。

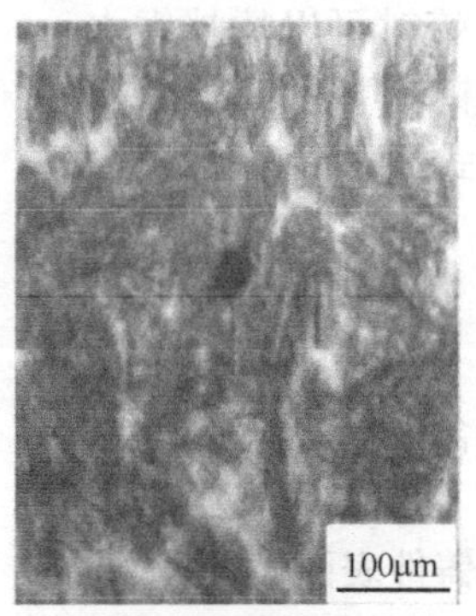

(a) 35CrMo未脱氧

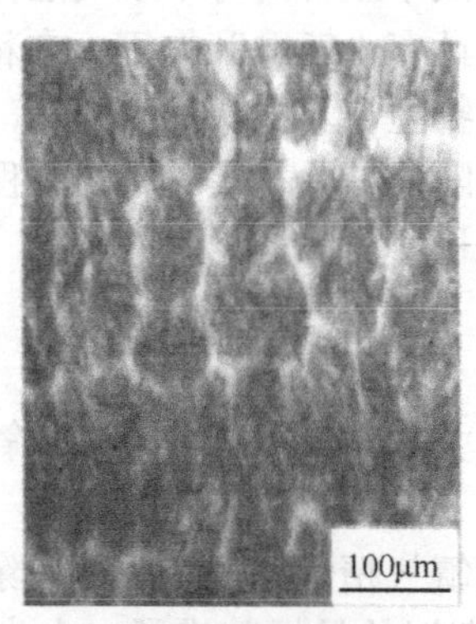

(b) 35CrMo脱氧后

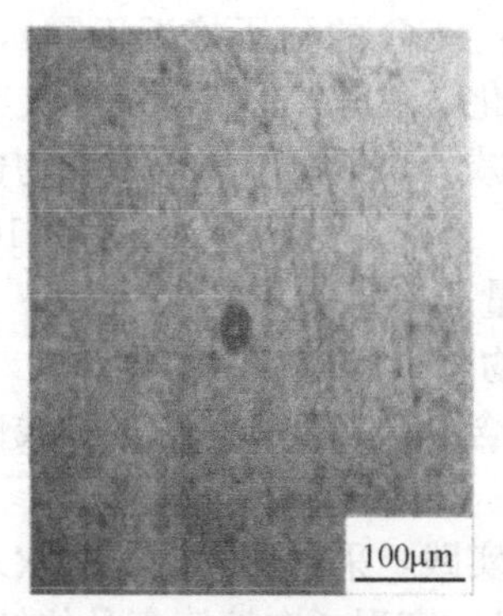

(c) 15-5PH未脱氧

(d) 15-5PH脱氧后

图 5-5　采用脱氧管在炉内沉淀脱氧前、后的铸件金相组织对比

（3）炉内元素含量决定脱氧能　铸件表面（近表面）的氧化夹杂缺陷，80％是由于钢液脱氧不好和二次氧化所造成，所以有必要对炉料的氧含量作一定分析。钢中的氧大部分是以化合态形式存在，并且有碳-氧平衡的关系。具体来说，碳含量（质量分数,％）＜0.10时，氧含量为0.035～0.069；碳含量为0.14～0.30时，氧含量为0.017～0.054。

在中频感应电炉中熔炼35CrMo低合金钢，脱氧工艺是这样的：

第一步用0.05％～0.20％的95硅铁及0.08％～0.20％的锰铁预脱氧。

第二步用0.15％～0.25％的硅钙合金沉淀脱氧。

第三步采用0.05％～0.08％的铝终脱氧。最后在浇包内加适量铝补充脱氧。

参照上述列举的钢种氧含量的允许范围，氧含量应该说不高，可是，脱氧效果始终不理想，铸件上气孔及氧化夹杂缺陷时有发生。

熔炼35CrMo钢，采用的脱氧剂是硅铁、锰铁-硅钙-铝。熔炼15-5PH沉淀硬化不锈钢脱氧，采用金属锰-硅钙合金-硅钙锰合金脱氧的效果见表5-4。

表 5-4　两种合金脱氧的效果

牌号	w_{O_2}	
	脱氧前	脱氧后
35CrMo	0.00625	0.00758
15-5PH	0.01662	0.01864

从表5-4看，没有脱氧效果，经过长时间的摸索和实践，找到炉前合金液的化学成分与脱氧元素之间的规律。当元素含量变化时，该元素的氧化度（即脱氧能）也随之变化，硅、锰元素增加到一定程度时，脱氧能力非但不提高，反而下降。当炉前合金液中的ω_{Mn}＜0.5％时，可使硅的脱氧能力提高30％～50％。当ω_{Mn}＞0.66％、ω_{Si}＞0.27％时，不宜采用硅铁、锰铁、硅钙合金以及硅钙锰合金脱氧，否则会大大减弱脱氧能。

而且钢水中还会增多二氧化硅夹杂物和氧化锰夹杂物。由于炉前锰含量不同，加入相同质量的硅钙锰复合脱氧剂，其脱氧效果见图5-6（a）。由于炉前硅含量不同，加入相同质量的硅钙锰复合脱氧剂，其脱氧效果，见图5-6（b）。

以熔炼35CrMo钢为例子，将钢液的化学成分控制到合格范围，炉前取样光谱分析数据为：碳为0.378％、硅为0.62％、锰为0.89％、铬为0.95％、铝为0.20％。此时，硅、锰元素含量较高，脱氧时不再用硅钙合金和硅钙锰合金作脱氧剂，改用0.1％的纯铝丝插入炉内，并加以搅拌，脱氧效率大大提高，见表5-5。

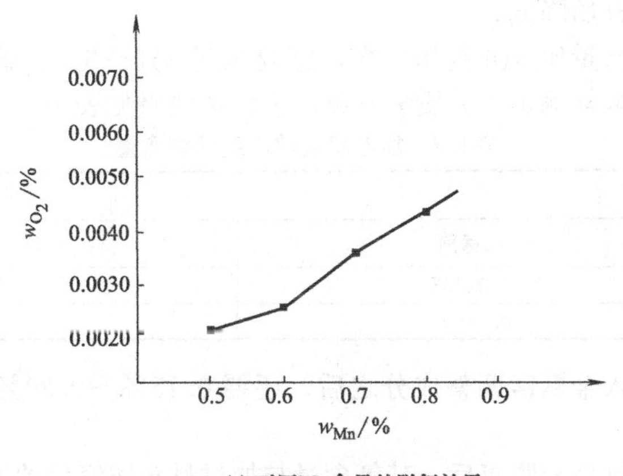

(a) 不同Mn含量的脱氧效果

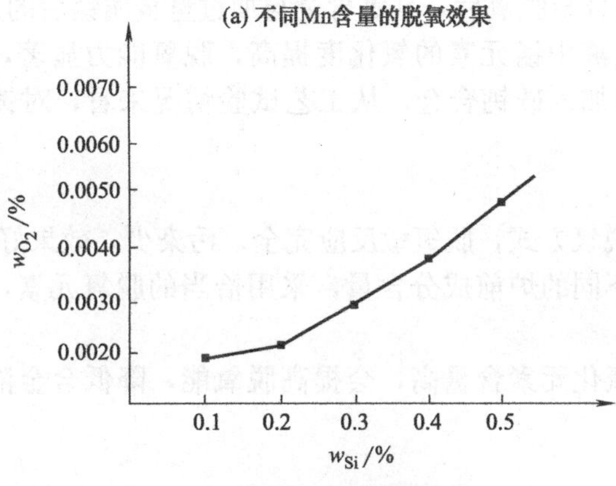

(b) 不同Si含量的脱氧效果

图 5-6 脱氧效果

表 5-5 35CrMo 采用铝脱氧的效果

牌号	w_{O_2}	
	炉前	炉后
Ⅰ	0.00622	0.00515
Ⅱ	0.01662	0.00606

同理，在熔炼 15-5PH 沉淀不锈钢时，炉前光谱分析数据：碳 0.053%，硅 0.5%，锰 0.42%，铬 14.2%，镍 4.81%，铜 2.8%。

脱氧时不加入金属锰、硅钙合金和硅钙锰合金，改用 0.1%的纯铝脱氧，脱氧效果很好，见表 5-6。

表 5-6 15-5PH 采用铝脱氧的效果

牌号	w_{O_2}	
	炉前	炉后
15-5PH	0.00622	0.00515

经测试，由于脱氧用铝量不超过 0.1%，所以残留在 35CrMo 低合金钢及 15-5PH 沉淀不锈钢中的铝元素很少，仅为 0.008%～0.009%，所以对产品的力学性能没有影响。

(4) 过量金属锰的氧化度　生产实践中，发现锰元素过量加入后的碳-锰平衡规律，反应物（过量锰）由相内传输到界面，往往是先发生吸附（增加锰含），再进行活性反应（[Mn]+2 [O]-MnO_2），然后，生成物（MnO-FeO 熔体）经脱附后离开反应界面游离出来，作为脱氧元素的电解锰，氧化度一般要把锰含量提高近 2%，熔炼迅速由弱变强，当氧化-还原反应完毕时，钢液中氧含量开始降低。

这两种不锈钢中锰含量比 316 高出许多，锰要求过 3%～5%，熔炼时，炉前化完毕，在加金属锰前、后，分别取样测定氧的质量分数，氧含量结果见表 5-7。

表 5-7 加电解锰前、后的氧含量

牌号	w_{O_2}	
	加锰前	加锰后
35CrMo	0.01107	0.01034
15-5PH	0.01601	0.01367

脱氧工艺是：在加入金属锰调整成分之后，还要 0.15%～0.20%硅钙合金脱氧，接着除渣、出钢。

经分析测试，加硅钙合金脱氧后，其氧含量与加过量金属锰后的试样数据几乎一样。鉴于炉前加过量金属锰，合金液中锰元素的氧化度提高，脱氧能力显著，甚至有替代脱氧剂的作用。建议修订工艺，取消加入硅钙合金，从工艺试验情况来看，对铸件品质没有发现有什么影响。

(5) 新的认识

① 采用脱氧管沉淀脱氧方式，脱氧敏反应完全，污染少，效果好，渣易上浮及易清除。

② 根据不同钢种，不同的炉前成分含量，采用恰当的脱氧元素，以提高脱氧效果、减少夹杂。

③ 若合金配料中的氧化元素含量高，会提高脱氧能，降低合金液中的氧含量，可减少或取消脱氧剂的加入。

5.4 真空熔炼

我国的精铸件产量居世界产量的前列，但是产值不高，究其原因是我国的精铸产品贵重合金占比例低、技术含量不高，致使铸件的附加值较低。

高附加值精铸件应具备下列要求：尺寸精度为±0.13mm，表面粗糙度值 R_a=1.6μm，冶金质量需经严格的探伤检验（荧光、X 光、磁粉、超声）。无余量结构件公差±0.127～0.38mm、表面粗糙度 R_a=1.6～3.2μm。

高附加值产品由高温合金件叶片类、发动机热端部件、哈氏合金、蒙乃尔合金耐酸碱腐蚀件、含有较高镍、铬、钼、钴等其他类合金件。

高附加值精铸件需要真空熔炼技术，配备中频感应真空熔炼炉，真空炉的脱氧是用碳进行脱氧，除有害气体的作用是靠真空炉的真空度，真空度越高有害气体越低，经真空感应熔炼的铸件 [N] 一般在 0.0003%～0.007%，即 3～70ppm。[H] 一般小于 0.0001%，即 1ppm。合金在真空下可以避免元素的氧化，但元素会蒸发，有害元素锌、铅、锑、铋、硫、磷等都不是熔点低而饱和蒸汽压高的元素，真空熔炼时它们很容易被蒸发掉，有利于合金净化，耐热性增强。

真空炉熔炼的炉料用母合金，坩埚用氧化铝、氧化镁、氧化锆材料组成的坩埚。

真空炉熔炼使合金线收缩和缩孔体积增大，使热裂倾向增加，使合金流动性提高，当真空度为 39.5Pa 时，流动性提高 1 倍，当真空度为 3.95Pa 时，流动性提高 1.5 倍。真空熔炼浇注的铸件应力求壁厚均匀，圆角尺寸适当，收缩率和冒口应稍大，浇注温度适当降低。

真空熔炼能提高合金的高温塑性、冲击韧性、持久强度。真空熔炼适合熔炼浇注高温合金。所谓高温合金是指能够在 600℃以上高温承受较大复杂应力，具有表面稳定性的高温合金化铁基、镍基、钴基奥氏体金属材料。12CrMo、Cr25Ni20、HK40、HP40 不属于高温合金，中国牌号的 NiAl、Ni3Al、TiAl、Fe3Al 等金属间化合物，具有优越的高温强度，良好的表面稳定性，基体不是奥氏体，因而不能算作高温合金，但是，我国已将它们列入高温合金的范畴。再例如：MA965 是铁素体基的弥散强化合金，也看作高温合金。还有 K825 是我国研制的唯一的铬基合金，也是高温合金。

高温合金通常含有 10～20 种合金化元素，其作用形成高合金化的奥氏体，这些元素可分为三类，固溶强化元素：Fe、Ni、Co、Cr、Mo、W、Nb、Ta、V、Re、Ru。沉淀强化元素：Al、Ti、Nb、Ta、Hf。晶界强韧化元素：B、C、Zr、Hf、Mg、Ca、Ce、La、Y。

我国铸造高温合金的表示方法：等轴晶铸造高温合金用 K 作前缀，如 K213。定向凝固柱晶用 DZ 作前缀，如 DZ125。定向凝固单晶用 DD 作前缀，如 DD3。

5.5 钛合金熔炼

由于钛合金具有比强度高、耐腐蚀等一系列优良特性，在现代工业及科学技术领域内日益成为引人瞩目的新材料。钛及钛合金具有较高的化学活性，加热时，钛会与各种气体发生反应。液态的钛能溶解氧，随着氧含量的提高，钛合金的冲击韧性、断面收缩率和伸长率急剧下降，同时强度、硬度有所提高。氮与钛也形成间隙固溶体，当氮的质量分数超过 0.2%时，钛变脆。氧和氮在钛中的溶解是不可逆过程，因此在材料制备过程中应对减少氧和氮含给予足够重视。

5.5.1 水冷铜坩埚凝壳熔炼

20 世纪 50 年代开始，美国研究开发出冷坩埚重熔技术，基本上满足了熔炼活性金属的要求。近年来，随着科学技术的发展和生产的需要，出现了熔炼活性金属的其他方法，如电子束炉、等离子弧炉、真空感应炉等，所有的熔炼方法都采取真空及冷坩埚技术。在水冷铜坩埚中熔炼金属时，水冷铜坩埚与金属熔体之间存在一层由金属熔体重新凝固而产生的固体壳层，即所谓凝壳，此时坩埚内衬相当于用所用金属制成，即坩埚内衬与金属熔体成分相同，避免了坩埚对金属熔体的污染。

5.5.2 热源种类

现在几乎所有的熔炼活性金属的设备都采用水冷铜坩埚技术，而且在一些方法中坩埚的熔池较浅并在坩埚内单向流动，对夹杂物沉淀有好处。根据熔化金属时热量来源方式不同，可分为自耗电极电弧炉、非自耗电极电弧炉、电子束炉、等离子弧炉及感应熔炼炉等，其中前 4 种可称为外热式熔炼炉方法，感应熔炼称为内热式熔炼方法。

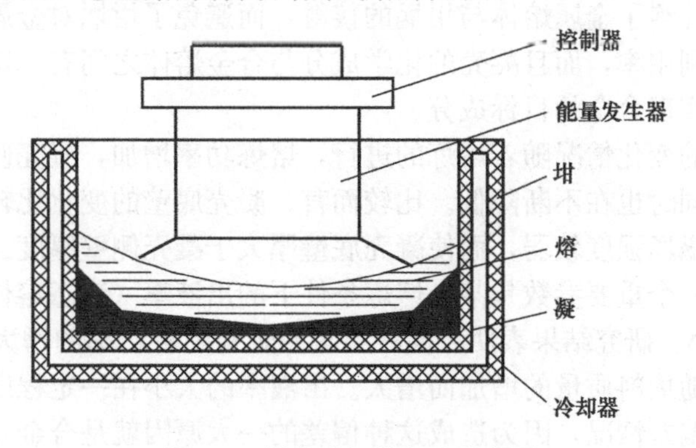

图 5-7　外热式加热方法示意图

图 5-7 为外热式熔炼方法的工作原理示意图，其中能量发生器分别为自耗电极、非自耗电极、电子枪、等离子弧炬。能量发生器产生的能量使金属熔化并过热。从图 5-7 可以看出，金属熔体只是在表面被加热，热量通过热传导和对流传到熔体深处。因此，熔体表面温度较高，由表面到深处存在一定的温度梯度。

5.5.3 感应凝壳熔炼

人们重新考虑感应熔炼是出于降低成本，提高熔体质的目的。自耗电极电弧炉对电极的质量要求很高，对原料要求也很高。电子束炉、等离子弧炉要求电源功率较大，成本相对提高。另外，这些熔炼方法所造成的熔池较浅，增大熔池体积只能增加表面积，相应地增大蒸汽压，而导致元素的挥发损失，这对控制合金成分是不利的。由于感应电流有集肤效应，在理论上利用上述熔炼方法中所使用的水冷铜坩埚无法通过感应加热而使金属熔化。

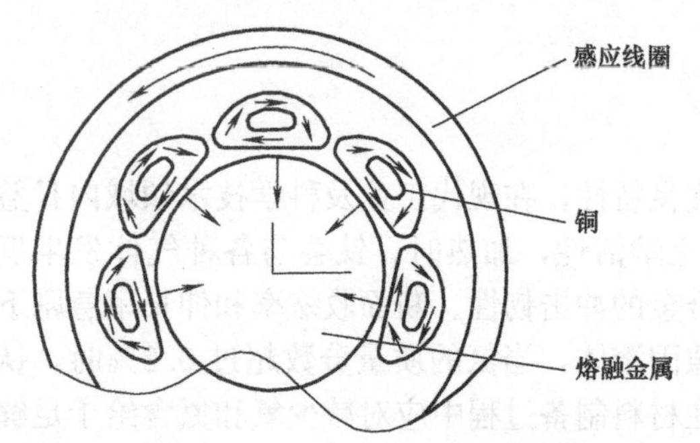

图 5-8 铜坩埚内感应电流、磁场及磁力线方向

当采用导电的坩埚熔炼金属时，由于感应电流的集肤效应，坩埚本身被加热，坩埚壁上的感应电流过高，影响了炉料所吸收的功率，只能熔化熔点低于坩埚材料的金属。若用水冷却坩埚，所产生的热量绝大部分被水带走，炉料难以被加热熔化。若将坩埚开一条缝或几条缝，则坩埚内磁场衰减很少，此时感应圈的功率主要消耗在炉料上，试验表明，切断坩埚中的感应电流回路对改善熔炼效率有重要意义。而这种结构的水冷铜坩埚具有磁压缩效应，如图 5-8，强化的磁场促进炉料迅速熔化并产生强烈的搅拌作用，使金属熔体的温度和成分均匀，并获得一致的过热度。

5.5.4 钛合金真空熔炼研究

(1) 合金熔体温度控制　合金熔体温度的控制一般可采取热电偶测温、光学测温、数值模拟等方法，对于钛合金熔炼用热电偶直接测温难度较大，外热式熔炼方法中热电偶受电弧或电子束的影响，而影响到测试精度，光学应用的光学高温计测量误差一般较大，另外，由于真空下合金元素的挥发，熔炼室的透光玻璃内表面会发生蒸镀现象而使该方法失效。因此，对于钛合金熔炼过程，熔体温度控制多采用数值模拟方法，利用该方法建立熔体温度与熔炼工艺参数之间的关系。

(2) 凝壳对合金成分的影响　利用冷铜坩埚熔炼钛合金时，坩埚与金属熔体之间存在由所熔化金属形成凝壳，杜绝了金属熔体与坩埚的接触，而避免了坩埚对金属熔体的污染。但凝壳的存在降低了炉料的利用率，而且凝壳的化学成分与合金熔体之间有一定的偏差，在熔炼工艺不合理时还可能影响实现合金的目标成分。

熔炼过程中凝壳的变化情况随着熔炼的进行，熔炼功率增加，凝壳侧壁的厚度在不断地降低，凝壳侧壁的高度同时也在不断降低。比较而言，凝壳底壁的变化比较显著。但由于坩埚底部水冷却强度大，电磁场强度较弱，而使凝壳底壁厚大于凝壳侧壁厚度。

熔炼过程中另外一个重要参数是某一熔炼条件下的出液率（液态熔体质量 G_L 与炉料的质量 G_0 的比值）的大小。研究结果表明，同一料重的炉料随着功率的增大出液率增大，而熔炼功率相同时，出液率随炉料质量的增加而增大。出液率的大小在一定程度上反映了熔炼所得合金成分与名义成分的偏差情况，因为造成这种偏差的一大原因就是合金元素在凝壳内的宏观偏析，因此出液率越小，说明凝壳占整个炉料质量的分量就越大，相应地造成的偏差就越大。鉴于此，在实际熔炼过程中，应尽可能增大料重，同时采取高功率进行熔炼。

（3）合金元素的挥发损失　在绝大多数钛合金中，铝都是一种重要的合金元素。纯铝熔点相对于钛合金很低，而蒸汽压又很高。铝在 2000K 的蒸汽压为 0.9kPa，

Ti-10% Al 中铝的活度系数约为 10^{-4}，即该合金中铝的蒸汽压为 0.9×10^{-2}Pa，而对于 Ti-50%Al 合金，其中的铝在 2000K 时蒸汽压可达 1.33kPa。有人曾经推算，Ti-50%Al 合金在 2000K 时铝的挥发损失率高达 $0.9\text{min}^{-1}\text{cm}^{-2}$，因此，在熔炼过程中常伴随着铝的挥发损失。电子束炉熔炼可以保证合金的纯度，甚至超高纯。但电子束炉在高真空下工作（1.33×10^{-4}Pa），使蒸汽压较高的合金元素挥发损失严重，铝达到 40%，所以给控制合金成分带来困难。

美国矿山局（USBM）采用 CaF_2 作绝缘层的感应渣熔炼工艺，成功地用于熔炼钛、锆等活性金属。但在熔炼 Ti-6Al-4V 时，从顶部发现放气现象，并在铸件中发现浓密的气孔。试验分析表明，是由于 CaF_2 渣与从熔池中挥发并沉积在坩埚壁上的自由铝反应所致。这说明在感应熔炼时也会发生合金元素的挥发损失。用电弧炉熔炼时，也不过会产生明显的挥发损失。主要是电弧加热区过热温度高所致。关于电子束熔炼过程合金元素的挥发研究较多，近年来关于冷坩埚感应熔炼过程中合金元素的挥发损失研究日益展开起来，并提出了影响合金元素挥发损失的两个重要的压力值，即临界压力和阻塞压力。

（4）氧、氢、氮含量控制　钛合金属于高活性合金，在高温下钛与 N、H、O 等间隙元素的亲和力很强，而这些元素的侵入将导致钛合金熔体的污染，并对合金的性能造成比较严重的影响。因此，就熔炼活性金属而言，真空度越高越好，一方面可以避免气氛中残留的 O_2、N_2、H_2 对合金的污染，另一方面有利于去除合金中挥发性杂质元素如 Cl、Mg、Ca 等。但过高的真空度对实现目标成分是不利的。如何在降低合金元素挥发损失的同时，降低间隙元素的污染是钛合金熔炼过程需要解决的关键问题。例如，对于 TiAl 合金，只有当铝的质量分数为 48%时综合性能最好，合金的氧含量从 8×10^{-4} 降到 3×10^{-4}，该合金的塑性从 1.9%提高到 2.7%。

即使在开发新的熔炼技术时，也要考虑该技术对合金熔体的污染程度，国外有人研究氧化钙坩埚感应熔炼对钛铝合金成分及性能的影响，结果表明氧化钙坩埚污染钛铝合金，氧的质量分数高达 0.13%。电子束熔炼方法使钛铝合金中的氧含量明显下降，同时使合金中的铝含量也明显降低。通过理论分析及试验研究发现，在冷坩埚感应熔炼过程中利用循环充气技术可以显著降低合金中的间隙元素含量。

第6章 浇注补缩系统的设计

6.1 浇注补缩系统设计要点

在设计熔模铸造浇注补缩系统时，首先应考虑到保证精确复制型腔的形状，防止出现浇不足、冷隔等铸造缺陷。使金属液浇注平稳，避免卷入气体、杂质和合金二次氧化。能充分补充铸件凝固时的体收缩，防止产生缩孔和缩松。还要考虑到模料熔失时排蜡顺畅。应注意铸件在冷却凝固过程中温度分布合理，不使产生热裂、冷裂、变形和产生内应力。

另外还要注意，蜡模组树后，要有一定的强度，方便制壳操作和铸件切割。

熔模铸造液体金属注入的方式可分为：顶注式、底注式、侧注式和混合注入式四种类型。

熔模铸造浇注补缩系统按结构组成分类：

① 直浇道-内浇道式，其中有单一直浇道、直浇道-补缩节、多道直浇道、过渡直浇道和空心直浇道。

② 横浇道-内浇道式，其中有单一横浇道、多支横浇道、圆板形横浇道、圆环形横浇道和多层横浇道。

③ 冒口顶注式，其中有冒口-内浇道和冒口直接注入两种。

④ 组合式，其中有直浇道-内浇道和直浇道-横浇道-冒口-内浇道。

熔模铸造浇注补缩系统从补缩特征分类有集流道补缩、单组元补缩和多组元补缩。

熔模铸造浇注补缩系统组元结构：有浇口杯、直浇道、横浇道、内浇道组成。

熔模铸造浇注补缩系统组元计算，具体直浇道、横浇道、内浇道的尺寸计算由亨金法、内切圆法、比例因素法、浇口杯补缩容量法来求得。

6.2 熔模铸造浇注补缩系统设计应用实践

6.2.1 有气密性要求的精铸件工艺

散热器有气密性要求，精铸生产有一定的难度。对铸件的结构作了详尽的分析，从浇注系统设计、充型速度、型壳的浇注温度、钢液过热度等方面分别提出相应的工艺措施，从而改善了铸件的气密性能，减少焊补，提高铸件成品率。

（1）散热器铸件的结构分析　散热器铸件（见图 6-1）材质是耐热钢，牌号为 Cr25Ni20。

一般由 2～3 个如图所示的铸件焊接起来，组成一个散热器体。装入四通阀体内，成为加热器设备的重要部件。

散热器的质量标准，除无气孔、缩孔、浇不足、冷隔等铸造缺陷外，还须经过 0.3～

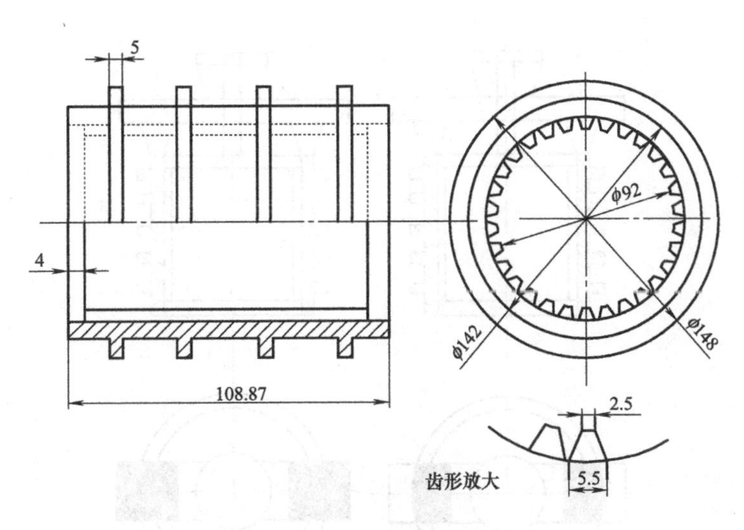

图 6-1 散热器零件图

0.5MPa 的压力试验检测无渗漏，而且，对氩弧焊接起来的散热器整体亦需进行压力试验，要求无渗漏。

发生渗漏缺陷的部位有两处：

一是，渗漏大多数集中在散热器的上部，以靠近内浇道下沿最为常见，而中部、下部较少发生。

二是，外圆与内圆上横条交叉处的渗漏，占全部渗漏点的 85%以上。

(2) 浇冒口设置的影响　在散热器的生产过程中，为了减少渗漏、焊补，尝试过多种浇注工艺，见图 6-2。图 (a) 设置 2 只内浇道，两侧焊两根排气筋。图 (b) 设置 4 只内浇道，内浇道的形状及尺寸同图 (a)。图 (c) 设置 2 只内浇道将叶片平面垫高，使之与平面相齐，两

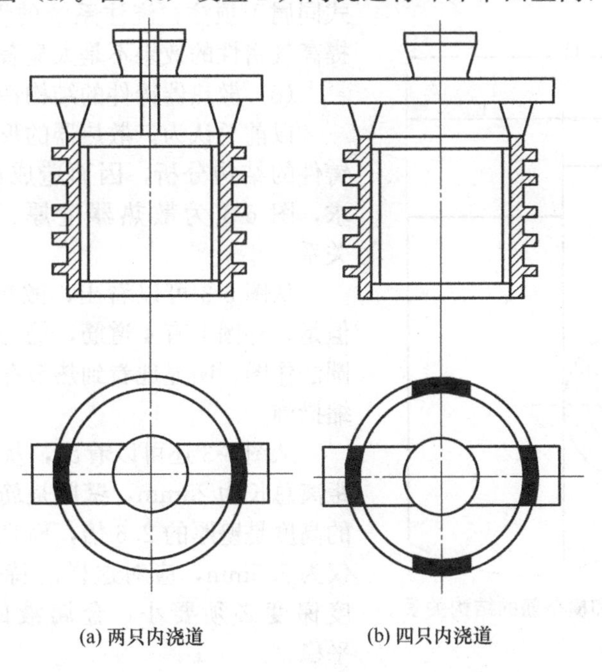

图 6-2

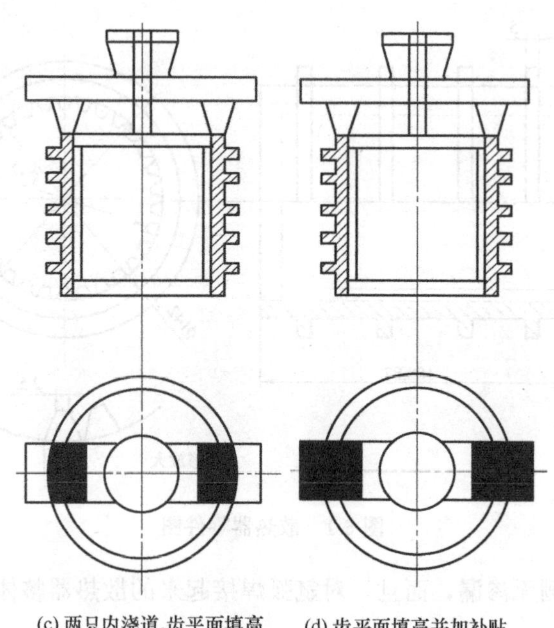

(c) 两只内浇道,齿平面填高　　(d) 齿平面填高并加补贴

图 6-2　散热器精铸件的 4 种浇注系统设计

侧放两根排气筋。图（d）也是将叶片平面填高，使之与上平面相齐，外圆上增设浇道补贴，两侧仍有两条排气筋。

在上述几种浇注系统中，图 6-2（a）比较简单，所以，在实际生产中应用得最多。

综合分析上述 4 种浇注系统，虽然在具体样式上有所变化，但从总体上讲，金属液注入方式同属于顶注，浇注系统的设计大同小异，故而，提高气密性的效果不是太显著。

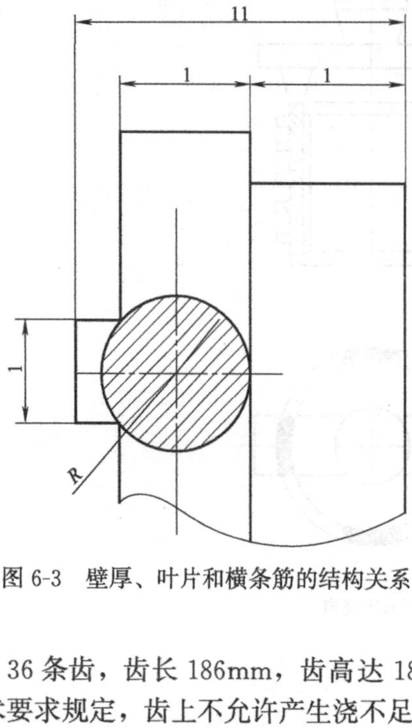

（3）散热器铸件的结构特点

以前总认为，散热器的形状不算复杂，忽视了铸件的结构分析，因而造成铸件气密性达不到要求，图 6-3 为散热器壁厚、齿和筋三者的结构关系。

图 6-3　壁厚、叶片和横条筋的结构关系

从图 6-3 可以看出，散热器壁厚差不算太大，但是，外圆上有 4 道筋，筋与壁厚交汇处，用内切圆法作图，明显地看到热节存在，务必考虑采取补缩措施。

从图 6-3 还可以看出，从筋的外圆至齿的前端距离总长为 28mm，壁厚是筋的厚度的 2.3 倍，齿的高度是壁厚的 2.6 倍，而且齿的前端很窄，宽度仅为 2.5mm，应对这样的特殊结构，齿前端的温度梯度必须要小，金属液的充型尤其要缓和、平稳。

36 条齿，齿长 186mm，齿高达 18mm，并且齿根部厚 5.5mm，顶端厚度仅为 2.5mm，技术要求规定，齿上不允许产生浇不足的缺陷，尤其是齿的根部不允许有缩孔和缩松缺陷，因

为这直接影响到铸件的气密性。

(4) 缩小钢液浇注温度与型壳浇注温度之差　散热器的主体壁厚为7mm，齿前端的宽度为2.5mm，此类薄壁铸件的浇注温度一般来说取上限为妥，但是，生产实践表明，钢液浇注温度偏高，容易产生缩孔、缩松缺陷，而缩孔、缩松是导致气密性不良的最重要因素。为此，应大幅降低钢水浇注温度（视型芯的实际高温强度而定）。提出“减小钢液浇注温度与型壳浇注温度差”的方法，并控制好“温度差范围”，对提高气密性起着决定性的作用，故钢液浇注温度设定为1540℃（浇包须经过850℃以上烘烤）。

(5) 型壳浇注温度的设定　散热器齿的结构特征为多而密，细面长，薄而阔，在128mm的内径上确定型壳的浇注温度显得特别重要。型壳浇注温度区别于型壳焙烧温度、型壳保温温度，型壳从焙烧炉内取出后，急剧降温，特别是抬包浇注，型壳出炉后，放置时间长一点，温度会降得更低。

根据UX70P型红外光学测温仪实测数据，型壳内部的降温情况见图6-4，而型壳外部的降温要高于内部许多。型壳浇注温度是指金属液浇入型壳的瞬间，型壳内腔的温度，降温曲线见图6-4。

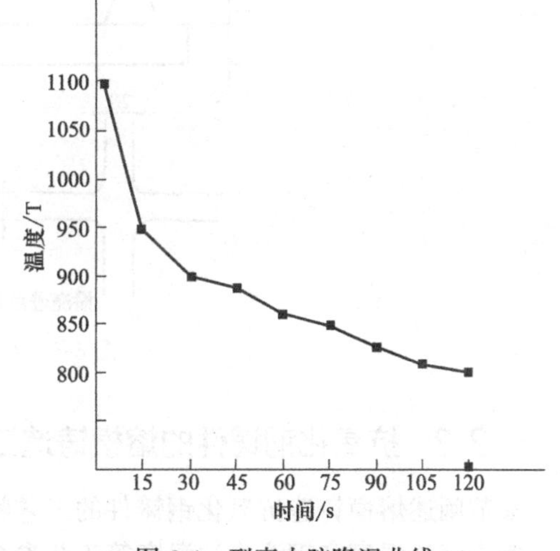

图6-4　型壳内腔降温曲线

相应的措施是：较大幅度地提高型壳的焙烧温度和保温温度，延长保温时间，型壳出炉后应立即浇注，确保“红壳”浇注，型壳浇注温度设定为950℃为好。

(6) 采取底部充型上部补缩的工艺方案　新设计的浇注系统，见图6-5。

直浇道：直径为24mm，这种模式的直浇道与齿前端靠得较近，使齿前端的型壳浇注温度得到保障，使狭窄的齿前端获得充足的钢液，齿前端的冷却速度与齿根的冷却速度趋向一致，有效地防止了缩孔、缩松缺陷的产生。

横浇道呈“十”字形，由直浇道而来的金属液，分成4个方向，平缓地流向内浇道。

内浇道：在散热器的下部设置4只内浇口，并且内浇道的截面较小，具有缝隙式的特征。该浇注系统使金属液流动平稳，不发生涡流，减少了气体的卷入，遏止气孔、针孔缺陷的产生。该浇注系统的设置要求浇注速度快一些，这非但对充型有利，而且有防止钢水的二次氧化的作用。

钢液的二次氧化，对于厚壁铸件来说影响不是太大，若是薄壁铸件，尤其是高合金钢金属液应引起重视，钢液表面会产生氧化膜，这一层微细的氧化膜也会使铸件气密性下降。

设置排气筋有2根，排气道的位置设在冒口上方两侧，除了排气作用之外，还有两个作用，一是，作为金属液流向冒口的一条旁道，确保冒口中的金属液来源。二是，连接蜡模，使其形成整体，增强组树模组的强度。

(7) 实际效果　采用了新设计的浇注系统生产出来的散热器，经过压力试验，80%无渗漏，20%还需求焊补，但是焊补的点数大大减少，通常只有1～2个渗漏点，该项工艺取得比较满意的效果，满足了出口件的品质及交货期要求。

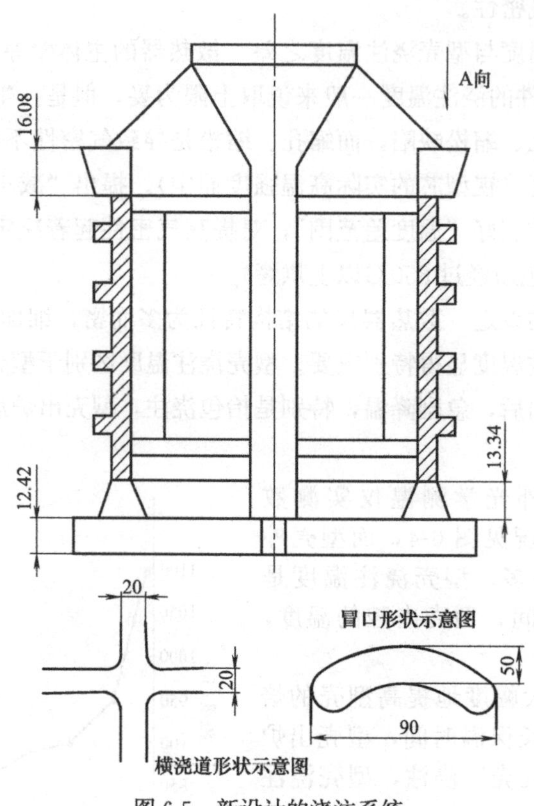

图 6-5 新设计的浇注系统

6.2.2 抗氧化钢铸件的熔模铸造工艺

本节阐述熔模铸造抗氧化钢铸件的工艺特性，通过对型壳的焙烧温度、保温温度、保温时间、模壳浇注温度和钢液浇注温度等工艺参数的生产控制，提出浇壳比理论，克服薄壁件和壁厚悬殊件的开裂、缩孔、疏松等铸造缺陷，从而增加铸件的热强性能，提高抗高温氧化腐蚀性能，延长抗氧化钢铸件在高温工作状态下的寿命。

抗氧化钢也称耐热不起皮钢，在高温下具有较高的强度和良好的化学稳定性，抗氧化温度达 850～1250℃，使用温度可高达 1150℃。

以某工厂的主导产品料盘为例（作热处理工装之用），采用合理的熔模铸造工艺，生产出深受美国、日本等发达国家客商青睐的铸件。

(1) 外商采购质量要求　图 6-6 是图号为 LP-11130 的料盘零件图，铸件由美国公司采购。材质为美标牌号 HU-BC，化学成分（质量分数，%）：C：0.35～0.75，Cr：17～21，Ni：37～41，Si：2.5，Mn：2。该抗氧化钢还须加入质量分数为 0.3%～0.5%的铌。要求铸件无开裂、缩孔和气孔等铸造缺陷，铸件单件质量为 11kg。

(2) 浇注系统设计　LP-111300 料盘内纵横交叉的筋的壁厚是 4mm，四周边框的厚度为 6mm，形成了 374 只 8.7cm^2 的小方格，这种结构细薄、大面积的精铸件，有相当大的铸造难度。

浇注系统的设计，特别要考虑充型速度问题，希望钢水在极短的时间内充型、浇注完毕。故浇注系统首选顶注式，采用横浇道-内浇道集流道补缩，在横浇道的左右两端设置两只内浇道，见图 6-7。

试生产中，在长度方向和宽度方向设置同样的横浇道，实际生产的质量效果显示，宽度方

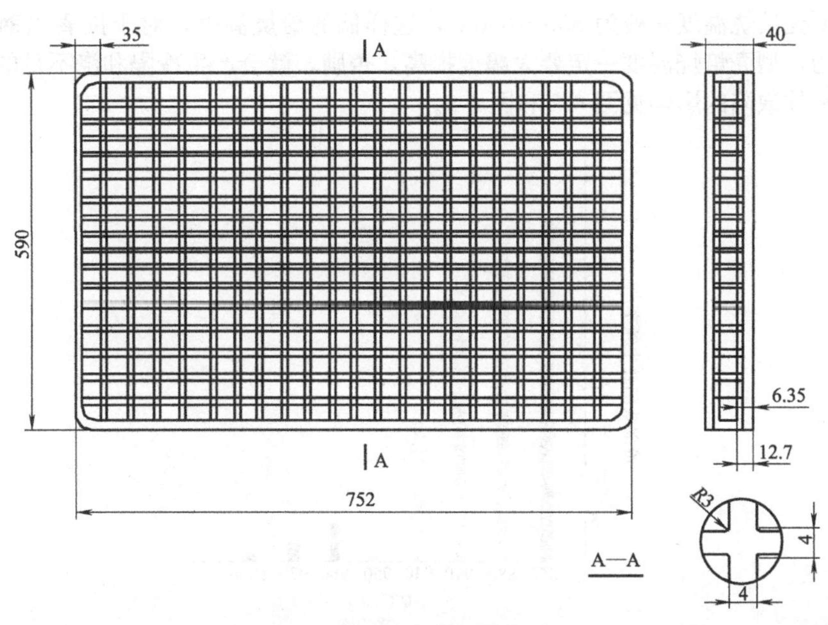

图 6-6 LP-111300 料盘零件图

向设置横浇道的形式［见图 6-7（a）］，无论在钢液自身压力，充型速度、减少铸造缺陷等方面比长度方向设置横浇道［见图 6-7（b）］的效果更为理想。

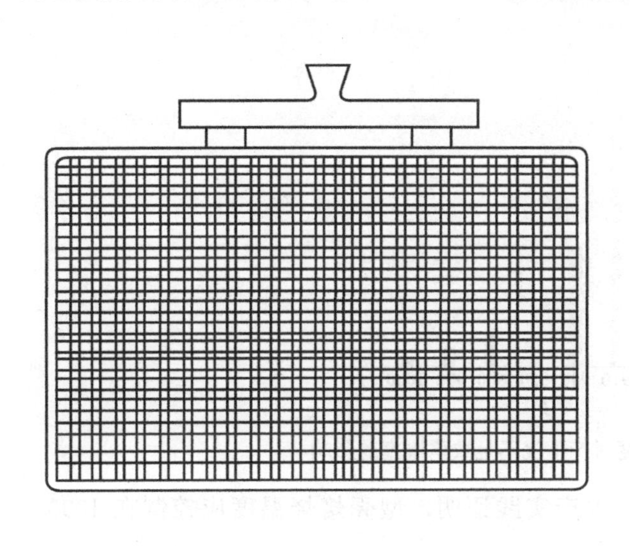

（a）组树方案 1

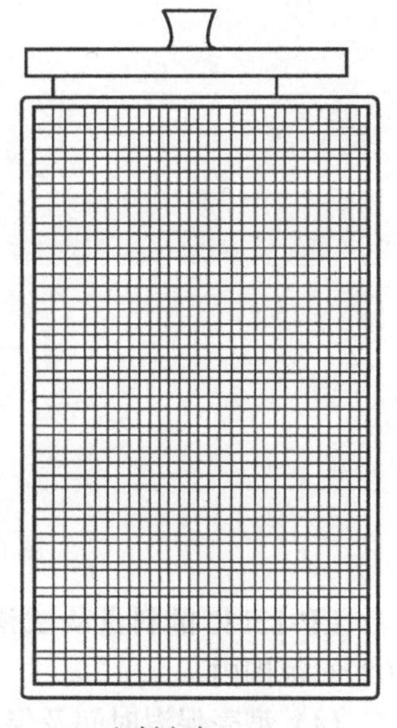

（b）组树方案 2

图 6-7 LP-111300 料盘的两种组树方案

（3）型壳焙烧温度　LP-11130 的料盘的熔模铸造采用低温模料、水玻璃黏结剂、面层氯化铵硬化、加固层结晶氯化铝硬化的常规工艺制壳，焙烧和浇注，型壳应具有较好的高温强度。

为了确保此件的生产品质，型壳焙烧是重要的环节。料盘型壳焙烧时，要求焙烧炉不但要能够升到较高的温度，而且型壳在保温阶段，必须保持保温温度的稳定，采用液化气焙烧型壳，设计 10 只烧嘴同时喷火，并且可以控制液化气的进气量。焙烧炉的炉门的结构采用上、下运动，电动开启，上下灵活。焙烧炉内装有热电偶，实时地显示焙烧炉内的温度。

从图 6-6 看出，此料盘的面积为 $0.44m^2$，然而纵向和横向的壁厚仅 4mm，要使钢液完全浇足整个型腔，必须要遵循高温型壳浇注的原则（低温钢液，红壳浇注）。

水玻璃型壳焙烧温度一般为850～880℃，这样低的焙烧温度，对于抗氧化钢薄壁件来说是远远不够的，型壳焙烧温度一定要大幅度提高，否则，就会产生冷隔和浇不足的缺陷，型壳焙烧温度对铸件缺陷的影响见图6-8和图6-9。

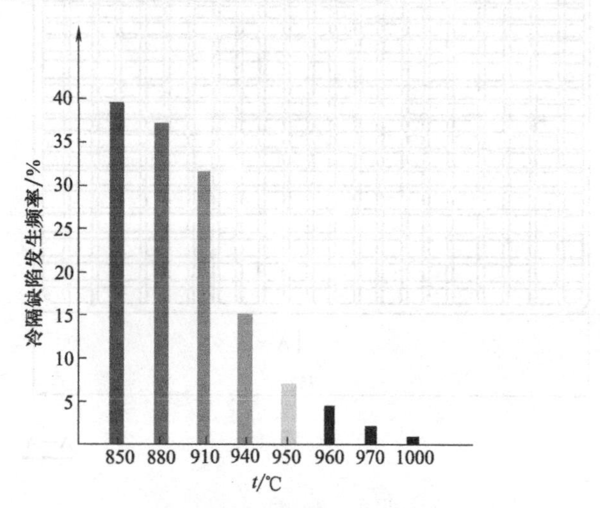

图6-8 型壳焙烧温度对产生冷隔缺陷概率的影响

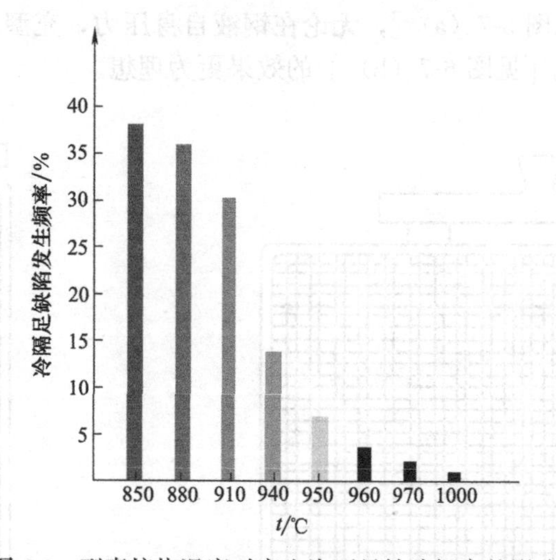

图6-9 型壳焙烧温度对产生浇不足缺陷概率的影响

LP-11130的料盘从试浇到较大批量的生产实践证明，型壳焙烧温度应控制在1000～1020℃范围内。

(4) 型壳保温时间及保温温度 一般来说，水玻璃黏结剂型壳达到工艺规定的型壳焙烧温度并不是难事，难的是型壳需要较长的高温保温，而且，保温温度仅略低于焙烧温度，当型壳出炉前5～7min又要升温至型壳焙烧温度。

在型壳温度达到990～1020℃后，型壳保温时间控制在≥30min，此时，产生冷隔、浇不足、裂纹等缺陷的概率≤3%。当保温时间为5min左右时，产生铸造缺陷的概率为20%～30%；保温时间为15min左右时，产生铸造缺陷的概率为10%～17%。

(5) 型壳烧注温度 除了型壳的焙烧温度、保温温度、保温时间外，还有一个重要的工艺参数，型壳的浇注温度。在整个焙烧浇注过程中，型壳的浇注温度是最需严格控制的工艺环节。

型壳的浇注温度的概念是：当钢液将要浇入型壳的瞬间，此时型壳的温度值。前面提及的“红壳”，是指型壳内外要红透（指焙烧型壳的温度要到位，保温时间要充足）。

LP-11130 的料盘，非但属于大面积的薄壁件，而且纵横交叉的细筋形成 336 个热节点，要保证四周没有裂纹、每个交叉热节点上没有裂纹和缩孔，坚持“红壳”浇注是唯一正确的型壳焙烧工艺。

型壳的浇注温度应控制在 970～985℃范围内。

为了获取上述相当高的型壳浇注温度，在操作方面应做到以下几点：

① 熔炼工序与型壳焙烧工序须密切配合，统一指挥，协同操作。

② 型壳快速从焙烧炉内取出后，不进行型壳填砂，立即不间断地连续浇注。

③ 从取出型壳至浇注完毕的时间务必控制在 20～22s 范围内，其中浇注时间只允许用 6～7s。

④ 当型壳的浇注温度不足时，应暂停浇注，关闭焙烧炉炉门，对炉内的型壳重新加热升温，待达到焙烧温度并至少保温 10min 后继续浇注。

(6) 钢液浇注温度　浇注抗氧化钢铸件时，尤其要遵守“低温钢液，红壳浇注”的原则，对 LP-11130 的料盘来说，钢液熔炼温度在 1550～1580℃范围内，预先进行烘浇包，浇包温度应＞800℃，浇注温度务必控制在 1490～1520℃范围内，浇注前，既要在炉内测熔炼温度，更要在浇包内测定浇注温度。

钢液熔炼温度对铸件缺陷产生概率的影响见图 6-10。

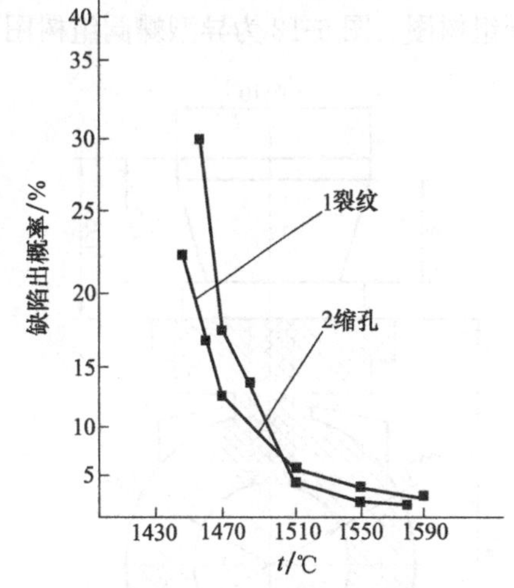

图 6-10　浇注温度对产生铸件缺陷产生概率的影响

对于 HU 材质，还应注意以下 3 点：

① 不含 Nb 的 HU 材质，浇注温度的上、下限都要提高 10℃，以 1500～1525℃为准。含 Nb 时，上、下限降低 10℃。

② 同样是 HU 材质，当 C 的质量分数在下限 0.35%～0.40%时，浇注温度为 1480～1515℃；当 C 的质量分数为上限 0.70%～0.75%时，浇注温度为 1510～1530℃。

③ 有的抗氧化钢以 HU 为基本组成，还需加入质量分数为 1%～3%或者 2%～5%的 W 时（用钨铁合金加入），则熔炼温度稍有提高，但钢液浇注温度还是不超过 1520℃。

(7) 浇壳比　因为型壳浇注温度和钢液浇注温度这两个工艺参数，对抗氧化钢料盘的质量起到至关重要的作用，所以特别引出“浇壳比”概念，浇壳比是指型壳的焙烧温度与钢水浇注温度之比。应用浇壳比的目的是调节型壳浇注温度和钢水浇注温度之间的关系，见表 6-1。

表 6-1　浇壳比

型壳焙烧温度/℃	钢水浇注温度/℃	浇壳比
970	1510～1525	1∶1.570
975	1510～1515	1∶1.550
980	1500～1510	1∶1.540
985	1490～1500	1∶1.520
990	1480	1∶1.495

特别要指出的是，型壳浇注温度若低于 970℃，钢液浇注温度再提高，也不能浇注出合格的铸件。浇壳比的合适范围是 1∶(1.496～1.570)。

(8) 结论

① 抗氧化钢虽含高铬、高镍及含有少量的 Nb、W、Co 等稀有金属元素，但熔炼温度不宜很高，不能超过1580℃，否则钢液极易吸气氧化。

② 铸态抗氧化的金相组织属奥氏体，用较低的浇注温度（不低于1480℃），能减少碳化物析出，使奥氏体晶粒细化。

③ 当型壳的浇注温度≥970℃时，浇注抗氧化钢薄壁件产生裂纹、缩孔铸造缺陷的概率仅为 2%～3%，成品率达到 96%以上。

6.2.3 阀门精铸件浇注系统设计实践

根据阀类铸件自身结构特点和使用特点，本节介绍在浇注补缩系统设计中，针对性地采取了相应工艺措施，以减少疏松、缩孔等缺陷，旨在提高铸件的内在质量。根据蝶阀阀体、球阀阀体和闸阀阀体的结构和尺寸特性，提出不同的浇注系统设计方案和确定浇注系统各部位尺寸的经验公式。

阀类铸件必须经过压力试验，其工作、使用状态的要求，决定铸件不能有疏松和缩孔，致密性要好，所以，浇注补缩系统设计的合理与否，就显得十分重要。

（1）蝶阀阀体补缩形式　蝶阀在阀类铸件中占份额较多，且浇注难度较大。图 6-11 为蝶阀组树图。图 6-12 为异型蝶阀组树图。

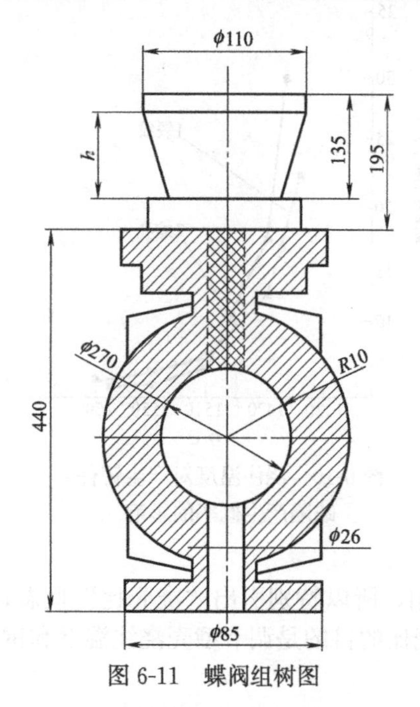

图 6-11　蝶阀组树图

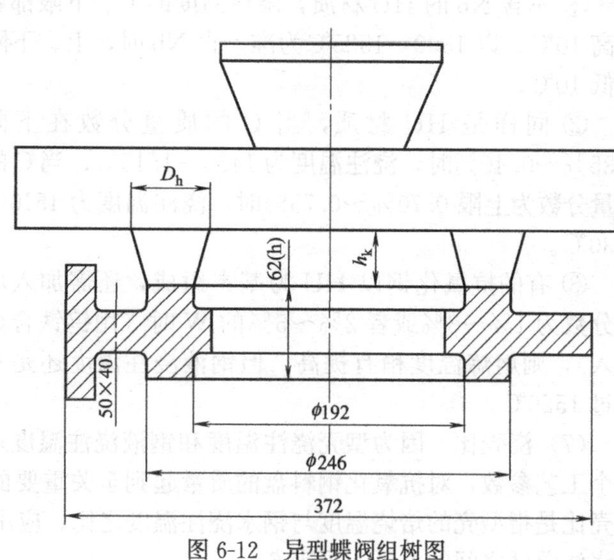

图 6-12　异型蝶阀组树图

阀体两端有两只直径为 25mm 的长孔（孔要加工），征得用户同意，将带颈一端的长孔不铸出，采取集流道补缩，顶注式竖立浇注，内浇道设计成正方形，尺寸为 65mm×65mm，明冒口直径 $D_R=1.3D$，所以顶部直径为 110mm，高度尺寸根据鲁西杨公式计算，$H_R=D_R(1+0.2\,h/D)=135\text{mm}$，锥度为 58°。

由于浇注补缩系统储备有足够的金属液供给铸件补缩，颈部无缩松、缩孔，工艺出品率高。

图 6-12 为异型蝶阀组树图。与图 6-11 基本相似，所不同的是，阀体的外圆两端连接一个正方体和一个长方体，尺寸不算太大，显然，热节点就在阀体壁厚与几何体的是心部位，当量热节圆直径尺寸约 31mm，采用最简易的顶冒口，以内浇道替代顶冒口，冒口顶端与横浇道直接相连之形式，冒口直径以 $D_R=1.3b$ 计算，冒口高度尺寸如下：

$$h_R = D_R[(1+0.1h/D-d)]$$

图 6-13 为蝶阀底注组树图，是在图 6-11、图 6-12 的基础上，为了满足铸出两只直径为 25mm 孔的要求，况且铸件中存在自然收缩截面，采用底注式竖浇道局部补缩系统的结构设计（或称直浇道分流二元冒口补缩），金属液经直浇道流到横浇道再通向内浇口，从型腔底部注入徐徐向上，金属液流动平稳，从而避免产生气孔、夹渣，排气流畅，补缩有充分的金属液供给，而且，直浇道、横浇道的金属液占用量少（仅作为金属液浇注及补缩之流道，保证铸件在凝固过程中补缩畅通），铸件成品率和工艺出品率较高。

工艺参数如下：

内浇道厚度 $h_2=1.2D_1=1.2\times25=30\text{mm}$

内浇道宽度 $b=h_2$

横浇道长度 115mm

横浇道厚度 $h_3=2/3h_2$

集碴包高度 $h_4=15\text{mm}$

冒口直径 $D=2.5D_1=62.5\text{mm}$

冒口圆锥角 15°

冒口颈高度，$h_1=D_1$

冒口高度 $h=3D_1=75\text{mm}$

冒口颈的形状见图 6-13A—A 剖面图。

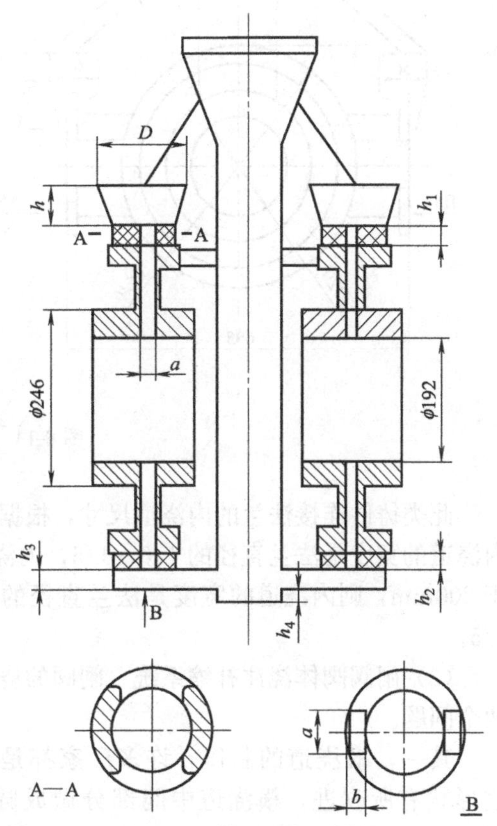

图 6-13 蝶阀底注组树图

（2）球阀阀体浇注补缩系统 大规格的球阀阀体一般是砂型铸造，而有的客户要求精铸。图 6-14 为球阀阀体组树图。图 6-14 有两种形状结构。一种是在通径内有一圈凸出的台阶；另一种没有台阶。不管通径内有无台阶，就浇注方式来说，这类铸件忌水平浇注，宜竖立浇注，就补缩方法来讲，忌中心直浇道、竖浇道等，唯横浇道集流道补缩为妥，上述浇注、补缩设计原则，从下列铸件结构分析中加以说明。

其一，从图 6-14 中的剖面图可以反映出，该件是以两个法兰体为主的结构，法兰体之间由圆柱连接，对于法兰件，最常见最有效的浇注。

补缩系统是顶注式横浇道，利用圆柱形腔自身向下的重力，形成较大的金属静压头，不但有足够的金属液供给出铸件补缩，而且可减少冒口金属液的自耗。图 6-14 中，连接法兰体的内浇道尺寸为 100mm，高 190mm，显然内浇道截面大，冷却模数较高，这是考虑大铸件凝固时体收缩的需要。

其二，阀体两端的颈部连接两只小法兰，为了解决颈部及小法兰的补缩问题，增设两只冒口，形成多组元补缩格局。A、B 向视图表示不同的冒口尺寸。两只补缩冒口金属液从横浇道引入，“人”字形的流道，还起到支撑熔模、排蜡通畅和浇注时排气通畅的作用。

通径内有凸台的阀体，往往在宽度 14mm 的两侧平面或交叉处产生缩孔，原因是有热节存在，见图 6-14 剖面中的圆圈 D_C，此热节点内切圆进径（D_C）约 22mm，参照内切圆法冒口直径（D）和冒口高度（h）的计算公式：

$$D=(2.2\sim2.5)D_C$$

$$h=(3\sim3.5)D_C$$

设计 1 段 80mm×60mm×60mm 的暗冒口，下部焊接在热节点上位置，上方与横浇道的底平面相连，采用这种形式使缩孔、缩松的铸造缺陷消失。

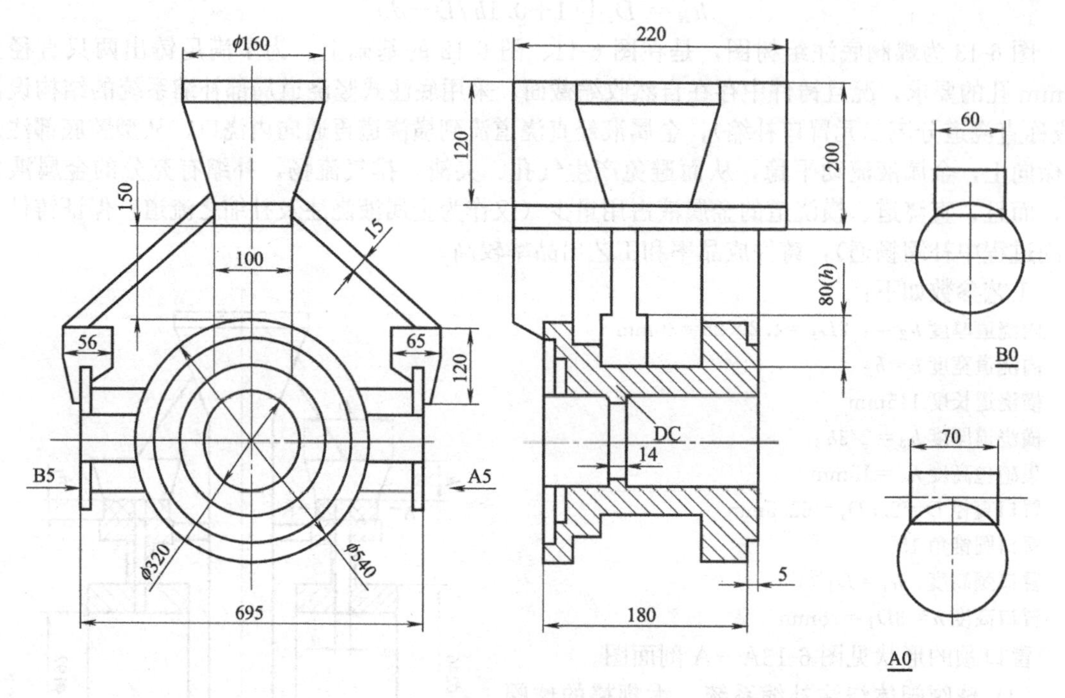

图 6-14 球阀阀体组树图

此类铸件连接法兰的内浇道尺寸，根据生产实践经验确定。若法兰直径大于 500mm，则内浇道的宽度是法兰直径的 1/6～1/5；内浇道的高度是法兰直径的 1/3～1/4；若法兰直径小于 200mm，则内浇道的宽度是法兰直径的 1.5/5～2/5；内浇道的高度是法兰直径的 1/4～1/5。

(3) 闸阀阀体浇注补缩系统 闸阀的浇注补缩系统基本与球阀和蝶阀相同，此处着重叙述两个问题。

其一，横浇道的制作，许多厂家都是将横浇道制成长方形平底模式，图 6-15 中横浇道形状有所改进，横浇道中间部分做成圆弧形，两端呈方形，浇注时金属液流动集中而通畅。

其二，闸阀顶端带一块长方形凸台［见图 6-15 (a) 中的半剖视图］，使局部壁厚明显增大，用于补缩的冒口就藏在横浇道圆弧的下面，结壳时，涂层将其连接起来，形成一个暗冒口，而且切割冒口也方便。

图 6-16 是阀盖铸件组树图，横浇道也是采取弧形制式，不但补缩效果好，而且工艺出产率高、成品率高。

(4) 两种阀板补缩方式的比较 闸板组树方案见图 6-17 和图 6-18，其形状、尺寸相同，仅浇注补缩方式不一样，图 6-17 的补缩效果优于图 6-18。

6.2.4 冒口的设计与计算

正确理解冒口的设计、计算方法是解决缩孔缩松缺陷关键。随着机械行业的发展，一些形态复杂、壁厚不均、要求受压力的零件需要用精铸来获得铸件。由此给精铸工艺设计带来更高要求，如果未能随着铸件结构变化及时改进浇冒口设计，易产生缩孔、缩松缺陷，会增加铸件的废品率与焊补率。针对这一问题，笔者从金属结晶与凝固原理入手，收集有关技术资料进行分析研究，组合了浇冒口的设计和计算方法，投入实际生产运行取得理想的效果供同行参考。

（1）缩孔、缩松的形成机理与解决办法　缩孔、缩松的形成过程，主要是在液态金属充满型壳时受型壳吸热与外界温差的影响，铸件表面凝固一层硬壳，并紧紧包住内部的金属液。随之进一步冷却硬壳不断增厚，液面跟着下降生成液态与凝固。由此在热节处、中心部位和上部形成一个倒锥形缩孔和轴线缩松。围绕这一环节就必须配备完整的浇冒口设计系统。如何使浇冒口设置合理，首先应从铸件的末端区域着手，确定顺序凝固的方向，分析清楚补缩通道和非补缩部位以后，再来决定浇冒口的位置。同时按模数法计算出浇冒口大小，必要时增设补贴。

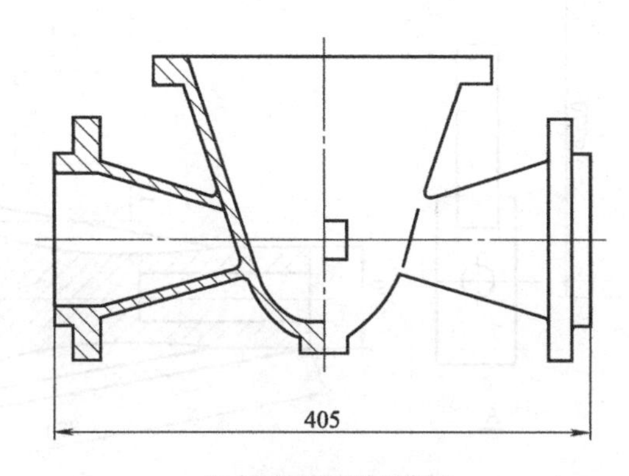

(a) 闸阀阀体零件示意图

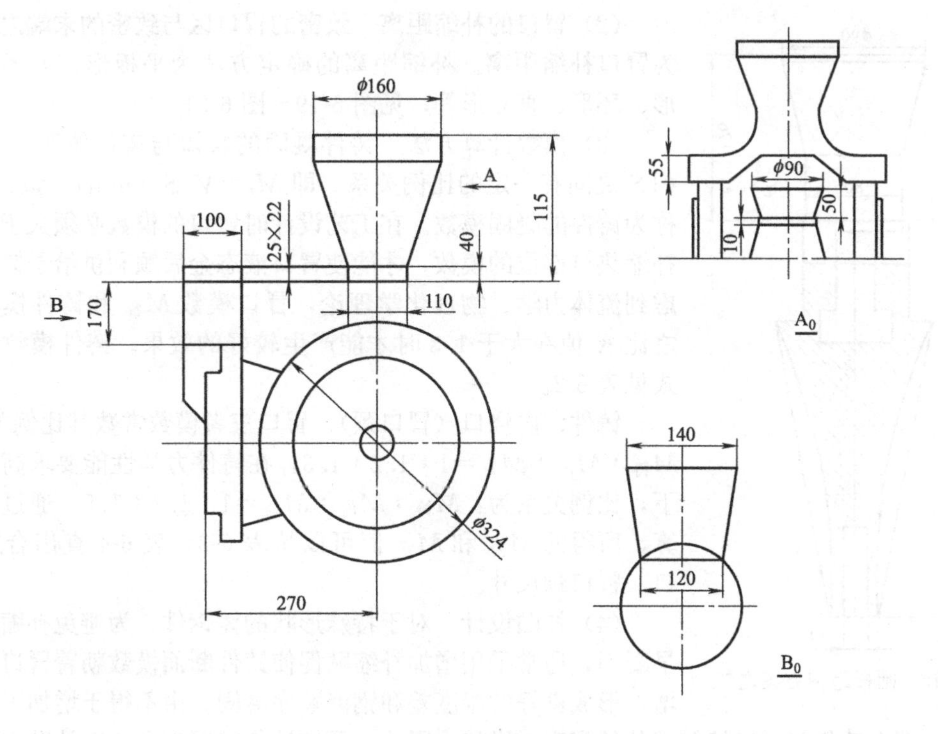

(b) 闸阀组树示意图

图 6-15　闸阀阀体及组树图

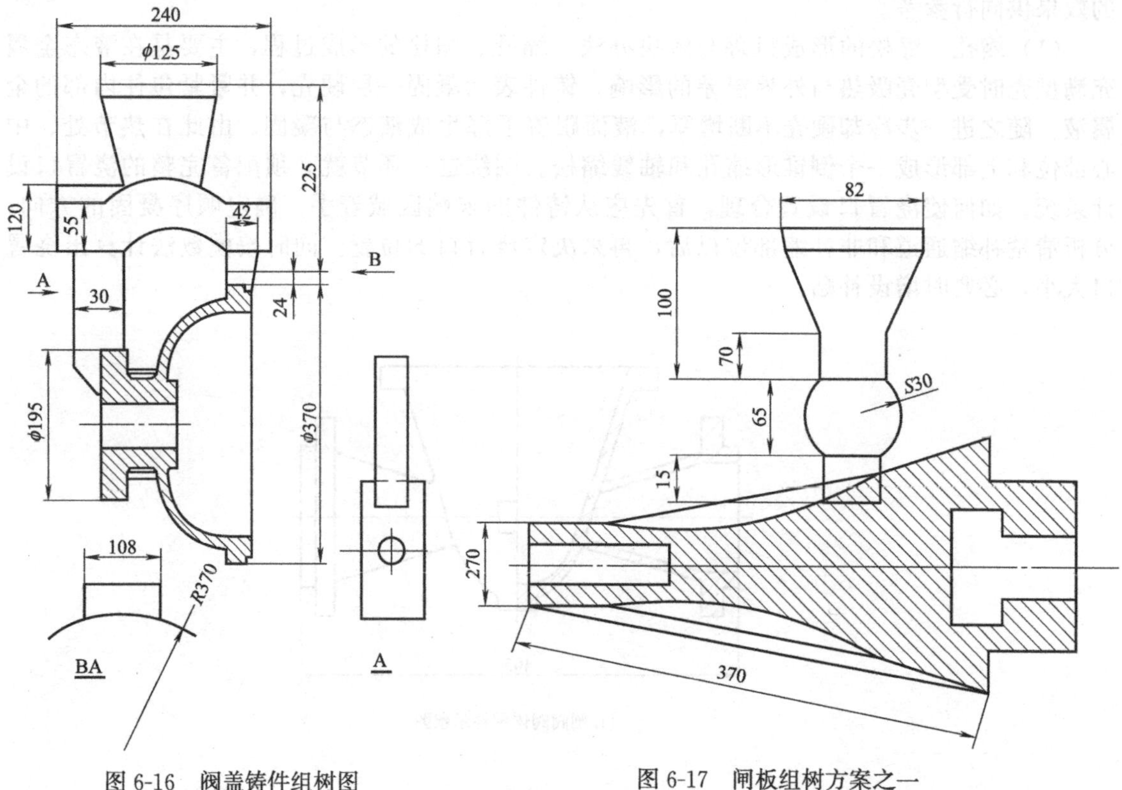

图 6-16 阀盖铸件组树图

图 6-17 闸板组树方案之一

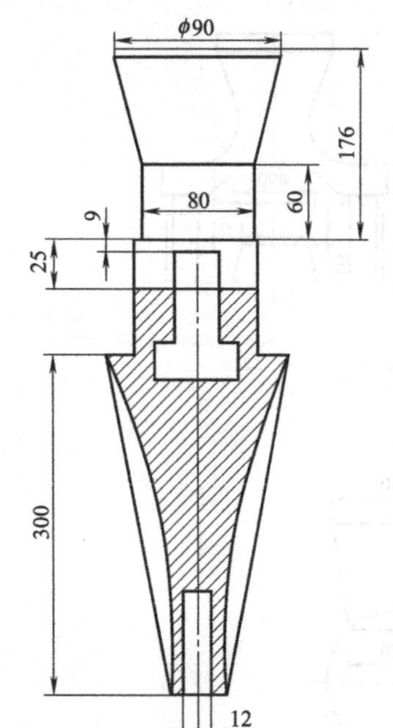

图 6-18 闸板组树方案之二

（2）冒口的补缩距离　致密的冒口区与致密的末端之和，称为冒口补缩距离。补缩距离的确定方法为平板形、方形、阶梯形、环形、直立形等，见图 6-19～图 6-21。

（3）模数计算方法　铸件凝固的长短与铸件体积 V 及表面积 S 之间有一定的比例关系。即 $M_a=V/S$（mm），该比值 M_a 称为铸件的凝固模数。在工艺设计时冒口的模数必须大于铸件被补缩热节部位的模数，才能使冒口液态金属顺利供给予铸件。考虑到流体力学、物理化学理论，冒口模数 $M_{冒}$ 和铸件模数 $M_{铸}$ 之比 K 值在大于 1.3 时才能产生较好的效果。铸件模数计算公式见表 6-2。

铸件、内浇口（冒口颈）、冒口三者模数常数其比例关系为：$M_{铸}:M_{内}:M_{冒}=1:1.2:1.3$，在铸件力学性能要求高的情况下，比例关系为：$M_{铸}:M_{内}:M_{冒}=1:1.3:1.5$。通过公式计算，所得的 $M_{内}$ 和 $M_{冒}$ 值可以从表 6-3、表 6-4 查出合适的冒口、冒口颈尺寸。

（4）补贴设计　对于特殊形状的铸钢件，为避免补缩通道过早凝固，通常采用增加补缩贴促使铸件断面模数朝着冒口方向递增，形成良好的温度差和钢液顺序凝固。由不得于增加了必要的补贴值，那么铸件与冒口接触部分的宽度也增加，因此必须按铸件壁厚加上 3/5 补贴宽度所得的厚度计算铸件模数，见图 6-22。这样确定的冒口模数选择冒口尺寸才能保证冒口有足够的钢液补缩铸件。见表 6-3、表 6-4。

通常有作圆法和曲线法两种。

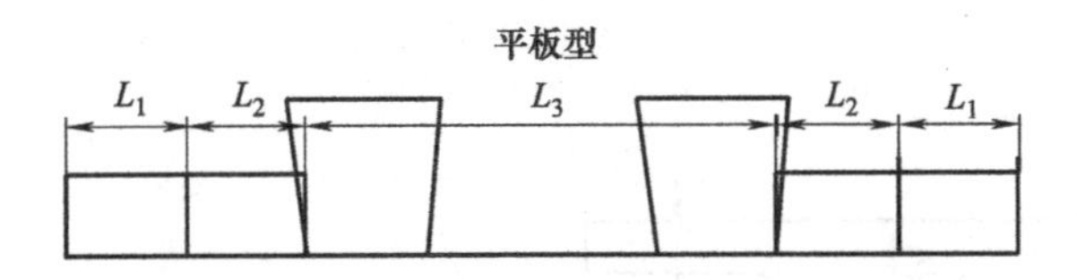

注:断面宽厚比在5:1以上称为板

单位:mm

壁厚D/mm	20～30	31～45	≥46
末端区域 L_1	4～3D	3～2D	2D
冒口补缩区L_2	1.5～2.5D	2.5～2D	2D
冒口之间补缩区L_3	7～5.5D	5.5～4.5D	4.5～3D

(a) 平板形

长方型

L_1　L_2　L_3　L_2　L_1　D

壁厚D/mm	20～30	31～45	46～100
末端区域 L_1	5～4D	4～3D	3～2D
冒口补缩区 L_2	2.5～2D	2～1.5D	1.5D
冒口之间补缩区L_3	5.5～4.5D	4.5～3.5D	3.5～2.5D

(b) 长方形

图 6-19　铸件的末端与冒口补缩区域（一）

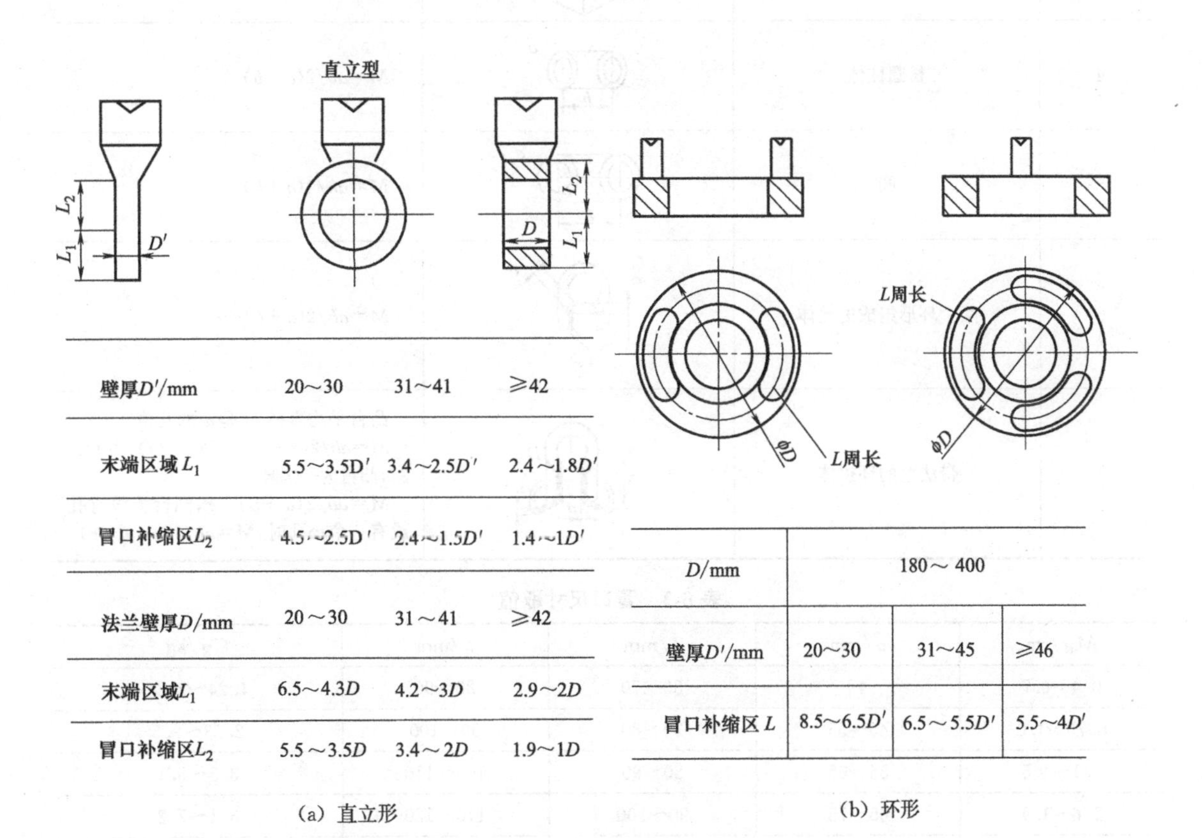

壁厚D'/mm	20～30	31～41	≥42
末端区域 L_1	5.5～3.5D′	3.4～2.5D'	2.4～1.8D'
冒口补缩区L_2	4.5～2.5D′	2.4～1.5D'	1.4～1D'
法兰壁厚D/mm	20～30	31～41	≥42
末端区域L_1	6.5～4.3D	4.2～3D	2.9～2D
冒口补缩区L_2	5.5～3.5D	3.4～2D	1.9～1D

(a) 直立形

D/mm	180～400		
壁厚D'/mm	20～30	31～45	≥46
冒口补缩区 L	8.5～6.5D'	6.5～5.5D'	5.5～4D'

(b) 环形

图 6-20　铸件的末端与冒口的补缩区域（二）

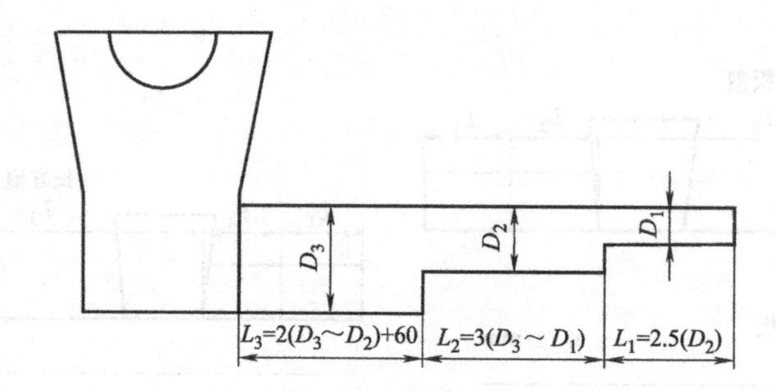

(a) 阶梯形

图 6-21 铸件的末端与冒口补缩区域（三）

表 6-2 模数计算公式

序号	几何体名称	简图	模数计算公式
1	平板与圆板		$A\leqslant D/5$ $M=A/2$
2	长方体		$M=ab/2(a+b)$
3	正方体球体		$M=a/6$
4	长圆柱体		$M=ab/2(a+b)$
5	圆		$M=ab/2(a+b)$
6	两个环形组成的轮体		$M=ab/2(a+b)-c$
7	带法兰的环拱体		凸台平均直径 D 是 a 的几倍 $M=ab/2(a+b)-c(a+1/a)$，当 $D=3a$，凸台为一圆环 $M=ab/2(a+b)-c$，凸台上没有孔或有一个小孔时，$M=ab/2(a+b-c)$

表 6-3 冒口尺寸取值

$M_{冒}$/cm	a/mm	b/mm	h/mm	$C_{冒}$/kg
0.4～0.7	45	50～70	80～90	1.24～2.24
0.75～1.0	45～55	70～80	90～100	2.23～3.5
1.1～1.5	55～65	80～90	100～110	3.5～5.1
1.6～1.9	65～75	90～100	110～120	5.1～7.2
2.0～2.3	75～85	100～110	130～140	2.7～9.7
2.4～2.9	85～95	110～120	150～160	9.7～14

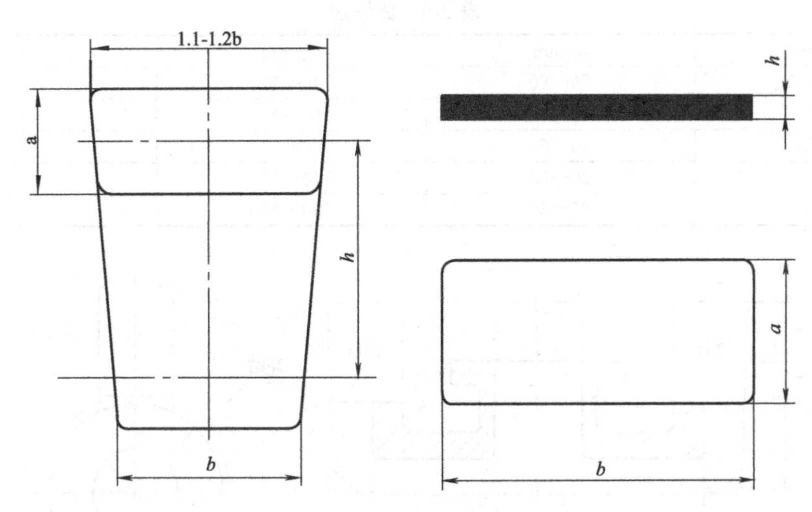

图 6-22　模数计算

表 6-4　内浇口（冒口颈）尺寸取值

$M_{内}$/cm	a/mm	b/mm	h/mm
0.3～0.6	40	45～65	18
0.65～0.87	40～50	50～70	18
0.95～1.2	50～60	60～80	20
1.3～1.65	60～70	70～90	20
1.73～2.0	70～80	80～100	25
2.0～2.4	80～90	90～110	25

① 作圆法。该方法实质上是在铸件断面上画圆的实用方法，其顺序：先确定一个包括加工余量在内的热节基准圆，再按 $d_1=(1.05\sim1.1)\ d_{基}$、$d_2=(1.05\sim1.1)d_1$、$d_3=(1.05\sim1.1)d_2$ 等比例递增，圆心由 $d_{基}$、d_1 d_2 的圆周上自下而上地画圆，最后用一条相切各圆圆周直线取得补贴处形成曲线（见图 6-23）。

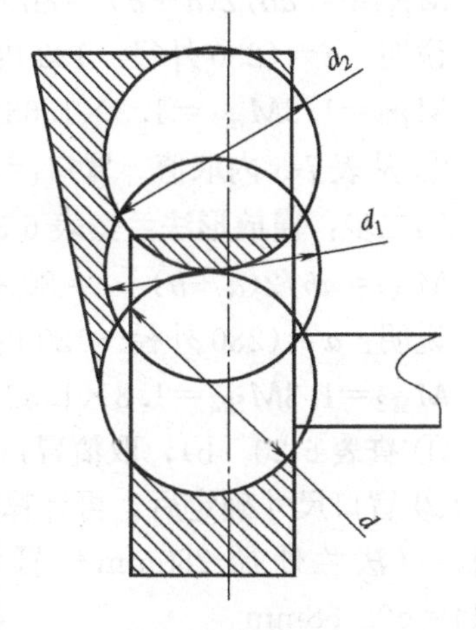

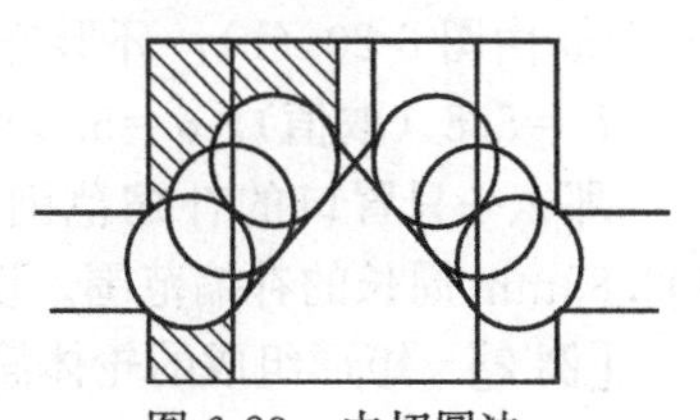

图 6-23　内切圆法

② 曲线法。对于立浇的板状、杆状、法兰状、圆柱状铸件，在高度 H 大于冒口有效补缩区产生缩松时，从 1/3 缩松区向上开始加补贴。延伸到顶度的补贴宽度，查表 6-5 确定。

（5）冒口设计实例

［例 1］　阀体类精铸件（见图 6-24）设计程序如下。

第一步：按图 6-20（a）中直立形公式计算铸件法兰部位两个区域。末端区域 $L_1=3D=3\times40=120$mm；冒口实缩区域 $L_2=2D=2\times40=80$mm；再由直立法法兰高度 280mm 减去 L_1 与 L_2（120+80），余下 80mm 产生缩松区，需要加补贴。

① 曲线法查表 6-5 选择补贴宽度　用法兰高度 280mm 查得致密区 C160，补贴高度 280－160＝120mm，补贴宽度 a 取值 25mm。冒口与铸件连接处宽 65mm（铸件壁厚 40 加 25）。计算铸件模数的实际厚度 $b=40+3/5\times25=55$mm。

表 6-5 曲线法

H/mm	b/mm	C/mm	a/mm
200～230	20～60	140～120	16～20
200～230	20～60	150～130	20～25
200～230	20～60	160～140	25～30
200～230	20～60	170～150	30～35
200～230	20～60	180～160	35～40

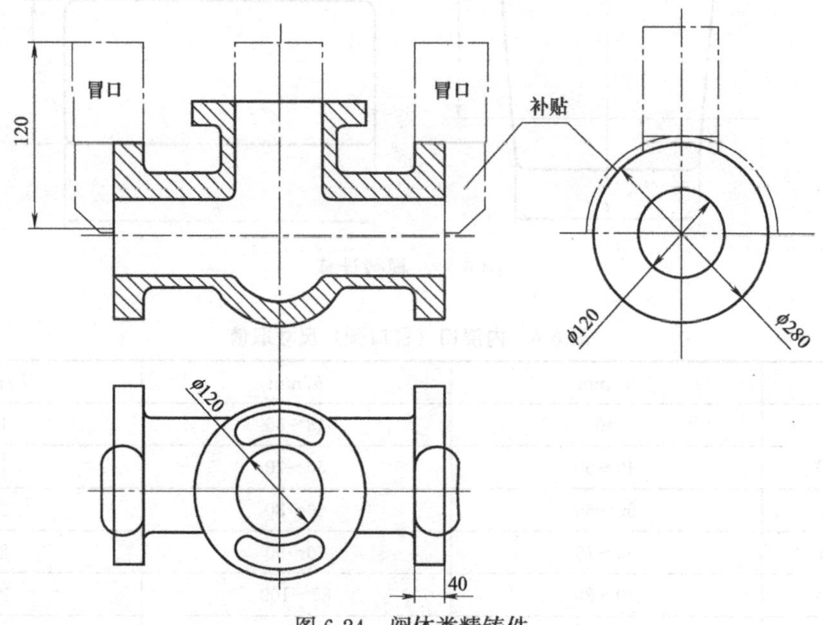

图 6-24 阀体类精铸件

② 根据表 6-2 公式计算直立法兰模数

$M_{法法1}=ab/2(a+b)=80\times55/2(80+55)=4400/270=1.63$cm

说明：$a=(280$ 外径-120 内径$)/2=80$mm

$M_{冒1}=1.3M_{法1}=1.3\times1.63=2.12$cm

③ 从表 7-3 内取值　冒口$_1$＝宽 80mm、长 105mm、高 135mm

第二步：横放形法兰按表 6-3 公式计算模数 $M_{法2}$

$M_{法2}=ab/2(a+b)-c=80\times40/2\times(80+40)=3200/240=13.3$mm

说明：$a=(280$ 外径-120 内径$)/2=80$mm，$b=40$mm，$C=0$

$M_{冒2}=1.3M_{法2}=1.3\times1.33=1.73$cm

① 查表 6-20（b），取值冒口 2：宽 68、长 93、高 113（mm）

② 冒口尺寸确定后，再计算冒口所定位置中心处圆周长，以便设定冒口数量。冒口中心周长＝(法兰外径 280mm－冒口宽度 68mm－20mm 冒口离外径尺寸)×3.14＝192×3.14＝602.88mm

③ 由图 6-20（b），环形公式计算冒口 2 补缩区，冒口之间补缩区 L

$L=5.8$（取值）$\times\delta=5.8\times40=240$mm

那么一只冒口的补缩范围只能控制在 240(补缩区)＋93(冒口长)＝333mm，无法达到 602.88mm 周长的补缩范围。设 2 只冒口其补缩范围为 666mm，可以保证铸件的补缩。

[例 2] 矩形组成的轮体简图，见图 6-25。

第一步：用直立形计算该铸件热节处未端区与冒口补缩区

① 末端区 $L_1=3.72$（取值）$\times D=3.72\times 35=130.2$mm

② 冒口补缩区 $L_2=2.9$（取值）$\times D=2.9\times 35=101.5$mm

③ 铸件高 380mm 减去未端区 L_1 与冒口补缩区 L_2 等于 118.3mm，经计算矩轮体直立后，会产生 118.3mm 的缩松区，从铸件结构来看无法增加补贴消除缩松区，所以图 6 25（a）方案不可取。应将铸件放平改为图 6-25（b）方案进行冒口布局。

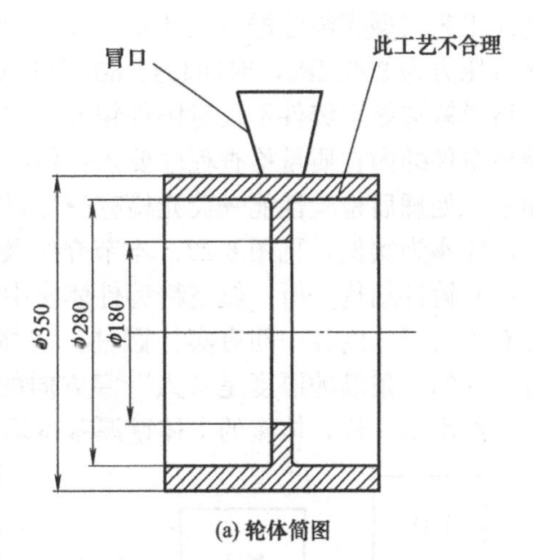

(a) 轮体简图

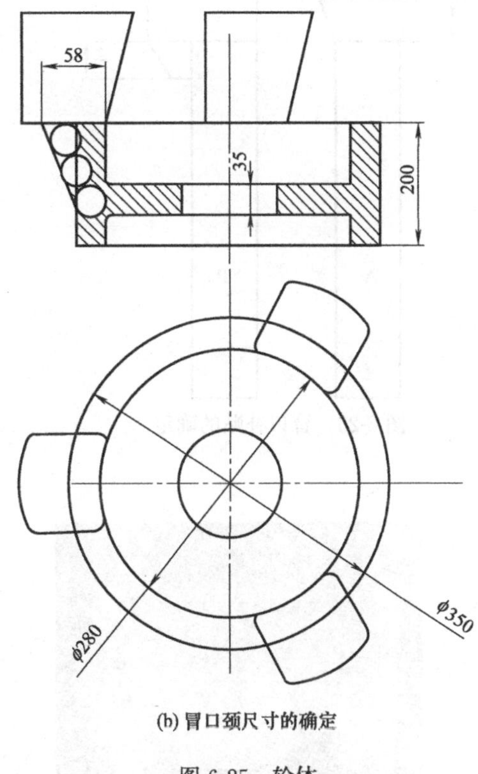

(b) 冒口颈尺寸的确定

图 6-25　轮体

第二步：铸件平放后，两个矩形体交叉处存在着热节圆，采用作圆法增设补贴比较合适，见图 6-25，作圆结果补贴宽带度为 23mm，补贴宽带度为 3/5 与铸件壁厚 35mm 合在一起得 48.8mm 厚度。按表 6-1 公式计算出铸件模数。

$M_{铸}=ab/2(a+b-c)=48.8\times 105/2(48.8+105-35)=5124/237.6=2.1$cm

$M_{冒}=1.3M_{铸}=1.3\times 2.1=2.73$cm

从表 6-2 查出冒口尺寸：宽 91mm，长 116mm，高 156mm。

第三步：计算冒口定处周长和冒口补缩长度，再设定冒口数量：

设定处周长：［350（外径）－35（厚度）］$\times 3.14=989.1$mm

冒口之间补缩区 $L=6.2$（取值）$\times\delta=6.2\times 35=217$mm

设定三只冒口可达到长度$=217\times 3+116\times 3=999$mm，须用 3 只冒口。

(6) 冒口设计原则与注意事项　上述图表内数据是处在一个额定的范围，不同铸件的壁厚和模数以比例方式选取计算参数。计算所得的冒口宽度大于铸件连接处厚度，应按图 6-25（b）方法连接。10kg 以上的大、中精铸件，型壳焙烧后出炉空冷 1h 再浇注较理想，这样可以使末端区域加长。浇注以先快后慢方式倒入钢液，当钢液浇到 1/3 冒口高度时将发热剂加入，冒口内随钢液升至顶部，该方法有利于冒口的补缩，同时也可以缩小冒口尺寸，提高铸件收得率。本书介绍的冒口设计、计算只适用于碳钢、合金钢、不锈钢铸件，不适合 3kg 以下的精铸件。因精铸厂操作方法有所不同，有一些浇冒口往往达不到计设高度，为了确保冒口补缩能力，根据实际状况冒口适当加高 10～20mm，见图 6-26。

6.2.5　航空件浇注系统设计和实践

在非真空中频感应电炉熔炼、浇注的工艺条件下，为了满足荧光检查和 X 射线检查要求，根据铸件结构特点，采用多组元结构、底注式联合浇注补缩系统；同时采取“高-低-快”的组合浇注工艺（型壳浇注温度为1050℃，钢液浇注温度为1580℃，浇注速度为3～4 m/s)。铸件通过压力为300MPa，时间超过60s气压试验，不泄漏，一次合格率高达95.96%。

熔模铸造航空铸件不仅对铸件粗糙度、尺寸精度和度质量要求高，更重要的是内在质量。熔模铸空件的内在质量检查程序要点：铸件经清理后进行毛坯初始检验→荧光检查→均匀化及固溶化处理后检验性能→荧光检查→X射线拍片检查。航空铸件要求100%全检。

以体座为实例，见图6-27。本节介绍及比较其浇注和补缩设计的铸件质量效果。

(1) 铸件结构分析　航空精铸件体座中间呈阶梯过渡圆柱形，上、下有法兰连接，外形的一处有方搭子。内腔中间有实体圆柱，实体圆柱连接3条筋（图6-28)，其中两条厚度一致，垂直方向的一条筋的厚度是“人”字方向的一倍。图6-29显示外形上有一实体方搭子。两个法兰的厚度不一样，体座的主体壁厚基本均匀。

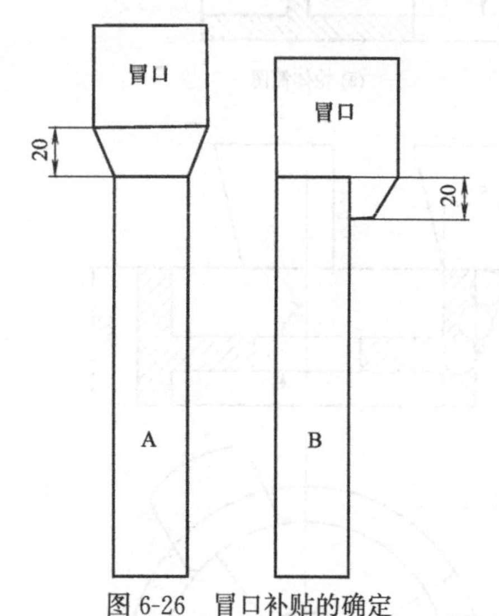

图6-26　冒口补贴的确定

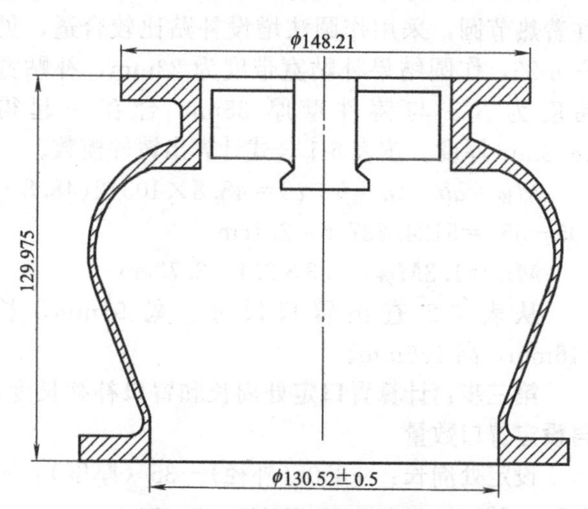

图6-27　零件体座的外形尺寸

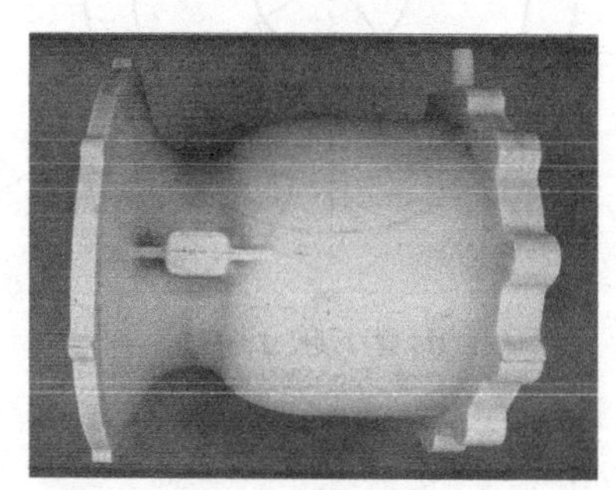
图6-28　体座的外形及搭子

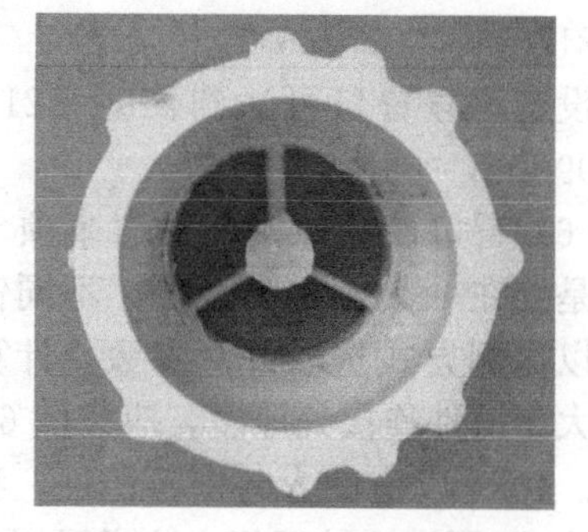
图6-29　体座的内腔3条筋

(2) 浇注补缩系统

① 方案A。采用横模头组元，集流道补缩，顶注卧式浇注法。图6-30（a）为大法兰侧的直浇道-横浇道浇注系统，图（b）为小法兰侧横浇道-内浇道浇注系统。

图6-31为小法兰侧横浇道-内浇道浇注系统，图6-32是整体组树结构。图中显示，实体方搭子应用横浇道-直浇道方式直接补缩的组树图。

② 方案B。采用底注多道组元竖立式浇注法，见图6-33。分层分布冒口补缩，小法兰平面应用4只球形冒口，见图6-34，金属液从横浇道引入，热节体积按冒口作用区半径来计算，见图6-35。

(a) 大法兰(直浇道-横浇道)

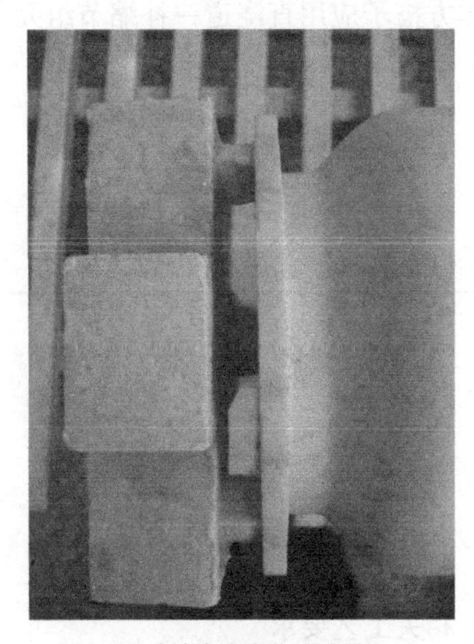

(b) 小法兰(直浇道-横浇道)

图 6-30 方案 A

图 6-31 小法兰（横浇道-内浇道）

图 6-32 卧式浇注模式组树图

内腔中间的实体圆柱，单独设立一只球形冒口，见图 6-34。两条细筋，分别设两只冒口，其金属液从实体圆柱的冒口引入，见图 6-35。

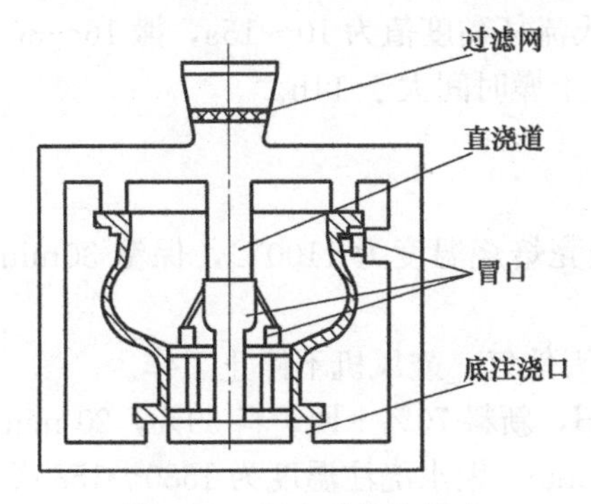

图 6-33 竖立式浇注模式

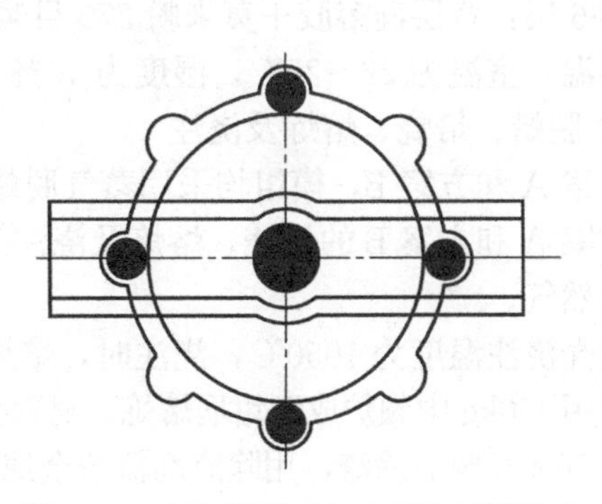

图 6-34 小法兰平面上 4 只球形的冒口

实体方搭子应用直浇道—补缩节组元局部补缩，见图 6-36。

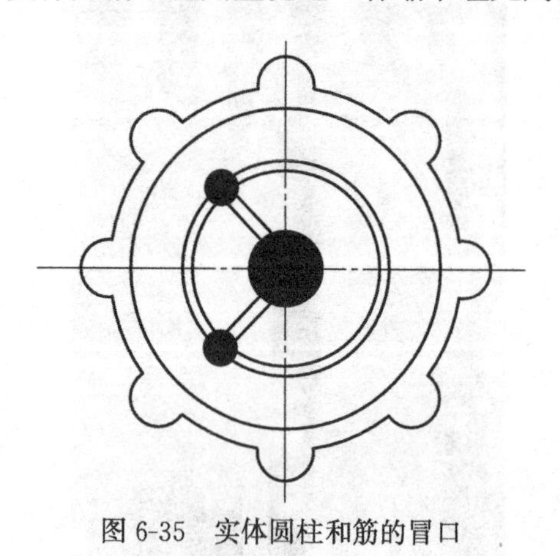

图 6-35 实体圆柱和筋的冒口

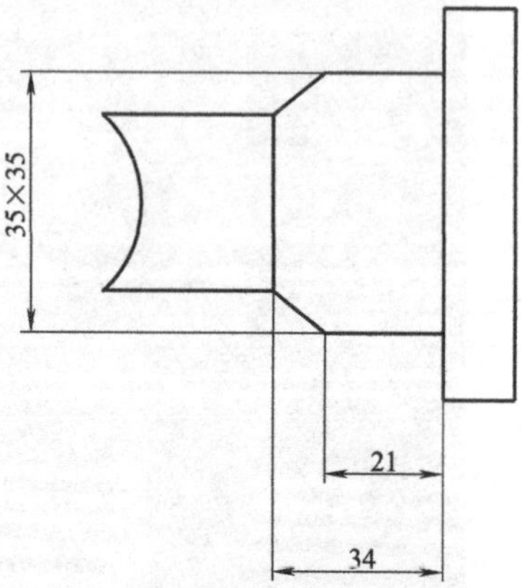

图 6-36 实体方搭子的补缩节

(3) 相关工艺要求

① 制模工艺。手工压蜡：

蜡膏温度 45.48℃

保压时间 3.0s

压型工作温度 18～24℃

冷却冷却时间 20～80s

蜡模冷却水温度 18～28℃

冷却时间 10～60min

蜡模压出至组树结束，必须在 24 h 之内完成。组树完毕，必须静置 40～60 min 后方可进行清洗。

② 制壳工艺。面层：面层硅溶胶＋锆英粉 325 目浆料，詹氏流杯黏度值为 45～50s，撒 100～120 目锆英砂，恒温室温度为 22～25℃，湿度为 50%～70%，干燥时间 6～8h。

第 2 层：背层硅溶胶＋锆英粉 325 目浆料，詹氏流杯黏度值为 35～45s，沾浆前预沾硅溶胶，撒 100～120 目锆英砂，恒温，室内温度为 22～25℃。湿度为 50%～70%。干燥时间 8～10h。

第 3 层：硅酸乙酯水解液＋锆英粉 325 目浆料，詹氏流杯黏度值为 18～25s，沾浆前预沾硅酸乙酯水解液，撒 100～120 目锆英砂，恒温，室内温度为 22～25℃，湿度为 50%～70%，干燥时间为 3～4h。

第 4 层：背层硅溶胶＋莫来粉 270 目浆料，詹氏流杯黏度值为 10s，撒 30～60 目莫来砂，恒温，室内温度为 22～25℃，湿度为 40%～60%，干燥时间为 10～12h。

第 5 层：背层硅溶胶＋莫来粉 270 目浆料，詹氏流杯黏度值为 12s，撒 16～30 目莫来砂，恒温，室温为 22～25℃，湿度为 40%～60%，干燥时间为 10～12h。

第 6 层：背层硅溶胶＋莫来粉 270 目浆料，詹氏流杯黏度值为 10～15s，撒 16～30 目莫来砂，恒温，室温为 22～25℃，湿度为 40%～60%，干燥时间大于 14h。

③ 脱蜡、焙烧、熔炼及浇注

方案 A 和方案 B，模组均采用蒸气脱蜡。

方案 A 和方案 B 的焙烧、熔炼及浇注工艺：型壳焙烧温度为 1100℃，保温 30min，燃料采用天然气。

型壳浇注温度为 1050℃，浇注时，焙烧炉不停天然气，鼓风机不停止工作。

采用 150kg 中频炉成型坩埚熔炼，材料为 17-4PH，新料 70%＋回炉料 30%，20 min 炉料熔化完毕 1650℃脱氧除渣，用除渣剂覆盖金属液静置 3min。钢水浇注温度为 1580～1585℃。采用手持包浇注，浇注速度每组 3～4s（手持包预热至 900～950℃）。

（4）焊补工艺规定　在铸件任何部位，补焊面积不得超过 48.4mm²（0.75in²），长度不超过 25.4mm（1in），补焊部位不能超过铸件总面积或铸件总质量的 10%，不超过法兰 1/3 的宽度可以补焊。在铸件的任一截面上，补焊深度不能超过铸件厚度的 1/2，经过补焊的铸件，需要 100% AMSE1742 标准进行 X 光拍片检查。

（5）生产验证　A 和 B 两种方案铸件的质量数据，见表 6-6。

表 6-6　检测数据

	荧光检测合格率/%	X 拍片合格率/%	气压试验合格率/%
方案 A	90	91	92.5
方案 B	98	97	>98

两种浇注补缩系统方案，从生产实践的对比结果来看，方案 A 优于 B 方案。

底注式浇注补缩系统使金属浇注充填平稳，避免气体卷入，有利于排气和排渣，减少夹杂和合金的二次氧化。

采用多组元联合补缩，多个热节，区别情况，分别设置冒口补缩。利用直浇道加补缩节，对局部热节进行补缩，能充分分补充铸件凝固时的体收缩，避免采用直浇道直接充型补缩而产生过热的副作用。

多组元浇注系统明显的效果是，铸件冷却凝固过程中，温度分布合理，避免产生热裂，减少了内应力和变形。

采取了“高温模壳、低温钢液、快速浇注”的匹配浇注工艺，有效地避免产生缩孔缩松，防止产生浇不足、冷隔缺陷，精确复制型腔的形状。

6.2.6　叉形铸件环形内浇道的应用

（1）铸件要求　叉形铸件材质为 45 钢，该件为出口产品，客户要求全硅溶胶结壳，直径 Φ21mm，内孔及底平面处需要加工，见图 6-37。

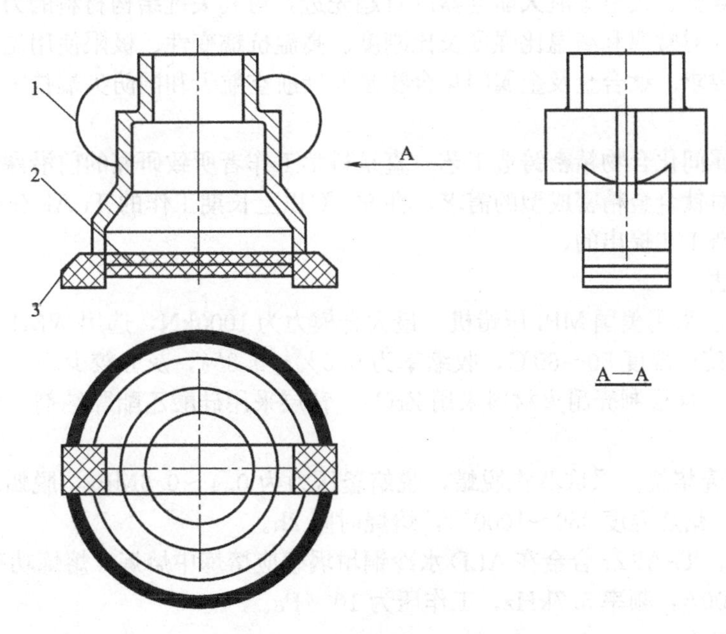

图 6-37　叉形铸件组工艺图
1—加强筋；2—环形浇道；3—内浇道

（2）铸件结构分析　此件主体属带内孔的圆形结构件，下部呈“人”字形的叉臂，叉臂的内开挡距离较宽，左右两边有 9mm 的筋相连接，质量为 1.5kg。

（3）铸件工艺分析　通常情况下，为了避免铸件的热裂，减小收缩应力，防止铸件变形，应该尽量采用单只内浇道，但是，此件总高度为 84mm，最宽处为 75.5mm，叉形的宽度有 32mm，如果采用单只内浇道，因另一半面远离内浇道的缘故，势必会使另外一侧产生缩松、缩孔，甚至浇不足，而且会导致冒口的内挡尺寸向内收缩变形。

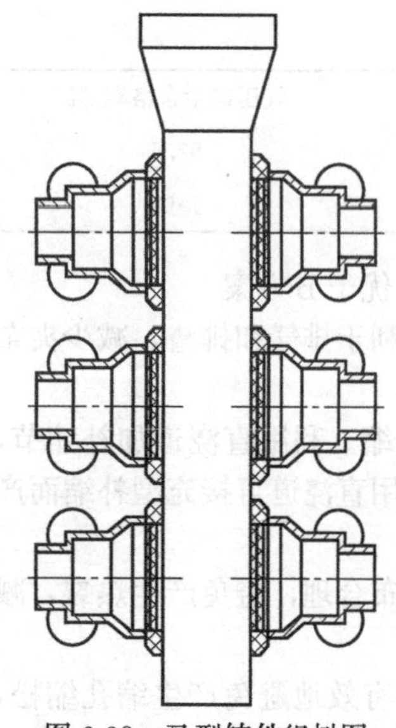

图 6-38　叉型铸件组树图

工艺分析的结论是，若设置单只内浇道“弊大于利”。经过反复比较之后，认为采用双浇道也有它的优势，金属液能顺利充型，叉口内收缩的倾向会被克服，不过，也会产生如下的麻烦：铸件-内浇道-直浇道 3 者形成一个方框结构的封闭链，内浇道周围过热，收缩时受到铸件本身以及直浇道处型壳的阻碍，会在内浇道与铸件连接的地方产生热裂和缩孔，显然也并不是完美的方案。须进一步采取相应的辅助性工艺措施。

（4）铸件成品分析　从提高铸件的一次性成品合格率、提高工艺出品率以及总体工艺布局的合理性等因素综合考虑，还是采用“竖模头、双浇道、二行组树”的工艺方案才能“利大于弊”，见图 6-38。

为了克服因设置两只内浇道而产生的负面影响，在两只内浇道的中间增设一道外径为 37mm、厚度为 2.5mm、宽度为 2.5mm 的圆环，也就是说，利用圆环将两个内浇道连贯起来，使内浇道构成一个整体。

成批生产证明，达到预期的工艺效果，工艺出品率为 70%，一次成品合格率为 99.7%。

6.2.7 发动机用钛合金部件精密铸造工艺

随着火箭、导弹、飞机等航天航空器的日趋先进，对其关键结构材料的力学性能提出了更高的要求。例如，对常温和高温比强度及比刚度、高温抗蠕变性、极限使用温度、高温抗氧化性等提出了更高要求。钛合金及金属间化合物是发展航空航天和国防尖端技术必不可少的高技术新材料。

钛合金及金属间化合物精密铸造工艺一直是科学工作者所致研究的前沿课题之一。出于某型号火箭发动机对钛合金精密成型的需求，在 500℃以上长期工作的 Ti-Al-Zr 高温钛合金的凝固组织及精密铸造工艺提出的。

（1）试验方法

① 蜡模制备。采用美国 MPI 压蜡机，最大合模力为 1000kN，选用 WM114 蜡料，该蜡料熔点 70～80℃，使用温度 50～60℃，收缩率为 0.6%～0.8%，灰分较少。

② 型壳制造。面层制壳耐火材料采用 ZrO_2，背层采用硅酸乙酯黏结剂，刚玉粉、砂耐火材料。

③ 脱蜡及型壳焙烧。采取蒸汽脱蜡，脱蜡釜压力为 0.4～0.6MPa，脱蜡时间 8～10min。焙烧采用电阻炉，焙烧温度 950～1000℃，焙烧时间 2h。

④ 合金熔炼。Ti-Al-Zr 合金在 ALD 水冷铜坩埚感应熔炼中熔炼，熔炼功率为 370kW，电压 800V，电流 900A，频率 5.7kHz，工作压为 10^{-2}Pa。

（2）结果与讨论

① 型壳尺寸稳定性。获得常温强度高的型壳是保证型壳在脱蜡、搬运过程中尺寸和面层

不脱落的关键。黏结剂中胶体的粘接作用越大，型壳的常温强度越高，达到4.96MPa，可以满足发动机用钛合金铸件精铸的要求。图6-37是面层型壳的残留强度曲线图。面层型壳的残留强度呈曲线上升，900℃最低，到1200℃最高。型壳高温残留数值在4.1～6.0MPa之间，面层型壳的高温残留强度高，承受金属液的冲击能力高，面层型壳不容易脱落，浇出来的铸件表面质量较好，见图6-39。

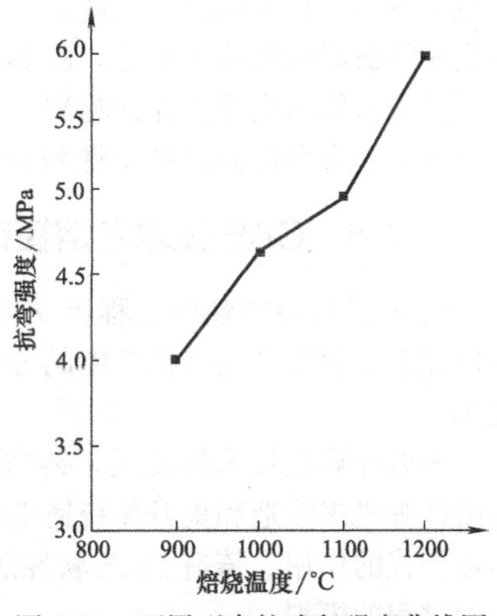

图6-39 面层型壳的残留强度曲线图

型壳尺寸稳定性是影响铸件尺寸精度的重要因素，并与型壳变形、开裂和浇注时跑火等现象有关联，由于型壳在高温下会产生一系列的物理化学变化，型壳尺寸稳定性也影响到型壳尺寸线量的变化和面层与背层的结合情况。热膨胀系数可以直接反映这两个变化。图6-40是面层型壳和背层型壳的热膨胀曲线图。在400℃时，面层与背层的热膨胀系数相差较大，以后随着焙烧温度的升高，面层型壳的热膨胀系逐步升高。背层型壳的热膨胀系数逐渐降低，在850℃时相差为零，以后，随着温度的继续升高，两者的热膨胀系数差距又逐渐加大，在1200℃时，相差接近一倍。因此整个焙烧温度最好不要超过1200℃，超过此温度面层与背层的膨胀相差太大，容易造成面层与背层的分层，对铸件产生不利影响，热膨胀情况，见图6-40。

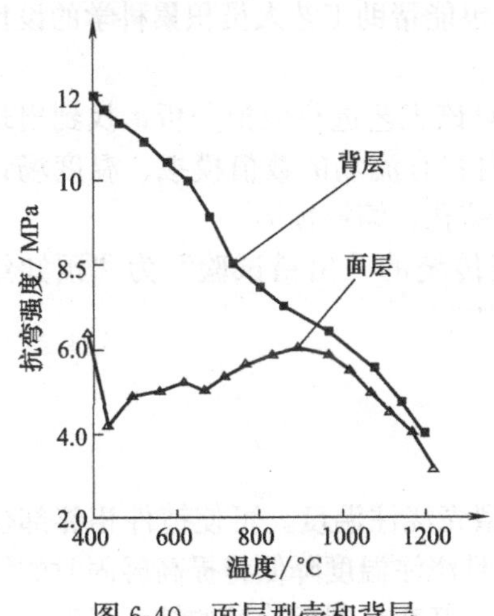

图6-40 面层型壳和背层型壳的热膨胀曲线图

② Ti-Al-Zr合金的显微组织。钛合金固态相变的特征是多样性和复杂性，金属中存在的绝大多数相变在钛合金中都能出现。钛合金组织形态有α组织、β组织、魏氏组织等，不同的组织给性能带来很大的影响。

Ti-Al-Zr合金铸件组织中的α相和β相混合，其中片状态α相的取向多，群体数目多，组织细小，说明Ti-Al-Zr合金铸件组织为网状魏氏组织。

③ 常温力学性能。经过常温拉伸试验测试，Ti-Al-Zr合金铸锭的常温抗拉强度为1057.5MPa，屈服强度为995MPa，伸长率为18.45%，弹性模量为117.4GPa。Ti-Al-Zr合金为近α合金，只有单相组织，不具备接受时效强化的条件，由合金元素对合金进行强化。

④ 高温力学性能。根据发动机进气管的工作环境要求，设定在500℃温度下测试高温性能，Ti-Al-Zr铸造合金在500℃时的抗拉强度为658.7MPa，屈服强度为538.9MPa，伸长率为26.5%。

合金在高温下的行为与常温有所不同，那些在常温下起重要强化作用的点阵静态畸变，随着温度的升高，其效果将迅速减弱，反之，凡是能提高基体键合能力，减缓原子扩散过程及促进组织稳定性的元素，对提高高温性能有更为突出的作用。

首先，能提高钛合金固态相变温度的合金元素，在其他条件相同时，改善耐热性的作用比较明显。这是由于在接近相变温度时，组织稳定性下降，元素活性增加，促使合金软化。按照这一原则，耐热钛合金在成分上应以α稳定元素和中性元素为主，至于β稳定元素一般效果比较差，只有那些能强烈提高钛原子键合能力的钼、钨，在适当浓度范围内可以有限地增加合金的高温强度。

其次，从组织角度来看，在单相固溶体浓度范围内，耐热性随浓度的增加而提高，当组织只能出现第二相时则有所下降，这符合一般规律，因为复相组织在加热过程中发生 α→β 转变，促使相界面附近的原子扩散，耐热性下降。因而耐热钛合金应以单相组织为宜，一般均用 α 型或者近 α 型作为高温工作的材料。而从前面测试的 Ti-Al-Zr 合金元素与组织方面符合上面的两个条件，合金的高温稳定性和高温力学性能比较好。

6.2.8 CAE 技术在熔模铸造上的应用

CAE 是计算机辅助工程英文 Computer Asisstant Engineer-ing 的缩写，指用计算机求解分析复杂工程和产品结构性能的分析软件，可作静态结构分析、动态分析及分析结构（固体）、流体。

随着计算机技术的发展，铸造 CAE 技术也取得了长足的进步，其大量成功的应用表明，利用计算机来改造和提升传统铸造技术，对降低产品的生产成本、提高铸造企业的竞争力有着不可替代的作用。铸造 CAE 软件能实现铸造充型过程、凝固过程、组织性能、应力应变及热处理过程的模拟。

在铸造过程缺陷预测方面，对于凝固过程形成铸件缩孔类缺陷进行有效的预测，并且实现了定量化（即预测出缺陷发生的位置和体积大小），充型过程的数值模拟其理论和算法也趋于完善，对充型过程中产生的缺陷如浇不足、冷隔、卷气、夹渣等也能够进行定性的预测，组织、应力场模拟也取得一定的进展，能够在一定程度上预测出实际生产中可能发生的问题。

通过铸造 CAE 软件所提供的上述功能，工艺人员能够依据模拟结果，快速地评估工艺的可行性和可操作性，及时做出相应的工艺改进措施，同时，也能帮助工艺人员积累科学的设计经验，在相似的工艺设计中，快速地获得优化工艺。

针对某个铸件进行初始工艺设计，然后采用 CAE 软件对该工艺进行模拟分析，找到出现缩松、缩孔等缺陷的原因，并采取相应的改进措施，模拟内容有流场的数值模拟、温度场计算、充型过程的分析、凝固过程的分析和温度场数值模拟及缩孔、缩松预测。

CAE 软件的应用，特别能加快新产品开发的进程，变传统的“出错试验”为“预知结果”，不但缩短新产品的试制周期，而且节省大量的人力、物力。

6.3 浇注系统设计经验小结

① 为了避免铸件产生热裂应适当降低浇注温度，提高型壳浇注温度。可使铸件相邻部位凝固时的温差减小，从而相邻部位收缩减小、应力减小。而且浇注温度降低将提高凝固时的结壳强度。对于 ZG35，当浇注温度从 1580℃降低到 1530℃时，其在热裂危险期的结壳强度可以提高 31%，因此有利于防止热裂产生。

② 合理分布铸件热量。在浇注系统设计时，避免金属液冲击型腔，避免铸件-直浇道-横浇道形成框形结构等也是避免热裂的有效措施。

③ 熔模铸件变形产生的原因很复杂，熔模铸件在凝固后的不均匀冷却是导致铸件变形的主要原因，防止变形的措施有：

a. 减缓铸件薄壁部位的冷却却速度，尽量使铸件各部位凝固后冷却收缩。

b. 收缩应力等作用的断面尽量为刚度大（抗弯模量大）的断面，否则必须改变蜡模组树方向，克服因重力产生的变形。

c. 尽量设置单个内浇口，防止浇注系统呈框形和环形结构，由于某种原因于直浇道比铸件厚大，冷却相对缓慢，直浇道的收缩导致铸件产生压应力而变形。

d. 提高铸件易变形部位的结构刚度，应设置防变形工艺筋，但是，必须注意，不能因该筋设置而使铸件产生热裂。

e. 对于变形规律性强的铸件也可在压型设计时，按铸件产生变形的相反方向设计相应的反变形量，使熔模和铸件的变形与事先设计的反变形量抵消。

f. 缩孔可以转移，热裂可以转移，变形也同样可以转移。当铸件上设置 2 个以上内浇道而与直（横）浇道形成框形结构时，由于铸件与直（横）浇道的凝固冷却不同步，而且互相阻碍收缩，使得铸件产生应力和变形，同时直（横）浇道也会产生一定的应力和变形。当直（横）浇道的刚度较大，铸件相关部位刚度较小时，则铸件相关部位的变形较大，而直（横）浇道的变形较小。反之，当直（横）浇道的刚度较小，铸件相关部位的刚度较大时，则铸件相关部位的变形较小，直（横）浇道的变形较大。所谓变形转移就是在直（横）浇道结构设计时设法减小直（横）浇道的刚度，以增大直（横）浇道的变形量，减少铸件相关部位的变形。

g. 校正变形可以从蜡模开始，可开设校正模。熔模从压型中取出之后移至校正模内以保持其形状进行矫形。校正模设计前应确定熔模变形的部位，掌握其变化规律，其工作型面应与压型分型面一致，同时应留有一定的修正量。

第7章 熔模铸造生产应用实例

7.1 模料处理

7.1.1 问题的提出

有一家精铸厂由于脱蜡锅和其他一些器皿用具材料采用普通碳素钢制成，低熔点模料使用不久便出现犹如玻璃状的物质，其表面坚硬，一碰就碎，热稳定性差，热胀率较大，涂挂性明显降低，呈橘红色，工人师傅称之为“红蜡”，最后不得不全部报废。

7.1.2 实验与机理

(1) 模料的组分变化　熔模铸造生产中广泛应用低熔点模料——石蜡和硬脂酸，这种模料流动性好，灰分较少，制取方法简单，尤其是对水玻璃黏结剂涂挂性好，模料能多次反复使用。但是，在实际生产中碰到的棘手问题是石蜡硬脂酸的变质，即模料组分中的硬脂酸发生变化，硬脂酸属饱和脂肪族一元羧酸，硬脂酸是它的俗称，化学名称为十八酸，用 $CH_3(CH_2CHCOOH)$ 作表达式，熔点72℃。硬脂酸的组分变化主要受两个方面的影响：

一方面是皂化，模料与水玻璃中的氧化钠、与氯化铵硬化液中的氯化钠有下列反应：

$$NH_4Cl+Na_2O\cdot nSiO_2\cdot mH_2O\longrightarrow nSiO_2+mH_2O+NaCl+NH_3\uparrow$$

$$R-\overset{\overset{\displaystyle O}{\|}}{C}-OH+\xrightarrow[NaCl]{Na_2O}R-\overset{\overset{\displaystyle O}{\|}}{C}-ONa+\frac{H_2O}{HCl}$$

反应生成物为皂化物——硬脂酸盐。用铝锅化蜡生成硬脂酸铝，模料跟钢模、金属铁质工具、器皿接触生成硬脂酸铁，以 M^+ 为金属离子作代号，则有如下典型反应：

$$R-\overset{\overset{\displaystyle O}{\|}}{C}-OH+M^+\longrightarrow R-\overset{\overset{\displaystyle O}{\|}}{C}-OM$$

综合上述反应机理，就在于羧酸基上的O—H键断裂，在羧基的P—π共轭体系中，由于C—O上的氧原子具有较强的电负性，使体系中的电子云向氧原子移动，从而使得O—H基的氧原子上的孤对电子云的密度降低，O—H键间的共用电子对更靠近氧原子，结果增强了O—H键的极性，有利于O—H中氢原子的离解，离解后析出氢离子：

$$R-\overset{\overset{\displaystyle O}{\|}}{C}-O-H+H_2O\rightleftharpoons R-C-O^-+H_2O^+$$

然而，离解后生成的羧酸根离子中，因其氧原子上带有负电荷，更容易提供电子与C—O

键上的π电子共轭，这样，使负电荷不再集中在一个氧原子上，分配到 $\overset{\text{O}}{\underset{\text{C—O}}{\Vert}}$ 键上，从而增加了 $RCOO^-$ 的稳定性，更方便地达到成盐的目的。另一方面，由烃基和羧酸给合的含氧有机酸，跟石蜡配制模料可以混合成碳氢化合物，当加热时，尤其在过热条件下，一般指超过130℃时，会发生氧化和热分解现象，使分子中碳链发生断裂变成分子量较小的烃类化合物和分子链较长的不饱和化合物，这种不饱和化合物能聚合成更大分子，大分子又能分裂和聚合，最后变成含碳量很高的化合物，一句话，就是模料起了变化，平时所说的模料“老化”、“变质”、“碳化”和“树脂化”都是这个意思，导致颜色变深，模料各项性能指标的下降。

(2) 羧基铁螯合物的形成　经过多次用 $K_4Fe(CN)_6$ 试剂对红色模料进行定性试验，发现生成蓝色沉淀物，偶尔出现灰色的沉淀物，一刹那，立即变成蓝色沉淀物。灰白色物质是 $Fe\,[Fe(CN)_6]$，少量存在二价铁，从实验结果推断，导致模料变质、变色的主要原因是模料中含有大量的三价铁，定性试验是蓝色 $K_4Fe(CN)_6$ 是最好的佐证。模料中三价铁离子大量沉淀后，不像一般的皂化反应生成：$R—\overset{\overset{\text{O}}{\Vert}}{C}—OFe$ 的简单形态。应注意到结壳硬化剂常用氯化铵，由强酸生成的铵盐溶液呈弱酸性反应：

$$NH_4^{+}+H_2O \rightleftharpoons H_3O^{+}NH_3\uparrow$$

再则，铵盐稍微加热后，易分解出氨：

$$NH_4Cl \xrightarrow{\Delta} HCl+NH_3\uparrow$$

羧酸中的羧基和硬化剂中的氨基是形成络合物的良好螯合基团，能与许多金属离子形成稳定的螯合物，这也就是平时一般所称络合物的概念，羧基铁螯合物色泽呈深红色，可用下列反应来表示：

$$RC-O^{-}+Fe^{3+} \longrightarrow Fe\,[Fe(R-COO)_3]\ \text{红色}$$

这种以铁络合物形式存在于模料中的杂质，所带来的危害，比一般的硬脂酸铁更严重。

(3) 高价铁的还原　羧基铁螯合物中的铁是三价，要破坏络合物，消除铁杂质，得从降低铁的价态着手，处理这种特殊的化合物选择何种还原剂是关键。首先考虑到氯化亚锡或者氯化汞，但是，带进的 Sn^{+2} 和 Hg^{+2} 离子会引来麻烦，而且 $HgCl_2$ 只能被还原到 Hg_2Cl_2，显然不理想。用硫化物又恐黑色污染，用草酸作还原剂：$Fe^{3+}+C_2H_4^{2-} \longrightarrow Fe(C_2H_4)$ 有红色呈现。实验证明，加入草酸非但不能脱色，红蜡的颜色反而加深。至于用锌汞齐还原铁，更不经济。采用低价金属离子二价铁来还原三价铁，虽然还原剂中有少量三价铁被氧化而游离出来，这在以后形成氯合离子可以一并消除干扰。硫酸亚铁铵（分析纯）用蒸馏水溶解后，如有浑浊黄色现象，加入少量浓硫酸，直至溶液呈清澈浅蓝色为止。硫酸亚铁铵加入量以0.85%为佳，见图7-1。

(4) 酸度试验　回收蜡处理通常加入1%～3%的浓硫酸，铁络合离子的特性见表7-1，要分解羧基铁络合物，不但要有足够的酸度条件，而且还要考虑到使 Fe^{2+} 离子从水合离子形式转换成氯合离子状态，用盐酸能促进二价铁离子变成 $FeCl^{2+}$，还原剂因在氧化还原反应中自身被氧化成三价铁离子（因为蜡料处理时有羧基酸游离出来）。反应后生成二氯羧酸铁，它在过量盐酸作用下，再生成氯合离子，反应如下：

$$Fe^{+3}+HCl+CH_3COOH \longrightarrow Fe(CH_3COO)_4Cl_2+H_2O$$

$$Fe\,(CH_3COO)_4Cl_2+HCl \longrightarrow FeCl^{+2}+CH_3COOH$$

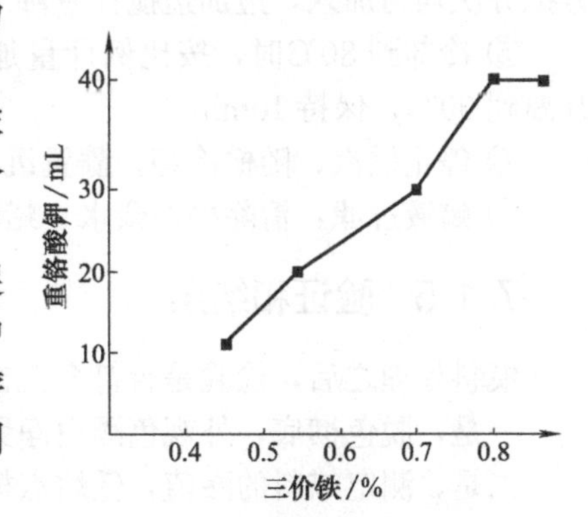

图7-1　用重铬酸钾0.025N标液滴定蜡料中的二价铁

实验证明，盐酸（分析纯）加入量不能少于处理蜡总量的 8.5%，以不超过 10%为宜，这样的酸度处理出来的蜡料全部除尽铁杂质，颜色白纯。高价铁离子和低价铁离子呈现出不同的色泽，见表 7-1。

表 7-1 不同阶态的铁离子呈不同的颜色

存在形式	Fe	
	Fe^{+2}	Fe^{+3}
水合离子	Fe^{+2}浅绿	Fe^{+3}棕黄
氯合离子	$FeCl^{+2}$有特征黄颜色	

(5) 水量加入试验 将羧基铁络合物稀释并予煮沸时有如下反应：

$$[Fe(CH_3COO)_3]+H_2OH \longrightarrow Fe(OH)_2CH_3COO+CH_3COOH$$

说明羧基铁络合物的水解是非常重要的反应，一般情况下，处理蜡料加入占蜡料总量 15%的水量就可以了，但是实际不行，从表 7-2 看出，随着水量的逐步提高，处理后的蜡料质量有明显的提高，认为水量加入占蜡料总量的 35%为好，水量加入试验见表 7-2。

表 7-2 水量加入试验

水加入量 %	20	25	30	35
蜡料处理后色泽	灰白	灰白	白中微带黄	白纯

7.1.3 红蜡处理工艺参数

加水量：占蜡料总量的 35%；
浓盐酸加入量：8.5%～10%；
硫酸亚铁铵加入量：占蜡料总量 0.85%；
加盐酸时蜡液温度低于 85℃；
处理后蜡液静置时间：100kg 蜡液沉淀时间不得小于 1h；
蜡液过滤筛号：100～140 目。

7.1.4 操作程序

① 加入经称量的红蜡待处理。
② 在槽中按工艺参数加入自来水。
③ 通入蒸汽加热。
④ 加热到 100℃煮沸 15min，按工艺参数比例计量加入硫酸亚铁铵（事先配制成溶液），分批分次均匀加入，边加边搅拌煮沸 10min 后停止供汽，冷却。
⑤ 冷却到 80℃时，按比例计量加入浓硫酸，分批分次均匀加入，边加边搅拌，通蒸气，升温到 90℃，保持 10min。
⑥ 停止供汽，随槽冷却，静置沉淀，沉淀时间大于 1h。
⑦ 蜡液过滤：清除槽内余水、蜡渣及污物。

7.1.5 验证和结果

模料处理之后，检验是否符合工艺标准，有两条：
一是，脱色彻底，外观色泽白净无杂质。
二是，测定蜡料的酸值，低熔点模料酸值合格范围按该厂规定 99～110。
为了检验红蜡处理的效果，同样要测定酸值，样品由二位化验员分析，每位化验员证明复测 5 次，通过实验对结果进行标准偏差的计算，运用方差一致性检验和平均值一致性检验，结果满意。

表 7-3 为分析数据。

表 7-3 二位分析人员的酸值测定数据

化验员	实验分析					平均值 X	标准偏差 S_1
	一次	二次	三次	四次	五次		
1#	87.7	86.9	87.2	87.4	87.5	87.3	0.238
2#	87.5	87.5	86.9	87.5	87.6	87.4	0.23

平均值一致性检验（格鲁布斯检验法）：

GrubbsT_1

$=X_{max}/S_1$

$=(87.65-87.32)/0.2382$

$=1.38$

GrubbsT_2

$=(X_{max}-X)/S_1$

$=(87.58-87.4)/0.2259$

$=0.80$

Grubbs 检验临界值：

$T_{0.955}=1.67$（查表所得）

所以，T_1、$T_2<0.955T_1$、$T_2<1.67$ 实验室的平均值一致，属同一正态总体，无系统误差。

方差一致性检验：

Gochran 6.5$=S_1{}^2_{max}/n=0.526$

$\sum_{i=1} S_1{}^2$

Gochran 最大方差检验临界值：

$C_{2.5(0.05)}=0.906$

所以，$C_{2.5(0.05)}>0.526$，实验室内方差一致，准确无误确认可靠。

处理了五批红蜡之后，蜡料色泽白净，又分别测定其酸值，数据经数理统计结果满意。

7.1.6 模料酸值测定方法

试剂：无水乙醇 AR，氢氧化钾乙醇溶液 0.2N，酚酞 1%乙醇溶液。

7.1.7 分析方法

称取蜡料 0.25g 置于 300mL 三角烧瓶中，加入乙醇 50mL，装上回流冷凝管，加热煮沸 5min 后，取下，加苯酚酞 3 滴，趁热用 0.2N 氢氧化钠溶液滴定至微红色，15s 内消换为终点。

$$\text{酸值}=N_{\text{氢氧化钠乙醇溶液}}\times V_{\text{消耗毫升数}}\times 56.1/0.25$$

7.2 全自动低温蜡压蜡机的应用体会

低温蜡全自动压蜡生产线的投入，实现低温蜡制模的自动化生产，不仅大大提高蜡模的合格率和生产效率，取消修模工序，而且改善制模车间的劳动环境，减轻员工的劳动强度，减少用工量。

目前采用低温模料制模仍然相当广泛，采用全自动低温蜡压蜡机改变了制模合格率低、生产效率低、劳动强度高和制模工终年穿水鞋的现状。

7.2.1 结构原理及工艺参数

（1）制膏方式　低温蜡液从脱蜡釜或热水脱蜡池排出，经过电解处理，洁净的蜡液被自动输送到有恒温装置的蜡液存蜡桶。

存蜡桶内的蜡液，受到气动执行器的控制，使蜡液始终处于液位线，就是说，即时地实现缺多少蜡液，就自动地补多少蜡液。

蜡液流入沾蜡辊，沾蜡辊是空心圆柱，内腔注入冰水，使刚沾上的蜡液，瞬间就能固化，变成厚度为0.5～0.8mm的蜡片，自动地送往制膏桶。

制膏桶是一个带有搅拌装的保温桶，将蜡片搅拌均匀，自动输送到射蜡缸。

（2）压蜡模式　低温蜡全自动压蜡机是采用PLC电脑编程，通过触膜屏幕实现人机对话，对储膏缸温度、合模力、射蜡嘴温度、射蜡压力、射蜡时间、保压时间、脱模剂喷射系统的运动走向、脱模剂喷射工作指令、开模和合模指令、抽芯工作指令、冷却水供给和顶出机构动作发出工作指令，从而实现制蜡模的全自动操作。

（3）压型冷却和脱模剂涂刷　压型模具设计为左、右开合，左模为定模，右模为动模，分别通入冰水冷却，实时控制压型温度，确保连续压射熔模。

脱模剂喷射执行机构，该机构能上下、左右、前后运行，喷射完毕，自动退出。

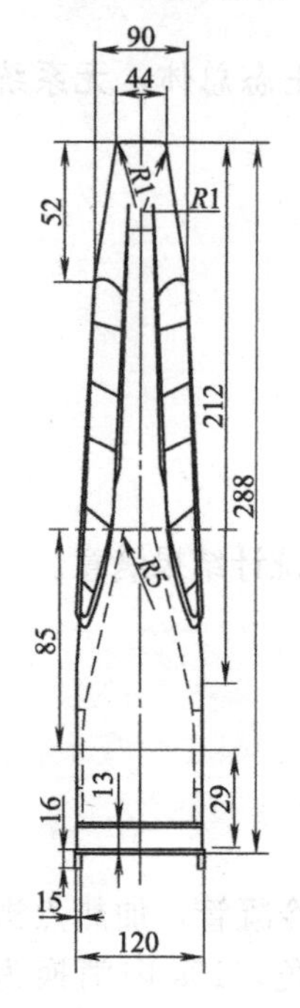

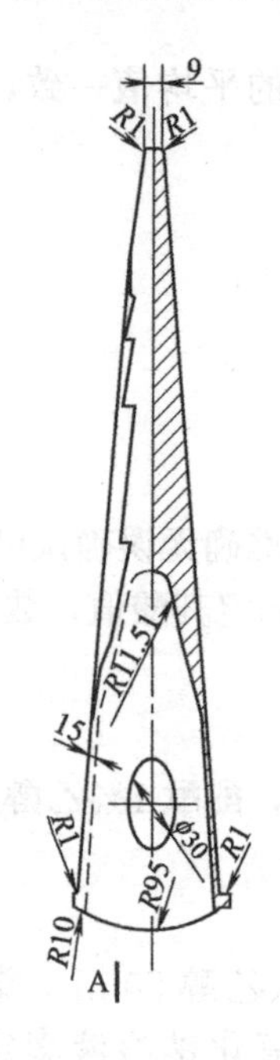

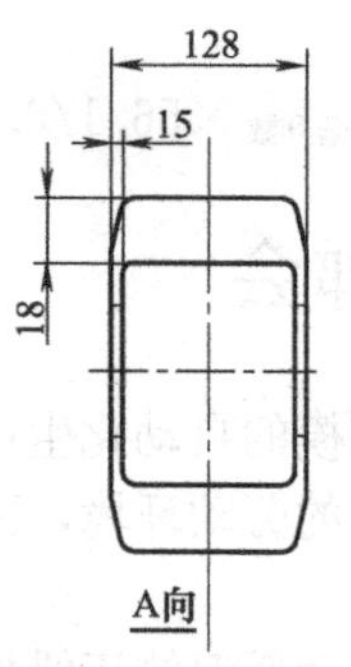

图7-2　斗齿零件简图

7.2.2 生产实例及工艺参数

图7-2为挖掘机上的斗齿零件简图，浇注材料为高锰钢Mn13Cr2，大批量生产。

（1）采用乙烯蜡模料工艺参数

存蜡桶蜡液温度：60～65℃

蜡片厚度：0.5～0.8mm

制膏桶搅拌速度：900r/min

制膏桶搅拌时间：20min

制膏桶内蜡膏温度：48～57℃

压蜡机储膏桶温度：48～52℃

射蜡嘴温度：50～52℃

射蜡压力：0.25～0.3MPa

射蜡时间：8～10s

保压时间：120s

冰水温度：10～15℃

压型工作温度：18～24℃。

（2）采用硬脂酸模料工艺参数

存蜡桶蜡液温度：65～68℃

蜡片厚度：0.5～0.8mm

制膏桶搅拌速度：900r/min

制膏桶搅拌时间：10～15min

制膏桶内蜡膏温度：48～57℃

压蜡机储膏桶温度：48～52℃

射蜡嘴温度：61～62℃

射蜡压力：0.30MPa

射蜡时间：5～8s

保压时间：20s

冰水温度：10～15℃

压型工作温度：16～23℃。

在全自动低温蜡压蜡机上压制的斗齿熔模，一型2件，质量为985g，见图7-3。还有一个拨叉熔模，一型4件，质量为70g，见图7-4所示，生产效率更是可观。

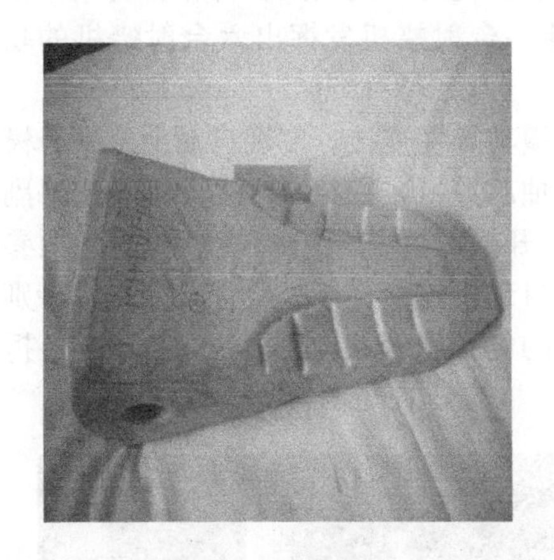

图7-3 斗齿熔模

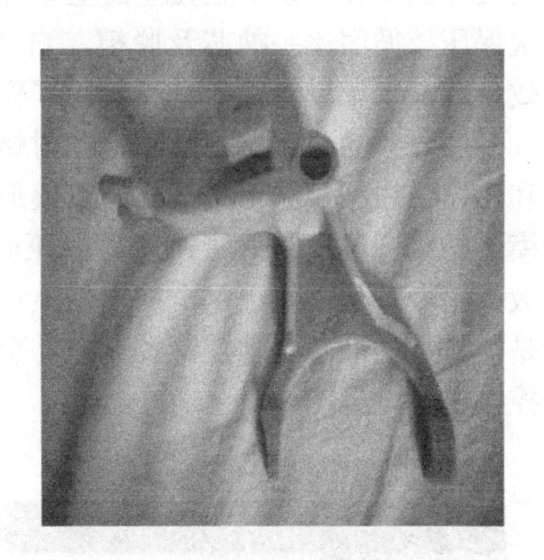

图7-4 拨叉熔模

7.2.3 应用体会

① 全自动低温蜡压蜡机之所以能自动工作和自动抽芯（斗齿3处抽芯、拨叉一处抽芯），一是应用OMRON公司的PLC电脑工作顺序编程控制技术。二是对熔模生产各道工序的设备进行“联网”，所谓“联网”，就是蜡液从脱蜡釜排出送入电解处理器，进入制膏机，输送到射蜡机，全部实现自动化。喷脱模剂、合模、射蜡、抽芯、开模、顶出熔模入水冷却这一系列的操作工序实现自动化生产。

② 在全自动低温蜡压蜡机上生产的蜡模，表面光洁，尺寸一致、稳定，排除人为因素，消除蜡模开裂、缩陷、变形、膨胀等缺陷，一次合格率高。硬脂酸模料和乙烯蜡模料都能适用。

③ 全自动低温蜡压蜡机24h连续生产，免去模具冷却、装拆模具的时间，因而生产效率高，斗齿一个班生产192件蜡模；拨叉一模4型，生产效率更为可观。适应压制大、中、小件熔模。

④ 生产成本降低，体现在模具使用寿命长，一个操作工可以管理多台射蜡机，取消修蜡工序，减少操作工。

⑤ 操作工人的劳动强度大大减轻，地面干燥，劳动环境明显改善，深受员工的欢迎。

7.3 低温蜡六工位全自动射蜡机的研制及应用

熔模铸造首道工序是制模，为了提高制模的工作效率、改善劳动环境，实现蜡模免修分型线，做到新设备仍可利用旧模具，低温蜡六工位全自动射蜡机得到熔模铸造厂家的充分肯定和广泛应用。

长期以来困扰熔模铸造低温蜡制模有3个瓶颈，一是，生产效率低。二是，工作环境差劳动强度大，操作工人每天要穿长筒雨鞋，双手因整日浸泡在水中而引起腐烂。三是，蜡模上的分型线要手工去除，费工费时。改善劳动条件，提高劳动生产率，免除蜡模分型线的修括已成为当务之急，低温蜡六工位全自动射机应运而生。

7.3.1 设计布局

（1）工位设定　射蜡机整体设计成圆周形，分成 6 个工位，在圆盘形旋转工作台面上同时安装 6 副模具，设 6 副独立的上型导柱，布置 6 个射蜡口，实现对 6 副模具进行轮番射蜡，依次保压，循序逐一抽芯及脱模，自动运转，连续生产，使一台射蜡机发挥出六台射蜡机的功效，既减少了设备投入，又节约了作业场地，见图 7-5。

（2）自动装置　下模固定在射蜡机的工作台面上，上模与导柱连接，实现自动上、下合模和开模。根据每副模具不同的蜡模形状、结构、大小以及抽芯数量，在控制柜上分别设定每副模具的蜡膏温度、射蜡速度、保压时间、拔出抽芯次序、开模时间、顶出蜡模时间的各项参数、指令，从而保证每个蜡模的质量，切切实实地做到全自动打蜡模。制模全程自动化，特别是模具上的抽芯自动控制及设定，全部采用可靠简易稳定的气动原理结构，抽芯的自动化装拆控制机构，见图 7-6。

图 7-5　六工位低温蜡全自动射蜡机

图 7-6　模具上的抽芯装拆实现自动化

（3）蜡膏供给　精铸厂原有的刨蜡机、化蜡机、调蜡机可以继续配套使用，将调制好的蜡膏自动输入储蜡桶，储蜡桶内设有保温装置，蜡膏输出管和射蜡嘴同样设有保温装置，供 6 个射蜡嘴按预先设定的工作参数射蜡，压缩空气为整个设备的动力源。

（4）模具冷却　为了使模具不过热，避免产生蜡模缺陷，确保蜡模质量，每副模具的上模板和下模板均采用循环流动水冷却，水源从中频感应电炉的冷却池来，再回流到冷却池中去。这就类似于中温蜡射蜡机的冷却方式，简便实用，见图 7-7。

图 7-7　循环水冷却模具

（5）自动模具　在六工位低温蜡全自动射蜡机上配备自动模具，当射蜡、保压完毕，自动拔出抽芯、上模上升后，顶出机构动作，将蜡模完好无损地顶出，脱模十分顺畅快捷，得到与中温蜡全自动射蜡机同样的脱模效果。

目前自动模具呈压型的主流模式，应用于六工位低温蜡全自动射蜡机的产品相当多，选择性地介绍几种典型的有一定难度的产品自动模，见图 7-8。

（6）开设内浇口　生产中希望在蜡模上将内浇口做出来，特别是异型补缩内浇口更有必要。六工位低温蜡全自动射蜡机上能配制自动抽芯机构，具有芯块可以从各个方向抽取的优点，更加受到用户的青睐，图 7-9 中的异型内浇口与蜡模组成一体，省去了焊接内浇口的麻烦。

图 7-8　蜡模从下型中自动顶出

注：不同结构 不同大小 不同壁厚的加工件 均可以混装在同一台设备上 每个工位均是独立设置注蜡参数 互不影响。

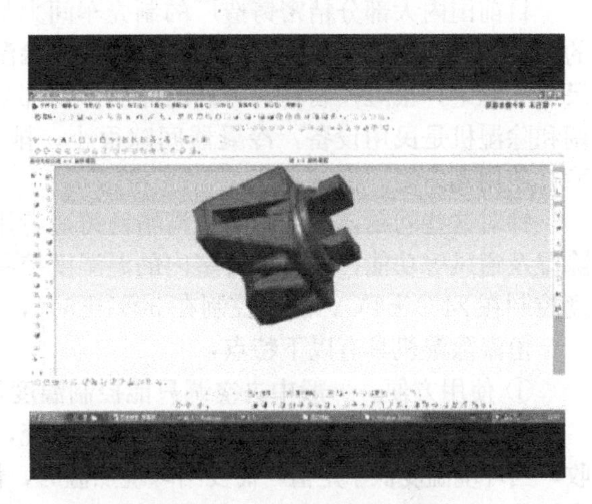

图 7-9　异形内浇口的开设

（7）工艺参数设置　低温蜡六工位全自动射蜡机可供设置调整的工艺参数范围：

射蜡温度：48～52℃

射蜡速度：1～3 级

保压时间：20～50min

模具温度：18～20℃

转速选择：1～2 挡

抽芯个数：1～6 支

7.3.2　应用效果

（1）产能计算　六工位低温蜡全自动射蜡机运转一圈 2min，20s 一个节拍，若安装 6 副不同的模具，平均每副模具按 4 件/模计算，一个工作班的产能为 5760 件蜡模。

（2）用工减少　六工位低温蜡全自动射蜡机上，装 6 副模具，只要一个人坐着看管，工人变操作为管理，大幅度地降低制模用工成本，因对操作人员的技能要求低，扩大了对于操作人员的选择性。

（3）环境改善　操作工人不仅劳动强度减轻，而且劳动环境得到改善，再也不用穿长筒雨鞋上班，避免因双手终日浸泡在水中产生过敏反应之苦。

（4）免去修模　应用低温蜡六工位全自动射蜡机后，蜡模尺寸准确，表面光滑，非但蜡模上不会产生分型线，而且不会有裂纹、鼓胀、凹陷和压不足的缺陷产生，所以蜡模可以不要修模，免去修模工序，缩短可观的生产时间。

（5）旧模重用　低温蜡六工位全自动射蜡机投入生产之后，对原来用蝶形螺母紧固的老模具稍作整改，就能使用，不必重新开设新模具。

（6）价格优势　新产品模具投入成本低，不受产品数量的限制，原有调蜡设备、压缩机仍然可以配合使用，尤其是低温蜡六工位全自动射蜡机性能稳定，自动化程度高，产能高性价比高，显然成为亮点。

7.4 精铸设备的节能改进

目前国内大部分精密铸造厂的制壳车间大都使用空调加除湿机来完成对温度、湿度及风速的综合控制，主要问题有：空调器吹冷风，除湿机散发热风，区域间温度冷热不均，造成蜡件尺寸不稳定，很难控制高端铸件的品质。每部空调都配有室外机，能源消耗量大，而且一般空调和除湿机是民用设备，冷凝器间隙很小，排水量也小，灰尘积聚后清洗困难，造成设备故障，使用寿命短。

针对这些问题，采用我国台湾精密铸造专用的恒温除湿机，恒温除湿机具有制冷、制热、除湿及通风等功能，它可以将室内的温湿度控制在设定值附近，控制精度，一般制壳间内的温度控制在24℃±1℃，湿度控制在50%±5%，如果需要极限湿度可控制在25%左右。

恒温除湿机具有以下特点：

① 使用方便：一般中央空调只能控制温度，恒温除湿机可以同时控制温度和湿度。

② 热能回收：恒温除湿机有热能回收系统，可以把压缩机高压冷媒产生的热量通过热排回收，当环境温度低于定值，需要给环境加温时，恒温除湿机电脑控制器先行用热排内蓄积的热量来调节，如果此热量能够足以提高温度来控制湿度的话，就不需要额外的电加热了，见图7-10。

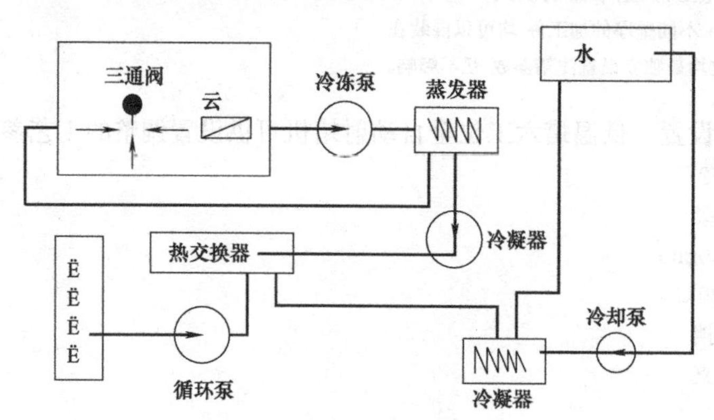

图7-10 收集高温热量

③ 送风均匀：恒温除湿机采用风管送风，温度均匀，模壳不会变形，适合做高端产品。

④机械寿命长：恒温除湿机采用水冷系统，靠循环水泵和冷却塔冷却压缩机，同时带有低水压自动停机等保护系统，冷却效率高，机器故障率低，使用寿命长，可达15～25年。

对于制壳面积在270m²，房屋高度为2.7m，月产40t铸件，平均电费按0.75元/kW·h来计算，配备普通空调加抽湿机，按5套5HP空调加6kg除湿机，每天工作16h计算，每套每天电费：(4.3+2.8)×16×0.75=85.2元，5套每天电费85.2×5=426元，按每月30天计算，每月电费：426×30=12780元，每年使用电费12780×12=153360元。

如果配力泉恒温恒湿机：30t一套；同样每天工作带负载16h计，每套每天电费：(22.5+2.2+2.2+0.38)×16×0.75=327.6元，每月30天计算，每月电费：328×30=9840元，每月节约人民币约12780−9840=2940元，一年下来节约成本35280元。热回收系统一般在每年的10月到次年4月间使用较多，每月比传统方式节省电费约30%，即9840×30%=2952元，按每年5个月计算，每年节省2952×5=14760元。实际每年节省电费=35320+14760=50080元。

为了减少机器的维护，不耽误生产，还可以考虑安装初效过滤网，直接装到恒温除湿机房的外面，如果要清洗的话，只要清洗初效过滤网就可以了。

恒温恒湿机比普通型号可多节能约10%，同时实现热能的温湿度的精确控制，相比分体空调，节能超过30%，值得有一定规模的精铸企业使用，符合“低碳经济”的发展模式。

7.5 第三代脱模剂和清洗剂的研发和应用

针对硅油脱模剂含有卤代烃、正己烷等有害化学物质，危害身体健康，具有安全隐患的缺陷。研制出高分子醇基第三代脱模剂以及相配套的水基型蜡模清洗剂，体现良好的脱模和清洗效果以及环境保护效果的同时，大幅降低生产成本和维护工人身体健康。

熔模铸造的第一道工序就是制模，制模的模料有两种，一种称为低温模料，是由石蜡和硬脂酸组成的混合物，也称为蜡基模料。另一种称作为中温模料，是由地蜡、松香、聚乙烯或EVA组成的混合物，也称作树脂基模料。

中温蜡具有合适的熔化温度和凝固温度区间，较小的热膨胀率和收缩率以及较高的耐热性方面的热物理性能；具备较高的强度、硬度、塑性和韧性方面的力学性能；具有液态时较小的黏度，压注时合适的流动性，较好的涂挂性，低灰分的工艺性能。所以，“中温蜡熔模-全硅溶胶制壳”是当今国内、外熔模铸造的主流工艺，生产航空、航天、兵器、电子、医疗器械、汽车等精密零件。

（1）制模操作工的质疑　许多精铸厂的制模工反映，使用硅油喷雾脱模剂制模室内被雾气笼罩，气味难闻，感觉咳嗽痰多，甚至出现手脚麻木，行走困难、乏力，在呼吸时有胸闷的症状，更甚者会出现四肢无力、肌肉萎缩乃至瘫痪。为此工人有理由提出脱模剂到底是有何化学物质，是否员工的身体健康造成危害。

（2）硅油雾化脱模剂的组成分析　硅油雾化脱模剂的主要成分是硅油（通常是二甲基硅油），硅油是无色黏稠的油状液体，不易挥发，不凝固，其黏度基本上不受温度的变化的影响，化学稳定性良好，不易燃，是一种优质的润滑油。硅油的表面张力很小，又具有不黏附性，所以，在工业上被广泛用作脱模剂的润滑因子，雾的脱模剂有时发生燃烧和爆炸现象。

二甲硅油的主要由 $(CH_3)_2SiCl_2$ 二甲基二氯硅烷，再配合少量的三甲基氯硅烷 $(CH_3)_3SiCl$ 和二苯基二氯硅烷。

$(C_6H_5)_2SiCl_2$，进行水解、缩聚反应，生成末端为三甲硅基的线型的聚硅氧烷，其结构式为：

$$
\begin{array}{ccccccccc}
 & & CH_3 & & CH_3 & & & & CH_3 & & \\
 & & | & & | & & & & | & & \\
CH_3 & - & Si & - O - & Si & - O - & n & - & Si & - & CH_3 \\
 & & | & & | & & & & | & & \\
 & & CH_3 & & CH_3 & & & & CH_3 & &
\end{array}
$$

虽然硅油脱模效果优良，若涂刷不均匀则容易在蜡件表面残留过多，不易清洗干净，为后处理造成不利影响。通常是将硅油配以有机溶剂，如甲苯、二甲苯、正己烷或氯代烃。加入有机溶剂，虽然改善了脱模剂的均匀性和减轻了对后处理的不良影响，但也有诸多副作用，如危害工人身体健康、污染环境、损伤蜡件、易燃、易爆等。

（3）第三代脱模剂的特性及性能对比　为了保护工人的身体健康，保护环境，增加使用、运输、贮存的安全性，清除危害隐患，必须要摒弃含有卤代烃、苯类、正己烷等有害、有毒、易燃易爆的化合物，寻找无毒无害无腐蚀，对后处理无副作用的物质替代之，深圳千里行化工公司经过多年的研究，开发出第三代脱模剂，并且已经申请国家专利。

第三代脱模剂是一种多元组合的非离子型活性剂，含有聚氧乙烯烷基醇、十二烷基磺酸钠、正辛醇磷酸酯铵盐等成分，不用有机溶剂稀释，而是采用去离子水混合。脱模剂的成分大都是醇基类有机化合物，所以对人体无毒无害，对大气环境和水源体不会产生污染。具有优良的热稳定性、耐氧化性，不腐蚀模具，并且蜡模表面光洁，没有大量残留物，且本脱模剂无毒性、不燃不爆，残留物易清洗。

第三代脱模剂的特点是水溶性的非离子型活性剂，利用模料的憎水性，当脱模剂喷到金属模具上，活性剂形成一层致密的薄膜均匀地覆盖在型腔表面，由于薄膜的存在，表面张力大，使模具与熔模之间产生隔绝，达到利于蜡模从模具的形腔中脱离出来的目的。使用第三代脱模剂的蜡模表面质量和脱模效果见图 7-11、图 7-12，正在使用见图 7-13。

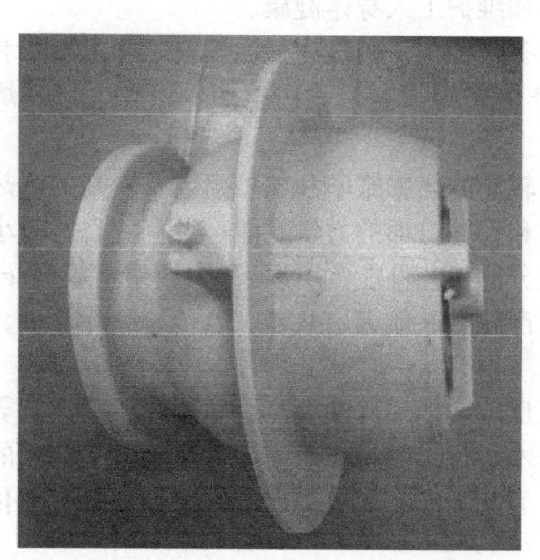

图 7-11 使用第三代脱模剂的低温蜡模效果

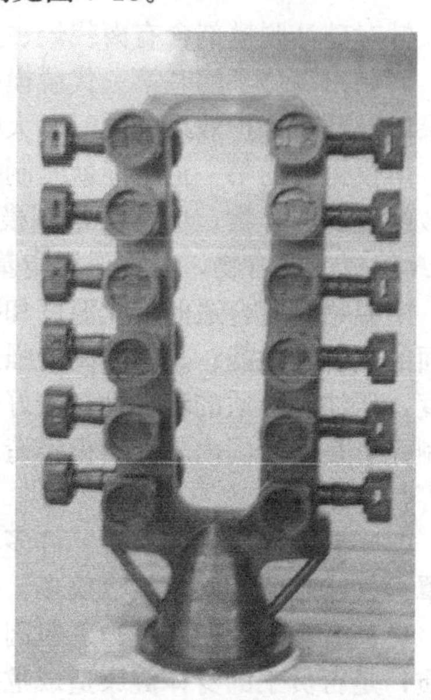

图 7-12 使用第三代脱模剂的中温蜡模效果

为了进一步见证第三代脱模剂的卓越性能，参见与传统脱模剂各项指标相比较的数据，见表 7-4。

制模操作人员在射蜡机周围闻不到刺激性的气味，为了进一步验证第三代脱模剂及清洗剂是否存在有害有毒物质，采用北京产有毒有害气体检测仪 TES-1104，该仪器对氯气的测定量程 $0\sim20\times10^{-6}$，检出精度 0.01×10^{-6}；对有机气体的测定量程 $0\sim50\times10^{-6}$，检出精度 1×10^{-6}。携该仪器在制模车间生产现场测定，未检出到有毒有害气体。检测仪器，见图 7-14。

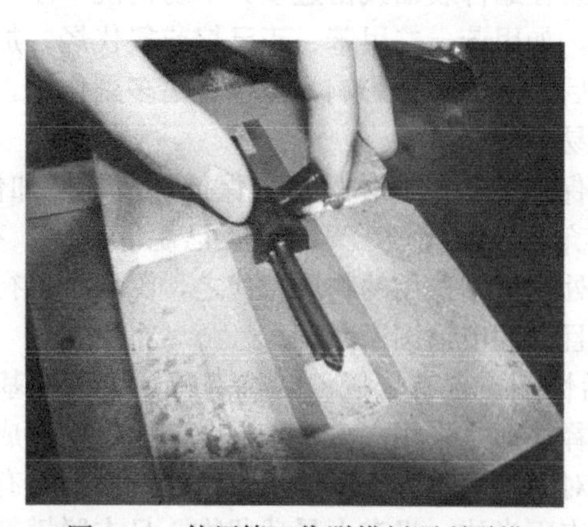

图 7-13 使用第三代脱模剂顺利脱模

图 7-14 有毒有害气体检测仪

(4) 与第三代脱模剂相配套的清洗剂　蜡模压射出来后，由于蜡模表面黏附着脱模剂，会影响到面层浆料的涂挂性，导致产生铸件表面缺陷，所以，必须对蜡模进行清洗。

传统的脱模剂中含有二甲基硅油等化合物，为了清除这些化学物质，清洗剂中必要加入酮类、卤代烃（如氯乙烷）使之溶解。在清洗蜡模的过程中再一次产生了有刺激性气味的有毒有害气体，也容易损伤成型蜡模，并且清洗完毕要用自来水洗涤，据计算，每生产 100t 铸件，要消耗 300～500t 自来水，污水排放后，使水体中的 COD（化学耗氧量）和 BOD（生化耗氧量）大幅提高，加剧对水源体的污染。

针对第三代脱模剂化学物质的特性，千里行公司研制出与其相配套的环保型清洗剂，主要成分是水溶性高分子油醇、十六醇硫酸钠盐、配以增溶剂、螯合剂、抗沉积剂。该清洗剂不易挥发，无毒性，无毒气，稳定性好，不损伤蜡模。由于清洗剂是水溶性的，蜡模清洗完毕，不要再用自来水洗涤，待模组上的清洗液滴尽后，立即可以涂沾面层浆料、撒砂，进行制壳生产。

第三代脱模剂和清洗剂的价格低于传统的脱模剂、清洗剂。尤其是清洗剂，可以用水 1∶5 的体积比稀释，清洗后省去用自来水洗涤的工序，降低生产成本更为明显，可以保证其成本不到现工艺的 1/2。新发明的清洗剂与传统清洗剂的各项指标相对比，见表 7-4 和表 7-5。

(5) 效果显示　最新研发的第三代高分子醇基脱模剂，以其优秀的脱模性能以及优异的环保和无毒功能替代传统的硅油脱模剂，应用于熔模铸造的制模生产。

随同开发的洗蜡剂，以清洗效果好、环保无毒无害、价格低廉为特色，深受国内精铸企业的好评和青睐。

表 7-4　清洗剂成分对比

内容 类别 指标	溶剂型脱模剂(传统Ⅰ)	乳液型脱模剂(传统)	第三代 QL-120 脱模剂(新发明)
润滑因子	硅油	硅油	水溶性高分子化合物
稀释剂	苯、氯代烃、正己烷等溶剂	水	去离子水
挥发性	强	较弱	弱
用量	多	少	少
气味	有刺激性气味	有异味	醇香味
稳定性	不稳定	较稳定	稳定
腐蚀性	对模具无腐蚀，对蜡模有腐蚀	对模具有腐蚀，对蜡模无腐蚀性	对模具、蜡模无腐蚀性
安全性	易燃、易爆	不燃、不爆	不燃、不爆
危害性	易引起癌变，对呼吸道、皮肤、眼睛伤害大，使人窒息	呼吸道黏膜和皮肤过敏	长期接触皮肤过敏
操作难度	难排空、密封要求高	易操作、条件宽松	易操作、条件宽松
工作环境	充满有毒气体，工作台易脏	无毒气产生，工作台易脏	无毒气产生，工作台整洁
后处理影响	蜡模难清洗	蜡模难清洗	蜡模易清洗
蜡模表面质量	光洁，无痕迹，无流纹，残留物多	光洁，无痕迹，无流纹，残留物多	光洁，无痕迹，无流纹，残留物少
贮存	危险品要求	普通化学品	普通化学品
运输	危险品运输要求	普通化学品运输	普通化学品运输
毒性	中等毒性	低毒	基本无毒害
环境影响	有大量废气产生，废水不易处理	无废气产生，废水不易处理	无废气产生，废水易处理
脱模效果评估	优	优	优
适用范围	广泛	广泛	广泛
成本测算	高	低	低

表 7-5 清洗剂的性能对比表

品名 内容 指标	乳液型清洗剂(传统)	第三代 QL-235 清洗剂(新发明)
成分	氯代烃、活化剂、酮类	水溶性高分子、表面活性剂、水液
挥发性	易挥发	不易挥发
用量	用量大、更换周期短	用量少、更换周期长
与水兑比	直接使用或 1∶(1～2)	按 1∶(4～6)
气味	有刺激性气味	无刺激性气味
稳定性	易分层,不易贮存	稳定,易贮存
腐蚀性	对蜡模有腐蚀隐患	对蜡模无腐蚀性
安全性	一般情况下不燃、不爆,遇热有爆危险	不燃、不爆
工作环境	车间易充满有毒气体	车间无异味,无毒气
贮存	危险品要求	普通化学品要求
运输	危险品要求	普通化学品要求
毒性	中等毒性	基本无毒
危害性	损害中枢神经系统,使人晕迷窒息,易引起皮肤和呼吸道伤害	长期接触引起皮肤过敏
环境影响	有氯代烃污染,废水不易处理	易生物降解,废水易处理
操作难度	排空要求高、必须加强水洗	清洗后不必再用水清洗,无特别排空要求
浆料要求	浆料里要加一定质量分数的湿润剂	浆料里可以减少湿润剂的加入量
效果评估	清洗效果不稳定	清洗效果稳定
适用范围	适用脱模剂类型较多	只针对第三代 QL-120 脱模剂
成本评估	高于 QL-235 洗蜡剂成本	只有乳液型清洗剂成本的 50%

7.6 二苯基碳酰二肼显色剂稳定性的改进

不锈钢精铸件的酸洗、钝化工序是后处理的重要环节，酸洗钝化废液中有大量的六价铬，六价铬对人体有害，所以，酸洗钝化废液必须将六价铬处理成三价铬后方可排放。

为了加强对六价铬的监测分析，笔者对测定六价铬的显色剂的稳定性做了研究和改进，供同行的化学分析人员参考。

铬的测定普遍采用二苯基碳酰二肼比色法（以下简称 DPC），因为它克分子吸光系数高，$\varepsilon_{540}=3.46\times10^{-4}$，显色宽度 0.05～0.4N 硫酸，定量范围广 0.01～4μg・mL^{-1}，所以颇受广大分析工作者的青睐。但是，二苯基碳酰二肼配成显色剂后不易保存的缺点又使分析工作者感到不便，本节对 DPC 的配制方法加以改进，不仅简便实用，使 DPC 显色剂在室温下保存，而且稳定性、灵敏度和准确性都能与现配的 DPC 相媲美，最低检出限 0.004mg・L^{-1}，测定上限为 0.2mg・L^{-1}。

(1) DPC 显色机理　从二苯基碳酰二肼用于对铬的发色机理来讲，第一步反应先是由六价铬与 DPC 产生氧化还原反应，反应产物是二价铬和三价铬与二苯基偶氮碳酰肼，反应如下：

$$\mathrm{Cr(VI)} + \mathrm{O}{=}\underset{\displaystyle |\atop \displaystyle \mathrm{NHNH{-}C_6H_5}}{\mathrm{C}}{-}\mathrm{NHNH{-}C_6H_5} \longrightarrow \mathrm{Cr^{+2}}$$

必须指出，在高价铬首先氧化 DPC 的同时，呈还原型二苯基偶氮碳酰基中的肼—NHNH—失去一个氢离子，这个氢离子直接加到羧基氧原子上，形成羟基—OH，使碳酰基上的肼由—NHNH—变成—N=N—所以，得到下列反应：

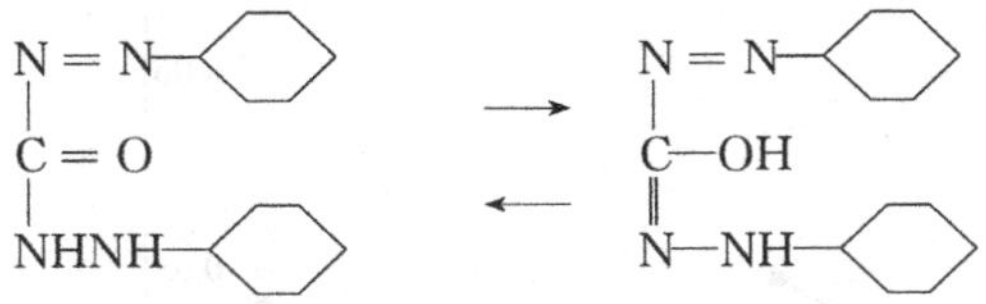

N = N—⬡ → N = N—⬡
C = O ← C—OH
NHNH—⬡ N—NH—⬡

第二步反应：三价铬离子与二苯基偶氮碳酰肼的发色反应的历程是，碳酰基两侧有明显的连续脱氢，使相对形成—N=N—

结构的简单配位体络合物并逐步生成稳定的络合物，反应如下：

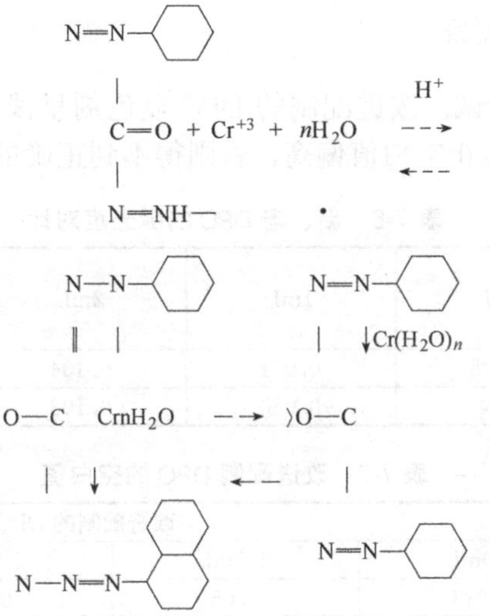

N=N—⬡
C=O + Cr^{+3} + nH_2O $\overset{H^+}{\rightleftharpoons}$
N=NH—
N—N—⬡ N=N—⬡ $\downarrow Cr(H_2O)_n$
O—C CrnH₂O → O—C
N—N=N—⬡ N=N—⬡

(2) DPC 试剂及仪器

磷酸：1+3

硫酸：1+9

尿素：20%

乙二胺四乙酸二钠（EDTA）：1%

721 型分光光度计

(3) 常规配制 DPC 显色剂　称取 0.2g DPC 于 100mL 95%的乙醇中，待溶解后，加入 1∶9 硫酸 400mL。

(4) 改进配制 DPC 显色剂　取常规配制 DPC 显色剂 40mL，加入 1%EDTA 1mL，2h 后，再加入 20%尿素和 1+3 磷酸 5mL，摇匀，置于普通白色滴瓶中，室温存放。

(5) 实验方法

① 检量线对照。在改进配制 DPC 显色剂的第二十天，绘制检量线，同时，按常规配制 DPC 显色剂（新配）绘成检量线进行对照。吸取铬标准溶液（$1\mu g \cdot mL^{-1}$）0、1、2、3、4mL 两份于 50mL 比色管中，分别加水至标线，摇匀。然后，向一份（5 只）比色管中加入 2.5mL 改进配制 DPV 显色液，向一份（5 只）比色管中加入 2.5mL 常规配制 DPC 显色液（新配），摇匀，放置 10min，在 721 型分光光度计上，以改进配制 DPC 显色剂空白为参比，用 3cm 比色皿，在波长 540nm 处分别测定吸光度，二种显色剂绘制的检量线基本一致，见图 7-15。

② 改进配制 DPC 最大吸收。改进配制 DPC 显色剂与常规配制 DPC 显色剂相比较其溶剂有较大的变化，提高了酸度。图 7-16 是改进配制 DPC 显色剂在 20 天内的 4 次实验的吸收曲线，3cm 比色皿，用蒸馏水作空白，吸光度 Max 均是 540nm。

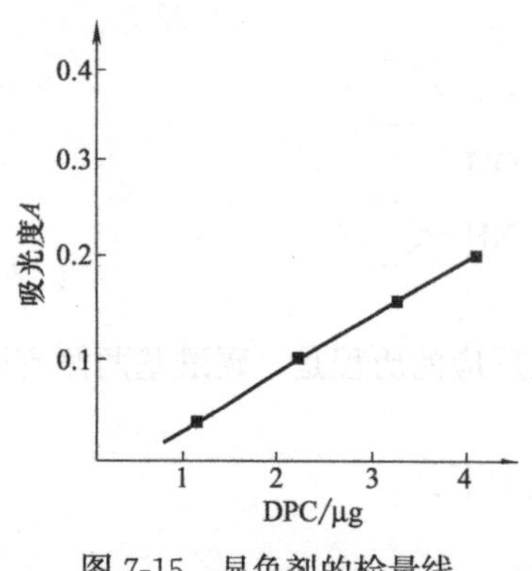

图 7-15 显色剂的检量线

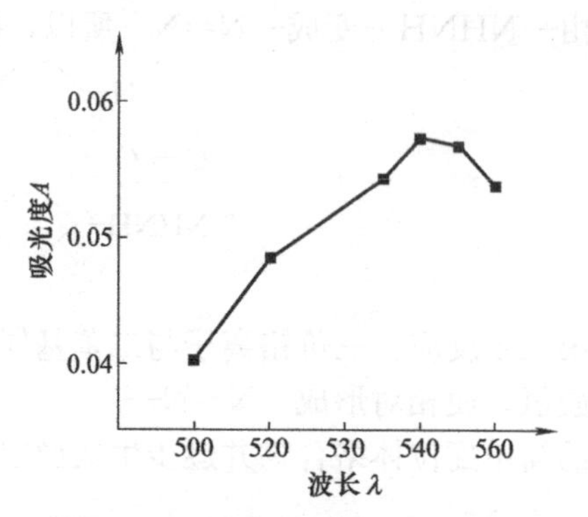

图 7-16 改进配制 DPC 最大吸收

③ 改进配制的 DPC 用量试。改进配制的 DPC 显色剂呈浅黄色，用吸光光度法测定铬时应严格控制显色剂量用量，防止空白值偏高，否则得不到正确的结果，见表 7-6 和表 7-7。

表 7-6 新、老 DPC 的吸光度对比

数量 / 吸光度	0mL	1mL	2mL	3mL	4mL
新配 DPC	0.038	0.051	0.104	0.162	0.22
改进配制 DPC	0.04	0.050	0.103	0.162	0.217

表 7-7 改进配制 DPC 的空白值

铬标液	改进配制的 DPC			
	2.0mL	2.5mL	3.0mL	3.5mL
吸光度	0.038	0.05	0.05	0.067

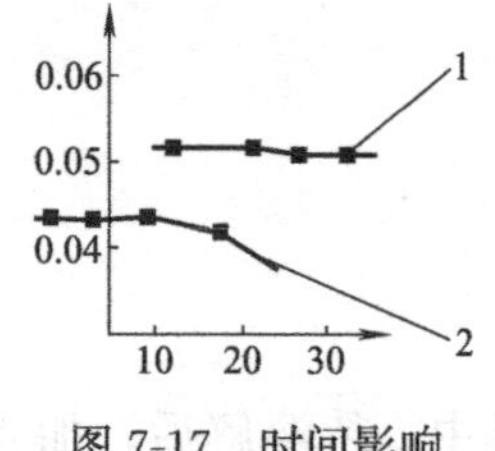

图 7-17 时间影响

1—第 10 天；2—第 20 天

④ 改进配制的 DPC 的显色稳定性。改进配制的 DPC 后的第十天和第二十天，采用同一铬标准溶液，进行显色稳定性试验，方法同于"检量线对照"，发色后 25min 后吸光度不变，见图 7-17。

⑤ 改进配制的 DPC 的增色试验。常规配制 DPC 显色剂的主要缺点是溶液从无色逐步变成棕色红色，即使存放在冰箱内也有这种情况。改进配制的 DPC 溶液从无色变成浅黄色，变色的趋势较缓慢。在改进配制后的第 10 天、第 15 天、第 20 天，做了 3 次下列试验：吸 1mL 改进配制的 DPC 溶液于 25mL 比色管中，加水稀至标线，摇匀，在 721 型分光光度计上，用 3cm 比色皿，以蒸馏水作空白，在波长 440nm 处测吸光度，见图 7-18。另外空白从第一次试验的 0.033，提高到第 3 次试验的 0.04，不妨碍废水分析的准确性。

⑥ 机理讨论。二苯基碳酰二肼溶于乙醇中为无色，由于试剂质量不纯，所以显色剂会变成橙色橘桔红色或棕色红色，试剂中主要含有微量铁，铁与试剂生成棕色红色络合物，试验证明，显色剂在磷酸解质中能消除铁的影响，但是不明显，再则 CrO_4^- 能与磷酸络合，吸光度会偏高，故而在磷酸解质中，改进配置 DPC 用 EDTA 掩蔽铁的干扰，抑制铁络合物的产生，其效果就比较明显。致使显色剂变成橙红色的另一个原因是在乙醇溶液中含有氧化性物质。现在知道，生色剂之所以生色，主要是它们与苯环结构或其他共轭体系的结合，使分子的激发能降低，化合物的吸收波向长波方向转移，因此使化合物发色或加深颜色，改进配制 DPC 的试

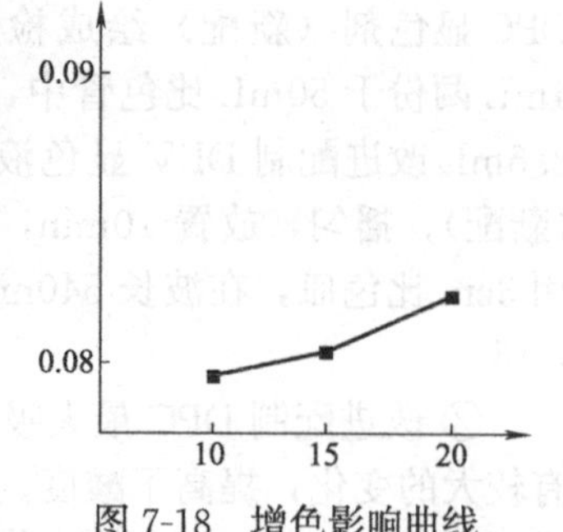

图 7-18 增色影响曲线

验中加入尿素，有目的地引入$—NH_2$具有未共用电子对的原子团助色作用，$—NH_2$引入有色基的共轭体系中后也可以使分子的激发能降低，导致生色或加深络合物的颜色。

DPC配制后在室温下保存的测试数据，见表7-8。

表7-8　不同保存时间的空白值

空白值	标液 $2\mu g\cdot mL^{-1}$	一周后标液 $2\mu g\cdot mL^{-1}$		二周后标液 $2\mu g\cdot mL^{-1}$	
吸光度 0.045	吸光度 0.096	空白值 0.065	吸光度 0.091	空白值 0.070	吸光度 0.090

（6）结果与验证　改进配制的DPC显色剂应用于废水中六价铬的分析及加标回收的结果，见表7-9。

表7-9　分析及加标回收的结果

样品编号	测定值	添加量/μg	总量值/μg	回收率/%
1	0.372	1.0	1.35	98
2	0.288	1.0	1.24	101

为了检测改进配制的DPC显色剂在测定过程中总的系统误差和总平均值的随机误差，对一个电镀废水中六价铬保证值为$0.145mg\cdot L^{-1}$样品由二位实验人员来分析，每位实验员重复分析5次，通过实验室内对标准偏差的计算进行方差一致性检验和平均值一致性检验（表7-10）。

方差一致性检验：

$$\text{Cochran } 6.5=\frac{\text{Max } S^2}{\sum_{i-1}^{n} S_i^2}$$

$$\frac{(1.5167\times10^{-3})^2}{3.1\times10^{-6}}=0.74$$

Cochran 最大方差检验临界值$C_{2.5}$（0.05）=0.906，所以，$C_{2.5}>0.74$，实验室友内方差一致，无系统误差。

平均值勤一致性检验（格鲁布斯检验法）：

$$\text{Grubbs } T_1=\frac{\text{Max}-X}{SX}-\frac{1.1\times10^{-3}}{7.769\times10^{-4}}=1.415$$

$$\text{Grubbs } T_2=\frac{X-X_{\min}}{SX}=\frac{0.1433-0.1422}{7.769\times10^{-4}}=1.416$$

Grubbs 检查临界值

$$T_5(0.05)=1.672$$

所以，$T_1<1.67$、$T_2<1.67$，实验室的平均值一致，属同一正态总体，无系统误差。

表7-10　方差一致和平均值一致检验

项目 数据 人员工	实验分析数据					平均值 X	标准偏差 Si
	第1次	第2次	第3次	第4次	第5次		
1	0.145	0.143	0.144	0.143	0.145	0.144	8.9×10^{-4}
2	0.141	0.144	0.145	0.144	0.142	0.142	1.516×10^{-4}

7.7　熔模铸钢2Cr13的热处理

2Cr13是熔模铸造常用的材料，属于马氏体不锈钢，金相组织为板状马氏体，具有优良的力学性能。这类铸钢传统的热处理方法为固溶化处理，有些零件只要求某项力学性能，其他的力学性能可以低一些，这样，一些高效、环保、节能的热处理方法应运而生。

几年前，生产瑞典的吊钩铸件，见图 7-19。

产品要求镀镍，镀镍后硬度<350HB，尾部壁厚 0.6mm，不能欠铸。不能掉渣，对于铸造来说有一定的困难。而且这个尾部在使用中是关键部位，要求有较高的冲击韧性。为了铸件有好的成型，浇注温度定得很高，这样变形是难以避免了。铸件到热处理工序，为了找到最好的热处理工艺，进行两种固溶化处理试验和一种低温退火试验，见表 7-11。

表 7-11 固溶化处理及低温回火 单位：℃

热处理方法		入炉温度	保温温度	保温时间 h	出炉温度	冷却方式	回火	镀后硬度 HB
1	淬火+回火	<300	1020～1050	2.5	1020	水冷	600～750 快冷	240
2	淬火+回火	<300	820～980	2.5	930	油冷	600～750 快冷	197
3	低温回火	<300	570～600	2.5	<300	炉冷		288

热处理后，做力学性能试验，结果见表 7-12。

表 7-12 力学试验结果

热处理方法	抗拉强度 δ_b/MPa	屈服强度 $\delta_{0.2}$/MPa	断裂强度 δ_p/MPa	伸长率 δ_5/%	冲击功 /J	冲击韧性 /(J/cm²)
淬火+回火	942	802	929	7.5%	30.2	37.75
淬火+回火	955	820	932	6.3%	29.8	37.25
低温回火	914	770	750	15%	29.6	37

三种方法的冲击韧性基本一致，低温退火的伸长率是最高的，所以，将三种铸件分类分别做上标记，发给客户，客户将铸件装在设备上运转两个星期，结果低温退火的铸件磨损量最小，最终确定采用低温退火，低温退火方法简单，节约成本，低碳环保，变形量最小，几乎不要校正。

另外一个产品是织布机用的钩子，见图 7-20。

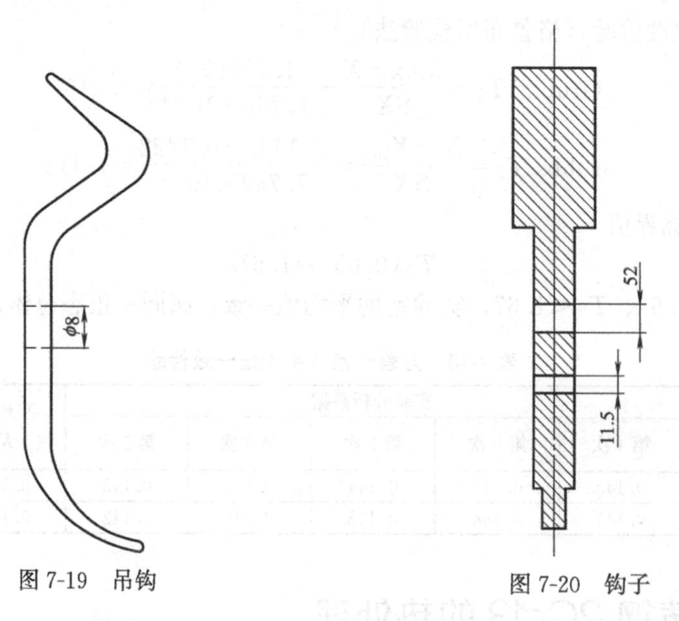

图 7-19 吊钩　　图 7-20 钩子

柄部有 2 个小孔，直径分别为 $\phi2$ 和 $\phi1.5$。低温回火后硬度 288HB 左右，加工不动，钻头易断，而且校正过程中，铸件断裂，断口晶粒粗大，做了两种高温软化退火热处理试验，见

表 7-13。

表 7-13　高温软化退火　　单位：℃

热处理方法	入炉温度	保温温度	保温时间/h	出炉温度	冷却方式	镀后硬度(HB)
高温软化退火 1	<300	850～900	2～2.5	600	炉冷	160
高温软化退火 2	<300	830～850	2～2.5	550	炉冷	180

采用两种方法进行高温软化退火热处理后的铸件发给客户，客户加工使用寿命加长，再也没有出现断裂现象。特别是第 2 种高温退火效果更显著，保证了零件的耐磨性、抗断裂性和适宜的硬度。

综上所述，通过低温退火和高温软化退火可以实现铸件理想的延展性和易加工性能，同时，这两种 2Cr13 的热处理工艺还大大节约了能源，降低了工人劳动强度。

7.8　覆膜砂型芯在熔模铸造中的应用

近年来，覆膜砂生产工艺不断创新，从原砂选形，到相变处理、降低树脂和固化剂用量等方面有长足的改进，特别是铸钢覆膜砂更呈优秀的型砂性能：SiO_2 含量高、角形系数小、粒径适中、树脂膜厚、发气量小、耐火度高、砂型强度高。不过，覆膜砂芯和砂型只能用在砂型铸造、金属型铸造和壳型铸造上。

覆膜砂型芯应用于熔模铸造必须要突破几道难关：覆膜砂型芯要有足够的强度，能抵御射蜡机 7MPa 的射蜡压力；覆膜砂型芯要能抵御脱蜡釜内 0.8MPa 的高压蒸汽和 180℃高温；覆膜砂型芯要能抵御长时间的高温焙烧，不变形，并有足够的高温强度。

(1) 窄流道叶轮　叶轮在熔模铸造中是常见的铸件，图 7-21 是窄流道叶轮，304 材质，2kg/单件，关键是流道宽度只有 5mm，不但制壳困难，而且由于叶轮的内部涂层不易干燥，致使制壳周期延长。经过二次覆膜的覆膜砂型芯，克服了上述制壳困难，生产率高，清砂十分轻松。

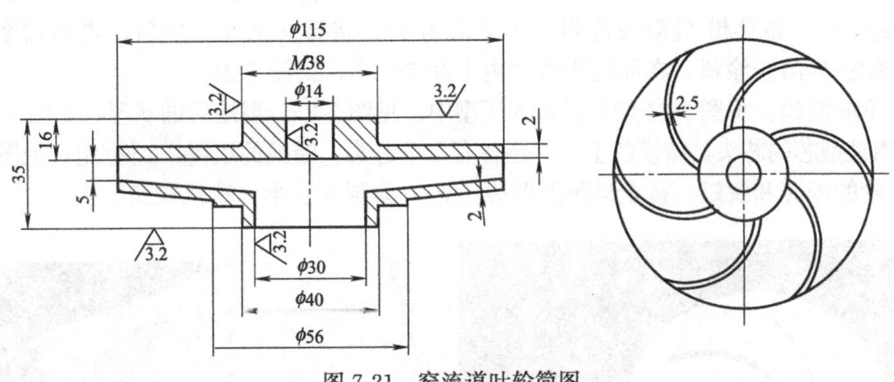

图 7-21　窄流道叶轮简图

(2) 射芯机制砂芯　覆膜砂通过射芯机向模具内射砂，由于模具采用电加热，可以快捷地制得覆膜砂型芯，可是，此砂芯经不起蒸汽脱蜡、热水脱蜡和高温焙烧，无法应用于熔模铸造。

① 二次覆膜的覆膜砂的配制。取铸钢覆膜砂 25kg，粒度 70～100 目，加入 1＃加强剂 0.4%（质量分数，下同）。加入 2＃加强剂 14.8%。加入 3＃加强剂 2%。在铸钢覆膜砂中加入 3 种加强剂，搅拌均匀，即可使用。此型砂命名为二次覆膜砂。

② 射芯机工作参数的设定

射芯机结构：上、下开模，左右同时射砂，全自动工作，外形见图 7-22。

射砂时间：6s。

模具温度：200～210℃。

砂芯保温时间：2min。

开模时间：5s。

顶芯时间：3s。

将二次覆膜砂加入到射芯机，按上述射芯参数，制得窄流道叶轮型芯，见图 7-23。

图 7-22　全自动射芯机

图 7-23　二次覆膜砂制得的叶轮型芯

③ 叶轮型芯的强化处理。二次覆膜型砂射出来的叶轮型芯高温强度还不能满足熔模铸造的要求，必须对型芯的浅表层，再次进行强化处理。将叶轮型芯放在 3＃加强剂中浸泡 3min，型芯取出后，在面层制壳干燥室内干燥 6～8h。

④ 叶轮型芯的表面处理。采用 70～100 目粒度的砂所制得的型芯表面粗糙度仍然达不到熔模铸造的粗糙度要求，必须对型芯进行表面处理。

射芯机制得的型芯其尺寸精度相当准确，所以在开设模具时仅留单边 15 丝（道）余量。配制熔模铸造面层锆英粉-硅溶胶涂料，黏度值为 5s，将型芯沾浆。然后，再沾黏度值为 12s 的面层锆英粉-硅溶胶涂料，在面层干燥室内干燥 6～8h，见图 7-24。

⑤ 叶轮的制模。将图 7-24 的型芯放入压型中，见图 7-25。射蜡后的状况，见图 7-26。蜡模的外围一圈是型芯的芯头，蜡模的上、下还各有 1 个芯头。蜡模的组树，2 件/组，见图 7-27。

⑥ 叶轮的制壳和脱蜡。按全硅溶胶制壳工艺，涂制 5 层半。蒸汽脱蜡。

图 7-24　经过强化和表面处理的叶轮型芯

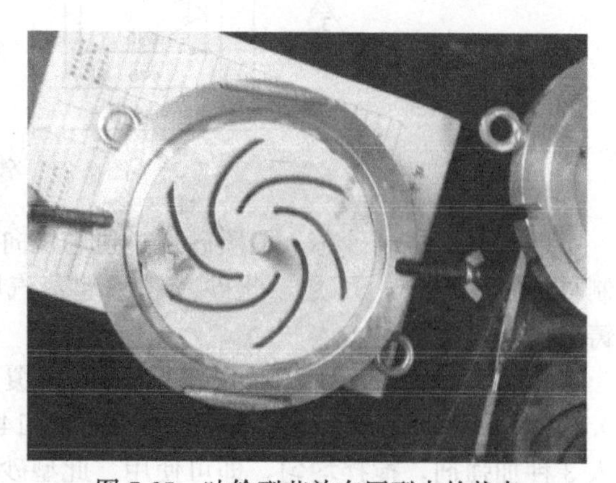

图 7-25　叶轮型芯放在压型中的状态

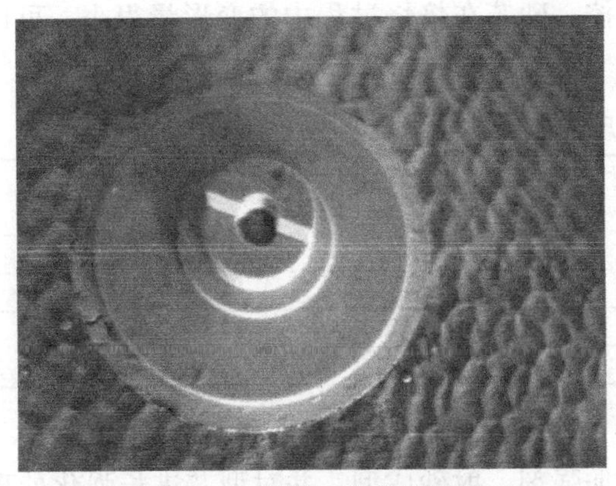

图 7-26　射蜡后的蜡模状况

图 7-27　蜡模组树状况（二件/组）

⑦ 叶轮模壳的焙烧。按精密铸造的常规焙烧工艺，小件模壳和大件模壳应该分开焙烧，为了验证砂制型芯的高温性能，特意将砂制型芯模壳与大泵体模壳放在一起焙烧，焙烧温度1030℃，焙烧时间 3.5h，模壳的装炉情况，见图 7-28。

图 7-28　装入焙烧炉的状况

⑧ 叶轮模壳的清理。叶轮的材质为 304，浇注后，震动脱壳，铸件外面的模壳被清除的同时，内部的砂随之流出，经抛丸后，内腔干净光洁，见图 7-29（a)。外形见图 7-29（b)。

(a) 铸件的内腔

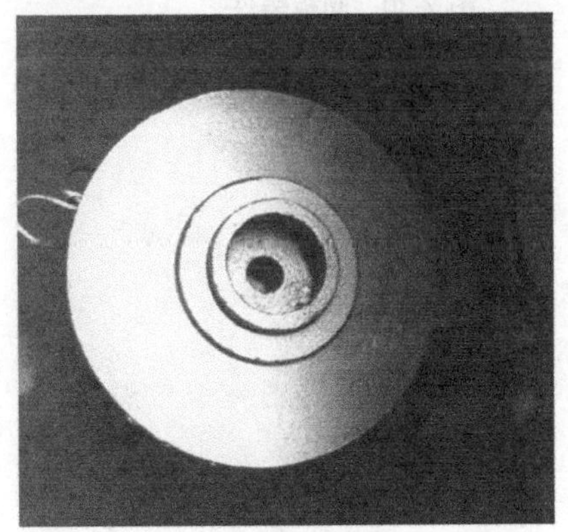

(b) 铸件的外形

图 7-29　铸件

（3）铸件检验　从对模具、砂芯、蜡模和铸件的检测数据（表 7-14）来看，低温蜡蜡模浇 304 材质叶轮的总收缩率为 2.5％，砂芯的收缩率为 0.5％，砂芯经表面处理后增厚量控制在单边 0.15mm 之内，芯头与压型的配合间隙可控，砂芯在焙烧过程中的变形量很小，可以忽略不计，铸件尺寸得以保证。

表 7-14 铸件尺寸检验

尺寸部位名称	图纸尺寸/mm	砂芯尺寸/mm	表面处理后尺寸/mm	铸件尺寸/mm
最大外径	115	117	/	115
大孔(要加工)	ϕ30	ϕ28	ϕ28.3	ϕ28.1
小孔(要加工)	ϕ14	ϕ12	ϕ12.3	ϕ12.2
流道	$5^{+0.2}$	5	5.22	5.20

(4) 结果和讨论

① 在铸钢覆膜砂上，进行二次覆膜，即加入加强剂，射砂成型，并对型芯进长强化处理和表面处理，型芯的铸造性能满足熔模铸造对耐火度、尺寸精度、粗糙度值的要求，降低制壳难度，缩短制壳时间，叶轮内腔清砂十分轻松。

② 覆膜砂经过二次覆膜，不仅应用于窄流道叶轮，而且还可以应用于其他产品，例如阀板，见图 7-30。阀板中间是有台阶的直通孔，虽然是通孔，但是属于深长孔，在沾浆、撒砂和干燥环节稍有疏忽，就会出现问题，至于清砂困难那是老问题了，若采用砂制型芯，情况就会完全不一样。再例如，大阀体的底部有一块狭窄的深空腔，见图 7-31。若这部分采用型芯来处理，铸件质量和经济效益更加显著。

图 7-30 阀板铸件

图 7-31 狭窄的深型腔

附录一

数理统计在化学实验室的应用

1. 数理统计在化学实验室的实际应用

(1) 分析方法准确性的评定　有一标准钢样，用过硫酸铵氧化-丁二酮肟比色、碘氧化-丁二酮肟比色、丁二酮肟沉淀分离-EDTA 容量法、丁二酮肟重量法测定镍，镍的标准值是(10.15+0.05)，分析数据见附表 1-1。

附表 1-1　不同分析方法测定的镍含量

分析方法	A	B	C	D
测定值	10	12	9.8	10.50
	14	14	10.1	10.60
	6	9	10.0	10.80
	11	11	9.90	10.60
	13	10	10.1	10.40
	8	15	10.30	10.80
	9	13	9.90	10.40
	7	8	10.30	10.50
X_i	12	16	9.80	10.60
(%)	10	12	10.1	10.50
平均值	10	12	10.03	10.57
标准偏差 S	2.6	2.6	0.18	0.14
系统误差	0.15	1.85	0.12	0.42
95%置信度不确定度	1.90	1.90	0.13	0.10
系统误差	2.05	3.75	0.25	0.52

在上述 4 种分析方法中，A 法、C 法的 X 与 μ 值之间的差值最小，C 法的精密度优于 A 法，C 法的准确度比 A 法好，C 法和 D 法的精密度好，但 C 法的系统误差较 D 法小，C 法的准确无误确度优于 D 法。A 法的系统误差较 D 法要小得多，D 法的精密度较 A 法要高得多。B 法的系统误差最大、精密度最差、准确度最差。

(2) 分析测定值的取舍（4d）准则　例如用重量法测定硅溶胶黏结剂中二氧化硅的质量分数（%），测定数据见表 1-2，最高数据为 30.56，该不该舍去。应用 4d 准则时应注意：

① 同一样品测定值在 4 个以上。

② 除怀疑值 X_p 之外，求得平均值 X。

③ 除怀疑值 X_p 之外，求各测定值与 X 的偏差，并求得平均偏差 d。

④ 求得怀疑值 X_p 与平均值的偏差$|U_p|$。

⑤ 若$|U_p|>4d$（或者 $2.5d$），则 X_p 应舍去，若$|U_p|<4d$（或者 $2.5d$），则 X_p 应保留。

平均值 $X=30.27$　平均偏差 $d=0.065$

$|X_p - X| = 30.56 - 30.27 = 0.29 > 4d$（0.26）

所以，30.56应该舍去，误差太大，见附表1-2。

附表1-2 硅溶胶中 SiO_2 含量（质量分数） 单位：%

测定次数	测定值	偏差 $\|X_i - X\|$	测定次数	测定值	偏差 $\|X_i - X\|$
1	30.18	0.09	4	30.35	0.08
2	30.567		5	30.32	0.05
3	30.23	0.04			

2. 建立线性回归方程

例如化验脱蜡水中氯化铵的质量分数（%），分别吸取5次氯化铵脱蜡液（工艺规定氯化铵溶液质量分数为6%～9%），于5只100mL容量瓶中，用水稀至刻度，摇匀。再分别依次吸出稀释液各10mL于5只250mL锥形烧杯中，分别加入甲醛和酚酞，用0.1000mol浓度的氢氧化钠标准溶液滴定至红色终点，经滴定操作后，数据归纳如下：

次数	1	2	3	4	5
被测液 X	5	10	15	20	25
消耗标液 Y	5.4	10.4	16.1	21.1	26.5

样本和（X 值）：$\sum x = 75$

样本和（Y 值）：$\sum y = 79.5$

样本平均数（X 值）：15

样本平均数（Y 值）：15.9

样本测定频数：$n = 5$

① 样本乘积总和：$\sum xy = 1457$

② 样本和（X 值）：$\sum x$ 样本和（y 值）

$(\sum x)(\sum y)/n = 1192.5$

③ $S_{XY} = S_{XY} - (\sum x)(\sum y)/n = 264.5$

④ 样本平方和（X 值）：$\sum x^2 = 1375$

⑤ 样本和的平方（X 值）：$\sum x^2 = 1125$

⑥ $S_{XX} = \sum x^2 - \sum x^2/n = 250$

⑦ 样本平方和（y 值）：$\sum y^2 = 1543.99$

⑧ 样本的平方 $(\sum y^2)/n = 1264.05$

⑨ $S_{YY} = \sum y^2 - (\sum y^2)/n = 279.94$

⑩ $b_1 = S_{XY}/S_{XX} = 1.058$

⑪ 样本平均值（y 值）：$y = 15.9$

⑫ $b_{1x} = 15.87$

⑬ $b_x = y - b_{1x} = 0.03$

⑭ $(S_{XY})^2/S_{XX} = 279.841$

⑮ $(n-2)S_y{}^2 = S_{XY} - (S_{XY})^2/S_{XX} = 0.099$

⑯ $S_y{}^2 = (n-2)S_y{}^2/(n-2) = 0.033$

$S_y = 0.1817$

线性方程式：$y = b_0 + b_1 X$

$y = 0.03 + 1.058X$

$S_{b1}^2=S_y^2/S_{xx}=16/6=1.32\times10^{-4}$

$S_{b1}=0.01149$

$(S_{b1})^2=S_Y{}^2(1/n+x^2/S_{\times\times})=0.0363$

$S_b=0.1905$

通过上述计算，建立了线性回归方程式。当测定试样脱蜡水中氯化铵的质量分数（%）时，若消耗氢氧化钠标准溶液 8.5mL，将 8.5 代入方程式，则

$NH_4Cl\%=0.03+1.058\times8.5$

$NH_4Cl\%=9.023\%$

3. 建绘制标准曲线

化验室绘制标准曲线是一项重要工作，传统的做法是用曲线纸绘制，现在用计算器绘制，换句话说，就是把标准曲线绘制在计算器中（计算器 CASID fx-3600fv 函数计算器，当然也可以用其他的科学计算器，如 EL-509R、EL-531RH 等）。

例如测定钢铁中的锰，分析方法是，样品溶样后，用银盐-过硫酸铵直接氧化二价锰，生成紫红色的七价锰，在波长 530 处比色测定，取一组（一般 5 只）锰含量从低到高的标准钢样，逐个显色测定吸光度，得到对应的数据如下：

锰含量/%	x	0.12	0.24	0.32	0.44	0.53
吸光度	y	0.15	0.25	0.34	0.46	0.57

将上述数据输入计算器（设定在 LR 状态）：

输入 0.12 按 XDYD 键，输入 0.15 按 RUN；

输入 0.24 按 XDYD 键，输入 0.25 按 RUN；

输入 0.32 按 XDYD 键，输入 0.34 按 RUN；

输入 0.44 按 XDYD 键，输入 0.46 按 RUN；

输入 0.53 按 XDYD 键，输入 0.57 按 RUN。

通过上述操作，标准曲线已经绘制在计算器内，x 为标样平均值，S_x 为标样标准偏差，δ_x 为标样总体标准偏差，n 为分析测定的次数，$\sum x$ 为标样和，$\sum x^2$ 为标样平方和，$\sum y$ 为吸光度标准偏差，y 为吸光度平均值，X_y 为吸光度标准偏差，δ_y 为吸光度总体标准偏差，$\sum y$为吸光度和，$\sum y^2$ 为吸光度平方和，$\sum xy$ 为标样乘积总和。

例：如要求 X，按 SHIFT 键，再按 1，即显示 0.33，要算$\sum x$，按 KOUT 键，再按 1，即显示 0.6489。计算其他项目与此类似。

4. 检查标准曲线的精度

检查标准曲线有 3 项指标，一是，相关系数 r，数值越接近 1，越好。按 SHIFT 键，再按数安键 9，示：0.9979。二是，回归系数 a，也称为截距，$a=y-bx$，本例是 1.0268，希望更小一点为更佳，按 SHIFT 键，再按数字键 7。三是，常数项 b，也称为斜率，$b=S_{xy}/S_{xx}$，与回归系数成线性，按 SHIFT 键，再按数字键 8，显示 0.01514。

所以，这条标准曲线精度还是不错的，如果 r 达不到 0.99，必须从第一步称量存在的误差开始检查，再查溶样是否完全，加热温度是否一致、显色酸度有无变化、氧化剂是否足量、显色后加热时间的长短、比色皿的清洁度、显色时间是否相同等操作环节，查出原因之后再重新化验一遍，数据重新输入计算器。另外，标准曲线要根据实验室环境温度的变化、分析方法

的更改、标准溶液和试剂的更换、标准钢样的变动，时常要重新绘制。

5. 运用标准曲线进行含量的计算

标准曲线的精确性确定之后，就可以在日常分析工作中应用。

例如：测定钢铁中的锰，若测得样品的吸光度值是 0.31，计算器操作如下：数字键输入 0.31，按[—）]键，显示 0.33。反之，如果已知样品中锰的质量分数为 0.52，估算吸光度值应该是多少呢，用数字键输入 0.52，按[SHIFT]键，再按[—）]键，显示 0.532。

附录二

金相法测试镀层

精铸的碳钢铸钢件、低合金钢铸钢件有些要进行电镀锌、电镀铜、电镀铬，为了加强对金属电镀层的控制和检测，笔者以自行车车圈为例，研制出金相法测试镀层的方法，供精铸同行借鉴。

目前对镀层测试较多的工厂采用电磁测厚法或电解测厚法。由于测厚范围偏窄、磁性的限制和重现性差等原因，对镀层测出有一定的困难。为此，采取金相法测试镀层，不但能直接测得镀层的不同层次和厚度，而且能观察到基体和镀层、镀层和镀层的结合情况，具有快速、简便、准确的效果。

1. 仪器及试剂

金相试验抛光机 P-2 型。

沪产 6JA 显微镜。

4%硝酸乙醇溶液：吸取 4mL 浓硝酸于 100mL 量瓶中，用无水乙醇稀释至刻度。

5%三氧化二铝溶液：称取 15g 三氧化二铝置于 100mL 烧杯中，加入少量水使其溶解，再稀释至 100mL。

三氧化二铬溶液：同三氧化二铝溶液的浓度的配制。

2. 标准镀片的测试

(1) 制备样品　标准镀片是铜片上级镀镍，武汉材料研究所出品。将标准镀片先在金相抛光机上用 320 目砂皮上磨→500 目砂皮上磨→抛光（加入三氧化二铝溶液适量）→抛光（加入三氧化二铬溶液适量）→用水清洗→乙醇擦洗→滴加 4%硝酸乙醇溶液进行腐蚀→乙醇冲洗→热风吹干→测看金相试样。

(2) 金相测试及金相照片　将 6JA 显微镜的低压变压器光源调到最大，调节单色光拉杆，使单色光源呈橙色，焦点圆盘调节器到最清晰的距离，开始进行观测镀层。金相照片是在 500 倍的放大条件下拍摄的，见附图 2-15。

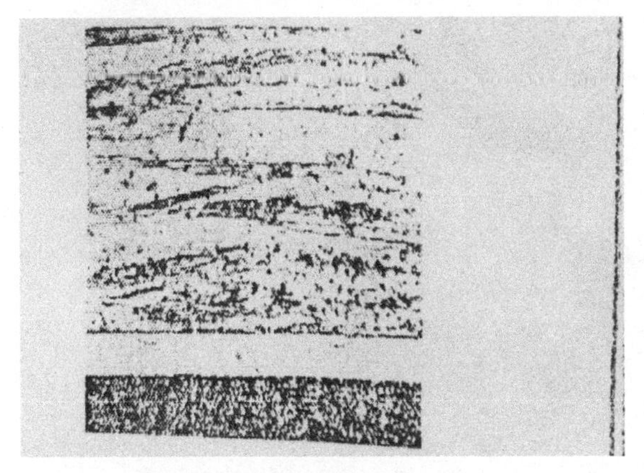

附图 2-1　镀层照片（×500）

3. 标准镀片的镀层厚度数据

6JA 显微镜所配置的目镜是 12.5，标准镀片上镍层的厚度是 9.4μm，测出镍层在显微镜中的刻度值读数是 59.5 格，所以，0.158μm/格作为镀层厚度的测定换算系数。

4. 车圈镀层厚度的测试

(1) 车圈样品的取样方式　取测试样品时要避开电镀挂具导电点，避开眼子，具体取样位置见附图 2-2。

（2）车圈电镀条件　在自行车电镀锌厂，车圈电镀是采用铜、镍、铬一步法，在环形电镀自动线上镀制。

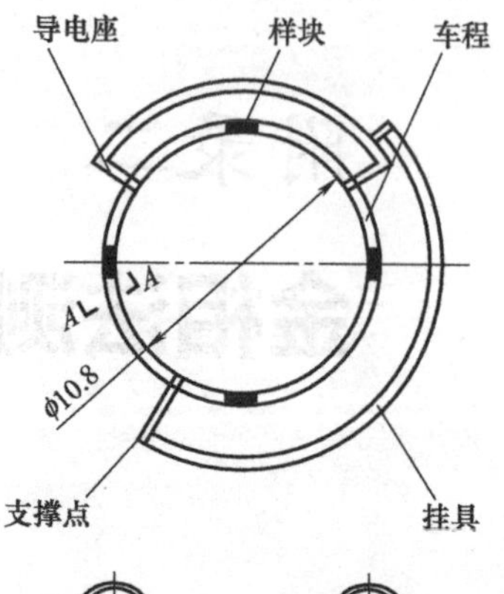

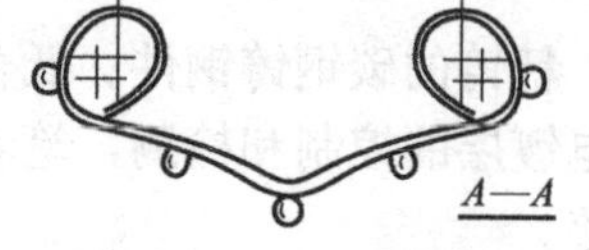

附图 2-2　车圈剖面图

① 三乙醇胺低氰镀铜锡合金

Cu　14～20g/L

Sn　3～5g/L

NaCN（游离）　6～10g/L

NaOH（游离）　18～25g/L

Na_2CO_3　60～100g/L

TEA　20～30g/L

电流密度　0.5～0.8A/dm^2

镀液温度　55～60℃

阴极面积∶阳极面积＝1∶2

受镀时间　17min

② 三乙醇胺低氰镀铜

Cu　30～50g/L

NaCN（游离）　10～15g/L

NaOH　18～25g/L

Na_2CO_3　60～100g/L

TEA　10～20g/L

电流密度　2～3A/dm^2

镀液温度　55～60℃

阴极面积∶阳极面积＝1∶2

受镀时间　1min

③ 镀光亮镍

$NiSO_4 7H_2O$　280～320g/L

H_3BO_3　40～45g/L

NaCl　18～25g/L

丁炔二醇　0.2～0.4g/L

BE 光亮剂　0.2～0.4g/L

26-1 无泡湿润剂　0.1～0.2g/L

电流密度　4～5A/dm^2

镀液温度　58～62℃

阴极面积∶阳极面积＝1∶2

受镀时间　11min

④ 镀铬

CrO_3　280～320g/L

Cr^{+3}　3～5g/L

CrO_3∶H_2SO_4＝1∶1.10

电流密度　25～30A/dm^2

镀液温度　48～52℃

阴极面积∶阳极面积＝1∶2

受镀时间　3min

5. 制备样品

同标准镀片的制备方法。

6. 金相测试及金相照片

同标准镀片测看前的调整方法。金相照片是在 500 倍条件下，在 B 测试点拍摄的，见附图

2-3。

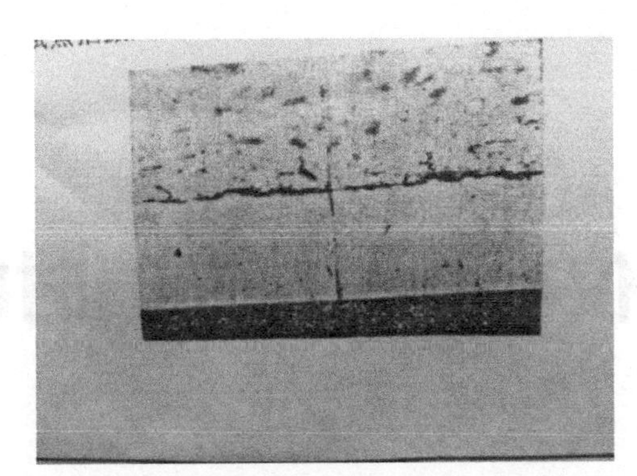

附图 2-3　B测试点金相照片（×500）

车圈镀层各测试点厚度数据计算见附表 2-1。车圈镀层在显微镜中所呈色泽见附表 2-2。金相法测试镀层一般在 15min 内可以报出各镀层的厚度结果，除反映出厚度数据外，还能反映出曲面的受镀情况，掌握平时观测不到的质量隐患。我们将测试信息反馈出来，使铸件存在的缺陷和问题及时提出与解决，对提高铸件质量有益。

附表 2-1　镀层色泽表

金属色泽	镀层在显微镜中所呈颜色	金属色泽	镀层在显微镜中所呈颜色
标准镀片上的镍层	黄色	车圈上的镀镍层	黄色
车圈上的镀铜层	暗红色	车圈上的镀铬层	绿色

附表 2-2　镀层厚度表

样块镀层厚度测试点	A				B				C				平均总厚/μm
	Cu 格数	Ni 格数	Cr 格数	总厚/μm	Cu 格数	Ni 格数	Cr 格数	总厚/μm	Cu 格数	Ni 格数	Cr 格数	总厚/μm	
1	3.48	12.59	0.53	16.6	5.36	28.6	0.80	34.76	4.02	10.71	0.64	15.37	22.24
2	4.02	13.39	0.80	18.2	5.36	29.45	0.54	35.34	5.36	9.37	0.62	15.34	22.96
3	4.02	13.39	0.53	17.9	5.36	29.73	0.54	35.62	4.02	8.03		12.05	21.87
4	3.62	13.93	0.53	18.0	5.36	20.45	0.54	34.81	3.21	10.71	0.27	14.19	22.36

附录三

用光谱仪检测材料元素时的注意事项

运用光谱分析检测材料元素发展迅速，各种型号的光谱分析仪与光谱分析软件不断推出，其功能和应用范围不断扩大。笔者根据使用光谱仪检测材料元素的经验，认为在光谱分析器检测中需注意以下一些问题，以提高光谱仪检测材料元素的准确率。

1. 分析曲线存在差异

使用进口光谱仪分析仪器需要注意的是，以钢铁产品为例，一般分为低合金钢（low alloy）、工具钢（tool steel）、铬钢（Cr steel）、铬镍钢（Cr-Ni steel）等。例如，在对 T8 和 T10 碳素工具钢进行定量分析金属元素时，由于某进口光谱分析仪器对应的是合金工具钢曲线，故 T8 和 T10 钢所选择的分析曲线应为低合金钢曲线，Cr12MoV 合金钢中铬含量较高（Cr≥5%），所选择的分析曲线应为铬钢曲线。光谱分析仪中不同类型的金属材料对应不同的分析曲线，要正确地定量分析金属元素，就是选准金属光谱分析曲线。

2. 分析曲线检测元素成分有其范围

光谱分析仪器中不同的分析曲线其所检测的金属元素成分都有一定的范围，超过范围则难以定量分析金属的元素含量。例如，在对 1Cr18Ni9Ti 不锈钢进行定量分析时，若选择铬钢曲线曲线进行检测，检测结果见附表 3-1，此结果即为 1Cr18Ni9Ti 不锈钢定量分析的正确结果。可见在选择曲线上存在问题（关键是用铬钢及铬镍钢工作曲线时对其他组分或杂质元素的实测质量分数有所不同，有的相差较大），一般应该是对口的分程序所测结果要精确。

附表 3-1　不同分析曲线对 1Cr18Ni9Ti 不锈钢光谱测定结果的对比　　单位：%

项目	Fe	C	Si	Mn	Cr	Ni	Mo	Cu	Nb	V	W	S	P	Ti	Co
铬钢曲线	72.19	0.086	0.54	0.76	17.78	>4.71	0.088	0.048	0.12	0.064	0.012	0.036	0.045	/	/
铬镍钢曲线	72.06	0.051	0.42	0.68	18.26	8.94	0.073	0.023	/	0.032	0.002	0.012	0.018	0.048	0.032

附录四

熔炼工上岗技能培训

1. 关于铸件上的气孔缺陷

钢液中的气体主要是指氧、氢和氮。其中氢的危害最大，其次是氧和氮。它们主要来自金属炉料，同时在熔炼时，钢液也能直接从炉气中吸收气体。另外，烧结不良的炉衬、烘干处理不好的熔剂以及浇包未烘烤好、型壳未焙烧完全都会增加钢液中气体的含量。

钢液中存在大量的氢，在浇注和凝固过程中，氢因过饱和而析出，氢原子变为氢分子而成为气泡，积集在铸件中形成气孔，这种气孔的特性是体积小而数量多，特征是呈现针孔，特点是会使钢发脆。

氮被离解成氮原子，钢液中溶解的氮太多，金属液在降温凝固过程中，氮气析出，氮与硅、锆和铝等的化学亲和力较强，生成氮化物（Si_3N_4、ZrN、AlN），使塑性和冲击韧性显著降低。

氧在钢液中存在形态与氢、氮不同，它不是以原子、分子的形态存在，而是以它和铁的化合物即氧化亚铁（FeO）的分子形态存在，则在钢液凝固过程中产生气孔，这种气孔是由于钢液中的碳与氧化亚铁反应生成一氧化碳气体造成的，气孔还会使力学性能降低，所以，在钢液出炉前尽量去除残留的氧化亚铁，加强脱氧。

归纳起来，熔模铸钢件的气孔分为析出性、侵入性、卷入性 3 种类型，其中析出性气孔又分为过溶析出性和反应析出性两类。

（1）析出性气孔　由液体金属中析出的气体形成，此种气孔可以是球形，也可以是不规则的形状或针状，在凝固前期析出形成的气孔可能呈球形，在凝固后期，气孔的形状受凝固界面的影响较大，而呈不规则形状，此时的气孔与缩孔是孪生的，即形成所谓的气缩孔。

过溶析出气孔是由于溶入液体金属中的气体呈过饱和析出而形成，液体金属会吸收周围环境中的气体，气体在合金中的溶解量与该气体的分压以及温度等因素有关。对熔模铸钢件能产生此类影响的气体主要是氢和氮，氢和氮析出形成气泡，达到凝固温度时氢在液态钢中的溶解度（质量分数）约为 0.0025%，在固态钢中的溶解度（质量分数）约为 0.001%，因此当液态钢中含氢（质量分数）大于 0.001%时，凝固时就可能析出氢而产生气孔。氢不仅可能在钢中产生气孔，而且能引起裂纹，此种现象称为“氢脆”。钢中氢的来源主要是水分和铁锈，因此防止此类缺陷的主要措施是清洁炉料和保护炉体、浇包、炉料、铁合金和工具的干燥。

反应析出性气孔由液体金属中化学反应产生的气体析出而形成，对钢影响最大的是氧，氧在钢液中主要以 FeO 形式存在，当 FeO 含量超过平衡值时，FeO 与 C 发生化学反应生成 CO，CO 在钢中的溶解度很小，因此 CO 析出形成气孔。钢液在脱氧不良情况下，经常看到冒火花，此火花即是 CO 气泡外逸的结果。另外，含碳量的增加，FeO 在钢中的平衡值大大减少，所以浇注高碳钢熔模铸钢件更容易产生气孔，要更加注意充分脱氧。此类气孔呈现 3 种形态：

一是，气泡进入铸型后上浮，若上浮过程中铸件表面已凝固，则这此气泡将被留在铸件中而形成气孔，这类气孔形态近球形且一般出现在铸件的上方。

二是，当钢液脱氧不完全，浇注时虽并未产生CO形成气泡，但铸件凝固时，虽钢液温度降低，仍属放热反应，有利于生成CO方向进行，CO将析出而形成细小针孔，此类气孔分布比较均匀，在铸件断面上呈较大面积分布。

三是，在钢液脱氧后残Al量不够，浇注后铸件局部表面位的钢液产生二次氧化形成FeO，这些部位钢液中的FeO大于平衡值，在这些部位发生化学反应生成FeO而形成皮下针孔。皮下针孔附近的残Al量（质量分数）一般小于0.0005%。熔模铸钢件普遍存在的表面脱碳就是铸钢件表面高温二次氧化的例证。熔模铸钢件烧冒口附近冷却缓慢，当其表面在凝固前产生氧化，使表层钢液中FeO含量增加，在残留铝量不足时就有可能产生皮下针孔。因此熔模铸钢件中，此类缺陷容易出现在浇冒口附近。

预防熔模铸钢件反应析出性气孔有以下措施：清洁炉料，特别是铁锈严重的炉料应除锈处理。铁锈不仅带入FeO，而且带入了H_2O，其分解引起钢液吸氢，缩短高温冶炼时间，需充分脱氧，普通碳钢冶炼用Al终脱氧，既要必须保证Al量，又要避免过量，造成降低流动性、恶化铸件机械加工性能。对于含Mn量较高的钢液，建议终脱氧剂采用Al，Al（质量分数）为：

$$\omega_{Al}=[(0.55\%\sim0.60\%)-\omega_{Si}]/4$$

终脱氧剂应事先称重，放在浇包底部，得于钢液的冲入力搅拌。熔炼脱氧最好用网罩将脱氧剂压入。

(2) 侵入性气孔　是浇注时，铸型由于受液体金属的热作用而发生的水分蒸发、有机物（蜡料）燃烧和盐分气化而产生大量气体，使金属液与铸型界面处气体压力增加，气体侵入液体金属而形成气孔。对于熔模铸造来说，型壳经过高温焙烧且是热型壳浇注，型壳的发气量很少，形成侵入性气孔的可能性较小。对于水玻璃型壳，产生气体的来源主要是NaCl，型壳中NaCl的来源如下：

一是，水玻璃同NH_4Cl硬化反应时的产物NaCl残留在型壳内，脱蜡后放置较长时间的型壳表面长白毛就是残留在型壳内的NaCl随水分向外迁移到型壳表面，水分蒸发后，NaCl析出。

二是，焙烧时NH_4Cl分解出的HCl与型壳中残留的Na_2O反应生成的NaCl，此种NaCl属无定型，分散度大，化学活性大，高温焙烧时较易去除。晶体NaCl的熔点为803℃，沸点1413℃，虽然865℃时晶体NaCl的蒸气气压仅130Pa左右，但是由于炉气中NaCl蒸气气压很低，型壳内外的NaCl蒸气气压不可能达到平衡，因此只要保证足够的保温时间，尤其是803℃以上焙烧且保温充分是完全可以去除NaCl的。但是当焙烧温度低，保温时间短时，NaCl则不能完全去除，此时出炉的模壳口上还可能冒出NaCl烟气。特别是非功过制壳过程中涂料堆积、硬化不充分，脱蜡时皂化物去除不干净时，将在型壳相应部位残留较多的Na量，在这种情况下焙烧充分将在型壳这一部分出现泛绿、泛黄的玻璃相，浇注后铸件部位出现硅酸盐瘤，而焙烧不充分时这一部位发黑，残留的末挥发的NaCl等在浇注时气化，此时会在铸件相应部位形成低于铸件表面的凹凸不平，实际上是俗称的蛤蟆皮缺陷的另一种表现形式。

避免这类缺陷的措施：受潮型壳不能浇注，应力求热壳浇注。制壳时避免涂料堆积，硬化应充分；脱蜡时应保证脱蜡液有一定的NH_4Cl或者HCl浓度进行补充硬化，避免皂化，脱蜡后最好用一定浓度的NH_4Cl或者HCl水溶液清洗。焙烧充分，焙烧后的模壳口上不冒烟。

(3) 卷入性气孔　铸型型腔和浇注系统在未浇注之前是被大气占领的，浇注时不平稳的液体金属流很可能将型腔中的气体卷入而形成气孔。卷入性气孔的气体来源和形成过程均不同于侵入怀气孔。卷入性气孔的气体来自型腔，主要是大气。侵入性气孔的气体主要来自铸型物质的发气。对于卷入性气孔，液体金属是主动的，气体是被动的。而侵入性气孔，气体是主动的。熔模铸造的浇注系统结构较简单，浇注时间较短，充型速度快，因而形成卷入性气孔的可能性较大。

另外，液体金属充满型腔时必须同时排出型腔中的空气，但是熔模铸造陶瓷型壳的透气性差，排气困难，因而增加了薄壁铸件的充型难度。为了保证铸件充型，必须增大浇注时金属液的压力，从而增加了卷入性气孔的可能性。随着型壳强度增加和型壳陶瓷烧结致密度的提高，型壳透气性下降，此类缺陷将更加突出。

卷入性气孔缺陷的防止措施：

一是，铸造方案设计时应考虑到方便排气，尽量使液体金属能平稳有序地充型。

二是，薄壁铸件充型末端建议设置集气包、溢气槽、排气边、出气口。有些铸件中间细薄，如果设计上下两个内浇道，夹在中部的气体不易排出而形成气孔。采用底注，上部设置集气包后克服气孔缺陷。

三是，在满足型壳强度条件下，应注意适当降低陶瓷型壳烧结致密度，提高型壳的透气性，要树立型壳的强度并非越高越好的观念。

2. 脱氧剂及用量

① 脱氧剂用量见附表 4-1。

附表 4-1　脱氧剂用量

名　称	锰铁	硅铁	硅钙	铝
脱氧剂用量/%	0.10～0.20	0.05～0.07	0.2～0.3	0.04～0.06

② 部分钢种脱氧剂的加入温度见附表 4-2。

附表 4-2　脱氧剂加入温度

钢　种	加入脱氧剂温度/℃	钢　种	加入脱氧剂温度/℃
ZG 230-450	1550～1570	ZG310-570(45 钢)	1560～1590
ZG 270-500	1570～1600	ZG1Cr18Ni9Ti	>1540,加铝;1580～1600 加钛

终脱氧前后，应检查渣是否发白（即还原渣），若渣末发白应补充脱氧，终脱氧后应静置几分钟，使脱氧产物上浮。

③ 终脱氧后，钢液达到出钢温度（一般比液相线高 80～100℃），部分钢种出炉温度见附表 4-3。

附表 4-3　部分钢种出炉温度

合金牌号（碳钢）	浇注温度/℃	合金牌号（合金钢）	浇注温度/℃	合金牌号（不锈钢）	浇注温度/℃
ZG230～450	1550～1580	ZG35CrMnSi	1550～1580	ZGCr17Ni3	1570～1580
ZG270～500	1540～1570	ZG27CrMnSiNi	1560～1590	ZGCr25Ni20	1570～1580
ZG310～570	1530～1570	ZG16CrMnTi	1590～1610	ZG1Cr18Ni9Ti	1570～1630

钢液从脱氧到浇注的时间不宜太长，避免钢液氧化和吸气。

④ 大型铸件的浇注速度（时间）见附表 4-4。

附表 4-4　大型铸件的浇注速度

铸件质量/kg	浇注时间/s	铸件质量/kg	浇注时间/s
<100	<10	300～500	<30
100～300	<20	500～1000	<60

⑤ 碳钢精铸件结构特点和型壳温度见附表 4-5。

附表 4-5 碳钢精铸件结构特点和型壳温度

铸件结构特点	型壳温度/℃	浇注温度℃
小件，质量<0.5kg，壁厚<5mm	>700	1550～1580
中等件，质量 0.5～2.5kg，壁厚 5～10mm	600～700	1520～1550
大件，>2.5kg，壁厚>10mm	<500	1480～1520

⑥ 各种合金浇注时型壳温度见附表 4-6。

附表 4-6 各种合金浇注时型壳温度

合 金 种 类	型壳温度/℃	合 金 种 类	型壳温度/℃
铸铝	300～500	铸钢	700～900
铸铜	500～700	高温合金	800～1050

3. 炉料配制

要求：熔炼一炉 500kg，ZG310-570 的钢水（45 钢）。通过计算写出一张配料单。

已知：① 45 钢即 ZG310-570，以前所说的 35、45 是老标准，新标准称为中国一般工程用铸造碳钢，310 是屈服强度，310MPa；570 是抗拉强度，570MPa。

② ZG310-570 的化学成分见附表 4-7。

附表 4-7 ZG310-570 的化学成分　　单位：%

碳	硅	锰	硫	磷	残余元素				
					镍	铬	铜	钼	钒
0.50	0.60	0.90	0.04		0.3	0.35	0.30	0.20	0.05

如果碳的质量分数上限每减少 0.01%，允许锰的质量分数增加 0.04%。

残余元素总质量不超过 1.00%，需方无要求，残余元素可不进行分析。

旧标准 45 钢的化学成分：碳 0.42%～0.52%，碳的范围较宽，而且碳的下限只要求达到 0.42%就算合格，显然，抗拉强度是不会高。因为碳是骨干元素，新标准严格规定碳一定要达到 0.50%，如果碳降低 0.01%，必须用提高 0.04%的锰来弥补，而且限制锰的最高值是 1.20%，迫使碳达到或接近 0.50%。

硅 0.17%～0.37%，总体来说，硅的成分定得较低，美国同类钢号的标准对硅定得较高，因为对屈服强度、伸长率的提高有益，实践证明，提高硅含量对综合力学性能起到关键性作用。

锰 0.5%～0.8%，锰的范围很宽，不利于抗拉强度和屈服强度的提高。新标准规定锰一定要达到 0.90%。

所以，要求抛弃老观念，严格执行新标准。新标准突出的是力学性能指标。

至于 WCB、WCC 等是美标低温碳钢，还是按美国标准执行。美国标准也规定，如果碳含量不足 0.01%，允许用提高 0.04%的锰来弥补，这和中国标准是一样的。

③ 中频感应电炉熔炼碳钢和合金钢时元素烧损率见附表 4-8。

附表 4-8 元素烧损率　　单位：%

元素	碳	硅	锰	铬	钛	铝	钨	钒	钼	镍
酸性炉	5～10	5～10	30～50	5～10	40～60	30～50	3～5	50	5～20	0
碱性炉		30～40	20～30							

④ 铁合金的含量见附表 4-9。

附表 4-9　铁合金的含量　单位：%

铁合金名称	铁合金含量	铁合金中的含碳量
硅铁	硅 75	0.1
锰铁	锰 85	0.5
铬铁	铬 60	0.06
钼铁	钼 60	
钨铁	钨 75	
钒铁	钒 40	
钛铁	钛 20	

⑤ 废钢：碳 0.25%，硅 0.27%，锰 0.35%。

⑥ 回炉料：碳 0.50%，硅 0.60%，锰 0.90%。

⑦ 取值：即希望铸件的化学成分。碳 0.50%，硅 0.60%，锰 0.90%。

计算过程如下。

第一步：按照取值，先算出 500kg 钢水中含碳、硅、锰有多少公斤。

碳＝500×0.50%　　硅＝500×0.60%　　锰＝500×0.90%

碳＝2.5kg　　硅＝3kg　　锰＝4.5kg

第二步：经过初步估算，称取 245kg 废钢、取 245kg 回炉料。

第三步：245kg 废钢、245kg 回炉料中含碳、硅、锰各多少公斤。

废钢中含碳：245×0.25% ＝0.6125kg

废钢中含硅：245×0.27% ＝0.6615kg

废钢中含锰：245×0.35% ＝0.8575kg

回炉料中含碳：245×0.5% ＝1.225kg

回炉料中含硅：245×0.6% ＝1.47kg

回炉料中含锰：245×0.9% ＝2.205kg

490kg 炉料中共有碳 0.6125＋1.225＝1.8375kg

共有硅 0.6615＋1.47＝2.1315kg

共有锰 0.8575＋2.205＝3.0625kg

第四步：扣除烧损，碳、硅、锰还剩下多少公斤。

碳的烧损以 10%计算：1.8375×0.90＝1.6537kg

硅的烧损以 10%计算：2.1315×0.90＝1.9184kg

锰的烧损以 30%计算：3.0625×0.70＝2.1438kg

第五步：按照取值，还缺多少碳、硅、锰。

缺碳＝2.5－1.6537＝0.8463kg

缺硅＝3－1.9184＝1.0816kg

缺锰＝4.5－2.1438＝2.3562kg

第六步：算出加入硅铁、锰铁、碳极的质量。硅铁中含硅量以 75%计算，硅铁中含碳量以 0.1%计算。

需要加硅铁：100∶75＝X∶1.0816　　X＝1.442kg

同时带入碳为 1.442×0.1%＝0.001442kg

锰铁中含锰量以 85%计算，锰铁中含碳量以 0.5%计算，

需要加锰铁：100∶85＝X∶2.3562　X＝2.772kg

同时带入碳为2.772×0.5%＝0.0138kg

去掉硅铁和锰铁所带入的碳，还缺碳：

0.8463－(0.0138＋0.001442)＝0.8311kg

需要碳极多少公斤，碳极以90%计算：

$$0.8311\times1.1=0.9142\text{kg}$$

第七步：写出配料单：碳极 0.9142kg，硅铁 1.442kg，锰铁 2.772kg，废钢 247.5kg，回炉料 247.5kg，共计 500kg。

经验总结：据笔者多年实践经验，只要钢水是500kg，硅铁的含硅量是75%，锰铁的含锰量是85%，碳极的含碳量是90%，碳含量每增加0.01%，加碳极55.2g，硅含量每增加0.01%，加硅铁67g，锰含量每增加0.01%，加锰铁59g。55.2g、67g、59g这3个数据，基本上就是一个常数，记住常数，炉前补加计算就十分快捷。

参 考 文 献

[1] 中国铸造协会编. 熔模铸造手册. 北京：机械工业出版社，2000.

[2] 包彦堃等编著. 熔模精密铸造技术. 杭州：浙江大学出版社，2012.

[3] 精铸通讯. 清华大学技术专刊. 2007，5，第66期.

[4] 陈冰. 制壳耐火材新秀——熔融石英. 特种铸造及有色合金，2005，第25卷.

[5] 许云祥. 熔模铸钢件缩孔缩松的防止. 许云祥精密铸造论文集，2009年.

[6] 陈冰，崔启玉，马策坚等. 充型模拟优化和浇注系统. 铸造，2008，57（12）.

[7] 张强. 填料中 Na_2O 含量对陶瓷型芯质量的影响. 特种铸造及有色合金，2004，（4）：52.

[8] 田竞. 发动机用钛合金部件精密铸造工艺的研究. 特种铸造及有色合金，2001，（2）：67.

[9] 程荆卫. 钛合金熔炼技术及理论研究现状. 特种铸造及有色合金，2001，（2）：70.

[10] 海潮. 开启高附加值精铸件生产大门的钥匙真空铸造技术推广. 中国铸造协会精铸分会出口企业2012年工作年会，21～24.